강화도

준엄한 배움의 길

임찬웅의 역사문화해설 ❶

강화도

준엄한 배움의 길

펴 낸 날 2022년 3월 15일

지 은 이 임 찬 웅
펴 낸 이 허 복 만
편 집 기 획 나 인 북
표지디자인 디자인 일그램
펴 낸 곳 야 스 미 디 어

등 록 번 호 제10-2569호
주 소 서울 영등포구 양산로 193 남양빌딩 310호
전 화 02-3143-6651
팩 스 02-3143-6652
이 메 일 yasmediaa@daum.net
I S B N 978-89-91105-83-6 (03980)

정가 18,000원

- 잘못된 책은 바꾸어 드립니다.
- 본 서의 수입금 일부분은 선교사들을 지원합니다.

임찬웅의 역사문화해설 ❶

강화도

준엄한 배움의 길

임찬웅 지음

YAS 야스

책머리에

우리 역사와 문화유산의 터무니를 찾아다닌 지 25년, 전국을 밟으며 우리 땅의 아름다움과 그 깊이를 확인하고 감탄하는 시간이었습니다. 아름다운 자연경관 속에 내력 깊은 문화유산을 보았고 읽었고 느꼈습니다. 그리고 그것을 물려주신 조상의 은덕에 감사하는 시간도 있었습니다.

이곳저곳 많이도 다녔는데 헤아려 보니 평균 매달 한 번 답사했던 곳이 강화도였습니다. 서울에서 가까운 이유도 있었지만 자주 찾아야 할 만큼 역사의 스펙트럼이 넓었으며 그만큼 문화유산도 다양했기 때문입니다. 처음에는 역사 공부를 위해서 갔고, 그 후에는 문화유산 그 속에 담긴 이야기를 찾아서 갔습니다. 강화도를 답사하면 할수록 교과서에 담기지 않은 역사가 더 많다는 것을 알게 되었습니다. 문화유산을 품고 있는 강화도의 아름다운 자연환경은 덤이 아니라 답사의 주인공이 되어 주었습니다. 산과 바다, 풍요로운 논밭들은 그것 자체로 강화의 멋으로 다가와 주었지요. 강화도의 매력에 점점 빠져들면서 조금 더 자세히, 깊이 보고 싶은 욕심도 생겼습니다. 그래서 더 가까이 다가갔더니 숨겨둔 매력을 한없이 내놓았습니다. 그 매력을 만나고 체험할수록 나는 아는 것을 안다고 할 수 없는 지경이 되었습니다. 내가 '이만하면 안다고 말해도 되지 않을까?' 싶으면 새로운 이야기가 불쑥 나타났습니다. 그래서 항상 새롭습니다.

광화문에서 강화까지는 65km. 서울에서 비교적 가까운 곳인데도 멀게 느껴지는 것은 교통체증으로 고생했던 경험 때문입니다. 특히 연휴나 주말에 강화도를 다녀오면서 고생했던 경험이 있기 때문인지, 강화도엘 가자고 하면 고개부터 내젓습니다. 거기다가 교통체증에 비해서 쉴만한 휴게소가 없어서 더 힘들게 느껴집니다. 최근엔 김포에 새로운 아파트와 크고 작은 공장들이 밀집해 들어서면서 평일에도 교통체증이 심해졌습니다. 그럼에도 강화도는 매력이 많은 곳이기에 포기할 수 없습니다. 자연환경, 인문환경이 고르게 매력을 품고 있기에 자주 찾을수록 그 깊이에 빠져들게 됩니다. 교통 여건이 답사의 발걸음을 멈추게 하진 못합니다.

구석기시대, 신석기시대, 청동기시대, 삼국시대, 고려시대, 조선시대에 이르기까지 그 풍부한 역사는 한순간도 쉼표를 찍지 않을 정도로 숨가쁜 수레바퀴를 돌려왔습니다. 섬이라는 한계를 뛰어넘는 역사적 풍요입니다. 어느 한 시대의 역사도 곁눈질 할 수 없을 정도로 중요합니다. 강화도는 고조선에서 삼한에 이르는 시기 연안 항해의 중요거점에 있었습니다. 강화도내 도처에 남아 있는 고인돌이 그때를 증언하고 있지요. 강화도는 백제의 수도였던 한성으로 들어가는 한강 수로 입구에 있습니다. 고구려와 치열하게 다투었던 관미성을 강화도로 추정하기도 합니다. 고려의 수도인 개경으로 이어지는 예성강 하구를 막고 있는 곳 또한 강화도입니다. 국제무역항 벽란도로 연결되는 항로에 있었습니다. 조선시대가 되면 한양으로 들어가는 입구를 지키는 요충지 역할을 한성백제 이후 다시 맡게 되었습니다.

역사적으로 대륙의 적이 쳐들어오면 최후의 보장지처 역할을 강화도가 맡았습니다. 고려시대 몽골의 침략을 39년간 막아냈습니다. 조선시대 정묘호란과 병자호란이라는 큰 전쟁을 감당하기도 했습니다. 대몽항쟁은 성공했으나 병자호란은 방어에 실패했습니다.

강화도는 준엄하게 꾸짖으며 말합니다. "역사를 배우기보다 역사에서 배우라"고 말입니다. 강화도는 역사의 나침반이 되기에 충분합니다. 성공과 실패의 사례가 너무나 많기 때문입니다. 성공했다고 교만하지 말 것이며, 실패했다고 낙심하지 말라고 합니다. 교만하고 낙심했을 때 무너진다고 말합니다. 역사에서 배우기 위해 우리는 강화도로 가야 합니다.

이제 내가 만난 강화도 이야기를 나누고 싶습니다. 내가 경험하고 배운 강화도는 아직도 지극히 작은 부분이라는 사실을 고백하지 않을 수 없습니다. 그럼에도 독자들에게, 여행자들에게 강화도를 소개하고 싶습니다. 부족하지만 조금이라도 도움이 되고 싶습니다. 강화도를 다녀온 분들에게는 강화도를 다시 만나보라고 권하기 위해서 이 책을 냅니다. 맛있는 음식을 먹기 위해서가 아닌, 풍광 멋진 펜션에서 하룻밤

유숙하기 위해서가 아닌, 내 삶을 살찌우는 인문학 여행으로 강화도를 권하고 싶습니다.

문화유산해설을 하다 보면 청강하는 가족 여행객을 자주 만나게 됩니다. 아이들의 역사 교육을 위해 답사 온 가족들 입니다. 지나가다가 해설하는 모습을 보고 함께 듣습니다. 그들 눈은 항상 맑고 빛났습니다. 부모는 아이에게 무언가 알려주고 싶지만, 아는 것이 부족해 문화재 안내판을 읽어보는 것으로 마무리합니다. 이런 부모님들을 위해서도 이 책을 내놓습니다. 아이들과 함께 강화도에 가는 부모들에게 이 책이 조금이나마 도움이 되었으면 하는 작은 소망을 갖습니다. 아빠들의 어깨에 힘을 돋우는 책이 되기를 바래봅니다.

목차

왕족의 눈물 강화도

세계문화유산 고인돌

강화도의 기독교유적

강화도의 불교유적

시대의 한계를 넘어

추억의 섬 석모도

내력많은 교동도

강화도-준엄한 배움의 길

강화도의 지리

1 강화도의 자연지리

강화도는 섬이다. 나라 안에서 다섯 번째로 큰 섬이라고 한다. 순서를 따져서 '누가 더 크냐?'라는 논쟁은 의미 없는 줄 알면서 그래도 알고 싶은 것이 사람의 마음이다. 크기 순서를 따진다면 제주도–거제도–진도–남해–강화도가 순서대로 놓이게 된다. 4번째와 5번째가 바뀌기도 한다.

강화도로 들어가기 위해서는 북쪽의 강화대교, 남쪽의 초지대교를 이용하게 된다. 강화대교로 들어갔다가, 나올 때는 초지대교를 이용하기도 한다. 반대로 이용하기도 한다. 문화유산 답사를 위해서 강화도를 찾게 될 경우는 역사의 흐름에 따라 답사하기 때문에 강화대교를 먼저 건너게 된다.

지도를 놓고 보면 강화는 경기도의 서북쪽에 위치한 섬이다. 한강, 임진강, 예성강의 하구에 있으며 동(東)으로는 김포, 남(南)으로는 옹진군의 여러 섬과 가까운 거리에 있다. 서(西)로는 강화도에 속한 석모도, 교동도, 볼음도, 아차도, 주문도 등이 있으며 그 너머 서해의 넓은 바다가 펼쳐져 있다. 북(北)으로 바다 건너에 북한이 손에 잡힐 듯 가깝다. 미세먼지 없는 맑은 날 강화 평화전망대에 가면 황해도 연백평야가 선명하게 보인다.

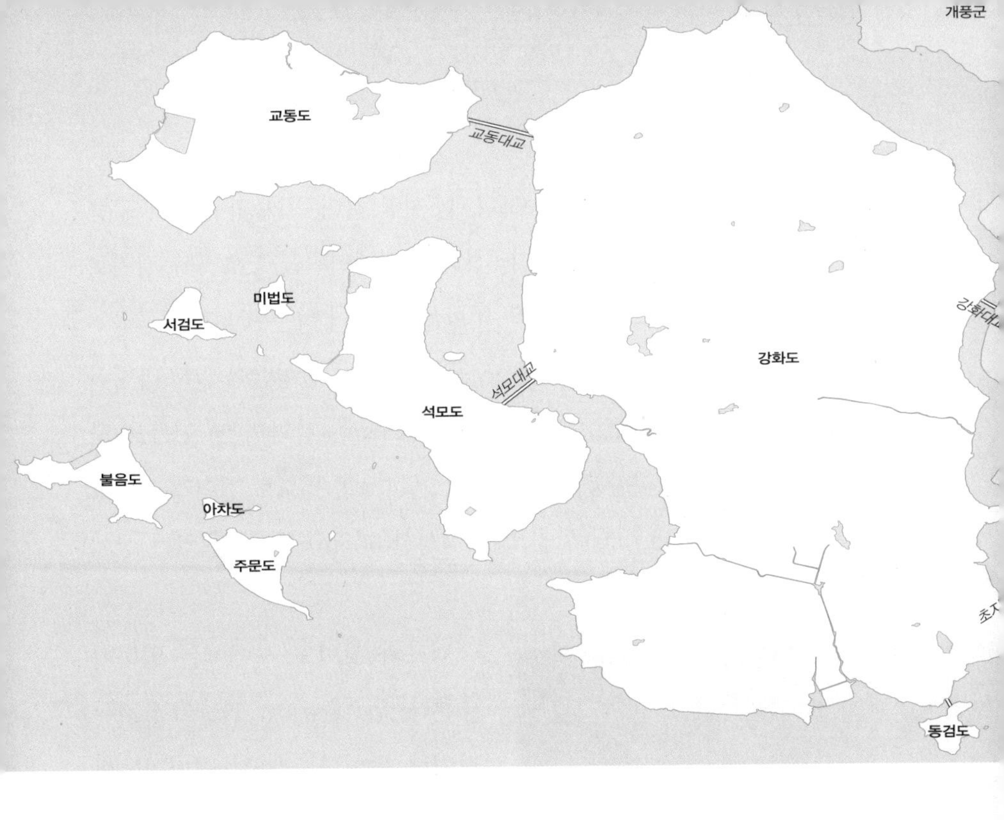

강화군은 옹진군, 신안군처럼 섬으로 이루어진 지자체다. 강화 본도와 교동도, 석모도, 볼음도, 아차도, 주문도 등 유인도 11개와 무인도 18개로 이루어져 있다. 강화 본섬은 남북의 길이 약 27km, 동서 길이 약 16km, 해안선 둘레 약 112km, 총면적은 411km^{2}이다. 무척 큰 섬이라 섬 내부에서는 섬이라는 인식을 할 수가 없다. 교동도와 석모도는 강화 본섬과 다리가 연결되어 자동차로 들어갈 수 있다. 나머지 섬들은 배를 타야 들어갈 수 있다.

강화군은 동경 125°~126°, 북위 37°~38°에 있다. 연평균 기온은 11.2℃, 겨울은 −4.7℃, 여름은 25.9℃를 보인다. 이와 같은 환경은 농작물의 생육환경에 좋은 위치이며, 알맞은 기후라 한다. 실제로 강화도는 일조량이 전국 평균보다 0.8시간 길며, 가뭄과 홍수에도 큰 피해를 입지 않는 곳이라 한다. 강화도 전체면적의 45%가 농경지로서 섬인데도 어촌보다는 농촌의 역할을 더 많이 하는 곳이다.

농경지가 많지만 괜찮은 산들도 곳곳에 있다. 참성단이 있는 마니산(469m), 진달래 축제로 유명한 고려산(436m), 강화의 옛 이름을 딴 혈구산(466m), 고려왕릉이 많은 진강산(443m), 별도로 떨어져 있다고 하여 별립산(450m), 남쪽에 있는 길상산(336m) 등 특징 있는 산이 고르게 분포되어 있다.

김포와 강화도 사이에는 염하가 흐른다. 염하(鹽河)란 짠물이 흐르는 강이란 뜻이다. 강화해협이라고도 불리는 이곳은 강처럼 보이지만 엄연히 바다다. 강으로 보일 만큼 해협이 좁다는 뜻이다. 서해가 대개 그렇지만 밀물과 썰물, 두 물이 교차할 때는 홍수를 만난 것처럼 사납게 흐른다. 김포에서 강화도를 바라봤을 때 왼쪽으로 흐르면 썰물, 반대로 흐르면 밀물이 된다. 썰물 때의 강화도는 해안선이 저 멀리 물러나는데, 그 자리를 드넓은 갯벌이 차지한다.

세계 5대 갯벌을 지닌 강화도

우리나라 서남해 갯벌은 세계 5대 갯벌이다. 유럽의 북해갯벌, 미국 동부해안 갯벌, 캐나다 동부해안 갯벌, 아마존 하구갯벌과 함께 당당히 그 이름을 올리고 있다. 특히 전남 신안과 순천, 전북 고창, 충남 서천 갯벌은 세계자연유산으로 지정되어 그 가치를 인정받았다. 갯벌은 버려지고 쓸모없는 곳이 아니라 온갖 생명이 살아가는 터전으로서 보존해야 할 인류유산임을 인정받게 된 것이다.

갯벌이란 말 그대로 바닷가에 펼쳐진 벌판이다. 하루에 두 번씩 나타났다가 사라지는 현상이 있는 곳, 육지와 바다라는 환경이 전혀 다른 두 세계의 중간에 위치해 있으면서 완충작용을 하는 곳을 일컬어 말하는 것이다. (중략) 갯벌은 나름대로 형성법칙이 있다.

첫째, 강이나 하천이 바다로 흐르면서 육지로부터 끊임없이 퇴적물을 날라다 주어야 한다.

둘째, 경사가 완만하여 퇴적물이 가라앉아 펄이 형성될 수 있는 시간적 여유가 있어야 한다.

셋째, 조석간만의 차가 커서 퇴적층 형성에 도움이 되어야 한다.

『갯벌탐사 지침서 '갯벌', 백용해』

우리나라 서 · 남해안은 이런 조건에 부합하는 곳이다. 우리나라의 강(江)은 주로 동쪽에서 발원하여 서쪽으로 흐른다. 긴 여행을 끝내고 서 · 남해 바다와 합류하는데, 서해의 얕은 수심과 점점이 떠 있는 섬들로 인해 좋은 갯벌이 형성된다. 강화도는 한강, 임진강, 예성강이라는 큰 강이 바다와 합류하는 지점에 있다. 한강, 임진강, 예성강이 쏟아낸 퇴적물이 강화도 주변에 차곡하게 쌓여 온갖 생명이 살아갈 수 있는 최고의 갯벌이 만들어졌다.

강화도의 갯벌은 주로 진흙갯벌이다. 갯벌은 모래갯벌 · 혼합갯벌 · 진흙갯벌로 나누는데 형성 조건에 따라 달라진다. 어떤 형태의 갯벌이든 갯벌이 품은 매우 중요한 역할이 있다.

첫째는 수많은 생명의 안식처 역할이다. 한 줌의 갯흙에는 헤아릴 수 없는 생명이 있으며, 그 생명을 기반으로 바다 생태계는 건강을 유지한다. 새들의 안식처가 되기도 한다. 텃새와 철새들이 육지와 갯벌을 오가며 생존의 터전으로 삼는다. 유네스코 세계유산위원회(WHC)는 한국의 갯벌이 "지구 생물다양성의 보존을 위해 세계적으로 가장 중요하고 의미 있는 서식지 중 하나이며, 특히 멸종위기 철새의 기착지로서 가치가 크므로 '탁월한 보편적 가치'가 인정된다"며 등재를 결정했다. 강화갯벌도 새들의 보금자리다. 주로 물떼새류가 계절을 따라 그 종을 달리하면서 번식지로 선택하거나, 경유지로 사용한다. 봄이나 가을에 강화갯벌을 탐방하면 새들의 천국인 것을 확인할 수 있는데, 특히 이곳에는 희귀종이 많다. 그중에서도 저어새가 유명하다. 세계적인 희귀종으로 천연기념물 제205호로 지정된 저어새는 이곳을 번식지로 선택했다. 주걱처럼 생긴 부리를 좌우로 저어가며 먹이를 찾는 모습이 독특하여 멀리서도 알아볼 수 있다. 저어새 외에도 전 세계 2,000개체 내외로 생존하고 있다는 노랑부리백로, 전 세계에 1,000마리 이하 산다는 청다리도요사촌, 그 밖에 검은머리갈매기 등도 있다. 이런 중요성 때문에 강화도에는 '갯벌생태센터'가 생겼고, 새를 관찰할 수 있는 장소도 만들어졌다. 그러나 진정으로 새를 보호하려면, 갯벌 출입을 막고 인공구조물을 갯벌 근처에 만들지 않는 것이 좋겠다. 아예 관심을 주지 않고 그저 멀리서 본척만척하는 것이 좋다. 경각심을 일깨우기 위해서, 교육하기 위해서라면 다른 장소에 마련해도 괜찮을 듯하다. 새들의 휴식처에 인공구조물이 들어선다면 새들에겐 상당한 부담과 위협이 되기 때문이다. 자동차 속도를 조금만 늦추고 경적은 울리지 않는 것 또한 새들의 서식에 도움이 될 것이다. 그러나 이런 주장은 해안가에 펜션, 카페, 음식점이 우후죽순 생겨나는 상황에서 공허한 메아리일 뿐이다.

둘째, 강화갯벌은 수도권 주민들이 쏟아내는 오염수를 정화하는 기능도 있다. 수많은 미생물과 염생식물이 서식하면서 오염된 바다를 깨끗하게 정화하는 일을 한다. 한강에서 쏟아내는 오염된 물이 그대로 바다로 흘러든다면 바다 생태계에도 악영향을 끼칠 것이다. 고맙게도 갯벌은 수질을 정화하는 기능이 있어 바다가 건강함을 유지할 수 있도록 도와준다. 그러나 갯벌의 정화 기능도 한계가 있으니 강이 오염되지 않도록 하는 것이 우선이겠다.

강화도의 특산물

강화도의 전통적인 특산물은 '인삼', '화문석', '장준감', '순무'다. 여기에다 최근에는 '속노랑고구마', '사자발약쑥', '새우젓', '강화섬쌀' 등이 추가되었다. 지방자치의 시대가 되면서 지역마다 농산물을 홍보하고 판매하기 위한 노력을 한다. 그래서 특별한 산물이라 것이 이제는 보편적인 산물로 여겨지기도 한다. 새로운 특산물이 생겨나는 것은 기후환경의 변화에 따른 자연스러운 현상이기도 하다. 예전에는 생산되지 않던 농작물이 온난화로 인해 생산되기도 하니까 말이다.

어느 고장을 여행한다면 그 지역 특산물 알고 다녀야 한다. 그러면 차창 밖으로 보이는 농경지에서 재배되는 농산물의 특징을 쉽게 알아볼 수 있기 때문이다. '알면 보인다'는 말처럼 농경지를 더 유심히 바라보게 될 것이다. 강화도의 경우 '순무', '인삼', '사자발약쑥', '속노랑고구마'를 재배하는 밭이 유난히 많다. 그러나 이것이 강화도 특산물인 줄 모른다면 눈에 보이지 않는다. 또한 별스럽지 않게 생각한다.

인삼

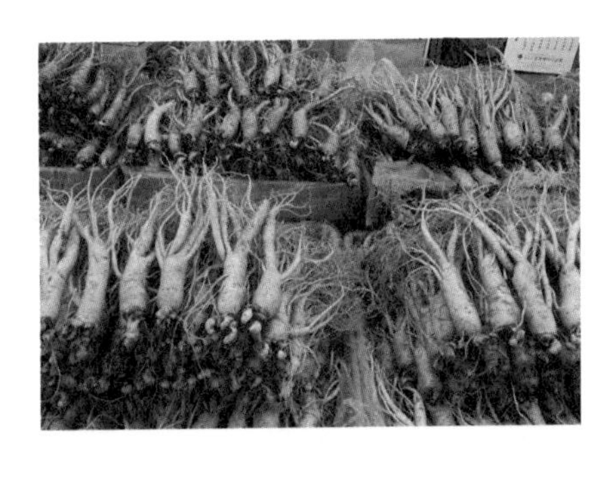

강화대교를 건너자마자 인삼을 판매하는 곳이 나올 정도로 인삼은 강화의 대표적 특산물이다. 강화 인삼은 고려시대에 이미 재배되었다고 하나 본격적으로 재배된 것은 한국전쟁 후라고 한다. 인삼의 본고장인 개성에서 인삼을 재배하던 사람들이 전쟁으로 인해 이주하면서 시작된 것이다. 인삼을 재배하기 위해서는 높은 기술력과 경험을 필요로 한다. 전쟁으로 인해 역사적으로 이름난 개성인삼 재배 기술이 강화로 들어왔고, 이로 인해 전국적으로 인지도 높은 강화인삼이 탄생하게 된 것이다. 강화풍물시장 옆에 있는 인삼센터에서도 다양한 인삼을 구매할 수 있다.

화문석

화문석을 짜는 재료는 왕골이다. 왕골은 일년생 풀로 4월에 씨를 뿌리고 5월에 모내기 하듯이 논에 옮겨 심었다가 8~9월에 수확한다. 이때 키가 1.5m~2m 가량 되는데, 수확한 왕골은 3~4일 동안 바짝 말린다. 잘 말린 왕골은 화문석을 짜는 재료가 되는데, 무늬가 들어가는 부분은 염색한 왕골을 사용한다. 왕골은 재배가 손쉽고 길게 자라서 자리를 짜기가 비교적 쉽다고 한다.

조선에서는 왕골 생산지로 안동의 예안을 손꼽았다. 『임원경제지』에는 "영남의 안동 예안 사람들이 오채용문석을 잘 만들어 공물로 바친다. 서울의 지체 높은 가정이나 사랑에서는 해서 · 배천 · 연안의 것을 제일로 쳤으며, 경기 교동(喬桐: 강화도 서북쪽 섬) 것은 버금간다." 고 하였다.

『한국민족문화대백과』

왕골로 자리를 짠 역사는 매우 오래되었는데 여러 기록에 남아 있다. 신라 때에는 화문석을 생산하는 전담 관청이 있었고, 육두품 이하의 벼슬아치도 수레 앞뒤에 화문석을 휘장처럼 늘였다고 한다. 고려시대에는 외국에까지 화문석이 알려졌다. 고려에 사신으로 왔던 송나라 사람 서긍(徐兢)이 남긴 『고려도경 高麗圖經』에 화문석에 대해 다음과 같이 기록했다.

정교한 것은 침상과 평상에 깔고 거친 것은 땅에 까는데, 매우 부드러워 접거나 굽혀도 상하지 않는다. 검고 흰색이 서로 섞여서 무늬를 이루고 청자색 테가 둘렀다. 더구나 침상에 까는 자리는 매우 우수하여 놀랍기만 하다.

조선시대 때에는 중국에 보낼 조공품으로 기록되어 있다. 자존심 강한 중국에서 조선의 화문석을 선호했다는 것은 기술력이 상당히 우수했다는 것을 말해준다.

그렇다면 화문석이 언제부터 강화도의 특산물이 되었을까? 옛날에는 나라 안 곳곳에서 화문석이 생산되었기 때문에 강화도만의 특산물은 아니었다.

강화 화문석의 역사는 고려 중엽부터 가내 수공업으로 발전되어 왔다고 전해진다. 고려시대 강화는 39년 동안 고려의 수도 역할을 하면서 강화로 이주한 왕실과 관료를 위해 최상품의 자리를 만들게 되는 계기가 되었으며, 조선시대에는 왕실로부터 도안을 특이하게 제작하라는 어명을 받고 당시에 백색자리의 생산지인 송해면 양오리의 한충

교씨에 의해 화문석 제작에 성공하며 다양한 도안개발과 제조 기술로 오늘에 이르고 있어 전국 유일의 왕골공예품으로 강화군에서만 생산되는 자랑스러운 민족문화유산이다. 『화문석문화관에서 발췌』

이제 화문석을 생산하는 곳은 강화도뿐이다. 저렴한 외국산이 밀려오면서 명맥을 유지하기 힘들었기 때문이다. 그래서 화문석이야말로 진정한 강화도의 특산물이 되었다. 그러나 이 또한 보존과 전수를 못한다면 화문석은 박물관에서나 보게 될 것입니다.

화문석의 전통을 보존하고 이어가기 위해 강화군 송해면에 화문석문화관이 건립되었다. 이곳에서는 화문석의 역사를 알리고 전통적인 제작법을 가르치고 있다. 또 화문석과 관련된 각종 체험도 할 수도 있다. 화문석이 궁금하다면 이곳부터 방문하는 것이 좋겠다. 또 문화관 주변에 왕골을 재배하는 곳이 있으니 왕골을 눈으로 확인하는 것도 화문석을 이해하는 데 도움이 될 것이다.

강도육미(江都六味)

강도육미란 강화도의 맛을 대표하는 여섯 가지를 말한다. 장준감, 낙지, 밴댕이, 순무, 깨나리, 동어 등 여섯 가지다. 옛적에 임금님 수라상에 오를 만큼 귀한 음식 또는 재료로 대접받았던 것이었다.

밴댕이

밴댕이는 강화도 사투리다. 본래 이름 '반지'라는 괜찮은 이름을 지닌 멸치과 생선이다. 기름이 많은 밴댕이는 고소하면서 식감이 부드러워 좋아하는 사람이 많다. 변변치 않지만 때를 잘 만났다는 '오뉴월 밴댕이'이라는 말이 있다. 밴댕이는 5~6월에 가장 맛있다. 이때가 산란철이기 때문이다. 산란철이 되면 산란을 위해 기름이 차고 살을 찌운다. 그렇기에 이때 잡은 것이 가장 맛있다. 우리나라 서남해안에서 두루 잡히지만 산란철이 되면 강화도 앞바다로 몰려든다고 한다. 한강, 임진강, 예성강이 바다와 합류함으로 인해 바다의 염도가 낮아지게 되는데 이런 환경이 밴댕이들에겐 산란의 최적지가 되기 때문이다.

밴댕이는 다른 생선에 비해 내장이 매우 작고, 물 밖으로 꺼내자마자 죽어버리기 때문에 '성질이 급하고 속 좁은 사람'을 비유할 때 '밴댕이 속갈딱지(소갈머리)'라고 한다. 밴댕이의 이런 성질 때문에 살아있는 상태로 회를 뜨기가 어려워 횟감보다는 구이나 무침으로 먹게 된다. 잡은 지 오래되면 젓갈을 담아두고 먹기도 한다.

장준감

장준감은 강화도에서 생산되는 토종감이다. 『신증동국여지승람』에도 강화도 특산물로 기록되어 있을 만큼 역사가 오래되었다. 단감과 대봉감의 중간 형태를 띤 작고 뾰족한 형태를 하고 있는데, 팽이 모양이다. 특히 꼭지 부분에 올록볼록한 무늬가 있어 일명 '접시감'이라고도 한다. 꼭지 부분의 모양으로 인해 구분하기가 쉽다. 장준감은 떫기 때문에 홍시를 만들어 먹어야 하며 씨가 없어 먹기에도 편하다. 강화도가 다른 지역에 비해 따뜻한 해양성 기후여서 그 맛이 더 깊다고 한다.

낙지

영양분이 풍부한 강화갯벌에는 유난히 큰 뻘낙지가 산다. 낙지는 다리를 포함한 몸통의 길이가 보통 30cm 안팎인데, 강화 뻘낙지는 50cm 짜리도 있다. 몸집이 크다고 해서 질기지 않고 부드러운 것이 강화 낙지의 특징이다.

깨나리

깨나리는 멸치과 생선으로 '싱어'라 불린다. 까나리와는 다른 종인데 헷갈릴 수도 있다. 한때는 많이 잡혔으나 지금은 구경하기 힘든 생선이 되었다. 밴댕이와 마찬가지로 기름기가 많고 가시가 세지 않아 매운탕으로 끓여 먹으면 맛있다고 한다. 말려 두었다가 구워 먹거나, 조려

먹기도 했다. 1820년 실학자 서유구가 쓴 『난호어목지(蘭湖漁牧志)』에 의하면 '강화 바다가 서로 통하는 곳에서 나는데, 이를 그물로 잡으며 파주와 교하 사람은 물릴 정도로 많이 먹는다'고 기록하고 있다. 깨나리를 생각하면 한때는 성(盛)했다가 사라져버린 물고기가 얼마나 많은지, 앞으로 또 얼마나 많이 사라질지 걱정된다.

동어

강화도에서 숭어 새끼를 동어(冬魚)라 한다. 동어는 12월에서 2월 사이가 제철인데, 굵은 소금을 뿌려 구워 먹으면 맛있다. 수라상에 올랐다고 할 만큼 겨울철에 인기 있는 보양식이었다. 그러나 맛있다고 해서 새끼를 잡아먹으면 숭어의 개체수가 줄어들까 걱정이다.

순무

『동의보감 東醫寶鑑』에 순무는 '황달을 치료하고 오장에 이로우니, 순무 씨를 아홉 번 찌고 말려서 오래 먹으면 장생할 수 있다. 특히 눈과 귀를 밝게 하고 소화를 돕는다'라고 기록되어 있다. 물론 동의보감에서 말한 순무는 지금의 강화 순무가 아니다. 강화순무는 1893년에 강화에 설치되었던 '통제영학당'의 교관으로 왔던 영국인 콜웰이

영국의 순무종자를 심은 것에서 시작되었기 때문이다. 세월이 흐르면서 우리나라 토종 순무와 교잡하며 강화만의 독특한 순무가 탄생하게 된 것이다. 비록 동의보감에서 말한 순무가 아닐지라도 순무가 갖고 있는 효능은 비슷할 것이다. 강화도 어느 식당을 가나 순무김치를 맛볼 수 있다.

TIP 젓국갈비

강화도 음식점 중에서 젓국갈비를 내놓는 곳이 있다. 이름이 생소한 이 음식은 역사적 내력이 제법 깊은 음식이다. 강화도 사람들에게 젓국갈비는 특별한 음식으로 대접받는다. 대몽골항쟁 당시 고려 고종에게 바쳤던 음식이기 때문이다. 피난 온 임금이 입맛이 없을 때 이 음식을 진상했으니 입맛 돌아오게 하는데 괜찮은 음식이었던 것이다. 얼핏 보면 갈비탕과 비슷하지만 맛은 다르다. 새우젓으로 간을 하여 젓국갈비라 했으며 갖은 채소를 넣어 끓이기 때문에 갈비탕과는 다른 맛을 낸다.

2 강화도의 인문지리

강화도는 여러 별칭을 갖고 있다. '항쟁의 섬', '역사의 섬', '지붕 없는 박물관' 등으로 불린다. 독립운동가 호암 문일평선생은 『조선사화(朝鮮史話)』「고적(古蹟)」편에서 "역사의 고장, 시의 고장, 재물의 고장"이라고도 했다. 별칭이 많다는 것은 그만큼 역사문화적, 자연환경적 다양성을 갖고 있다는 뜻이다. 어느 한 측면만 보고 평하기에는 다른 측면 또한 중요하여 한마디로 요약하기 힘들다는 뜻이다.

강화는 우리 역사 속에서 외침을 온몸으로 받아낸 수난의 땅이었다. 한강이 바다와 조우하는 곳에 위치한 까닭에 역사의 큰 줄기를 타고 언제나 민족적 아픔을 한 몸으로 받아내야 했다. 그래서 강화의 역사를 알고 나면 우리나라 역사의 큰 흐름을 알게 될 정도다. 그러니 '역사의 섬'이라는 수사(修辭)가 번거롭게 여겨지지 않는 것이다. 어떤 역사적 증거를 들이밀지 않더라도 강화도의 지리적 위치를 살펴보면, 지정학적으로 매우 중요한 곳임을 인지할 수 있다. 그렇기 때문에 이곳에 눅진하게 쌓여 있는 것은 역사의 흔적일 수밖에 없는 것이다.

구석기와 신석기시대 유물이 섬 내 여러 곳에서 발견되었다. 이는 강화도에 사람이 살기 시작한 때가 매우 오래되었다는 것을 말한다. 청동기인들이 남긴 고인돌은 세계문화유산으로 등재될 만큼 많고

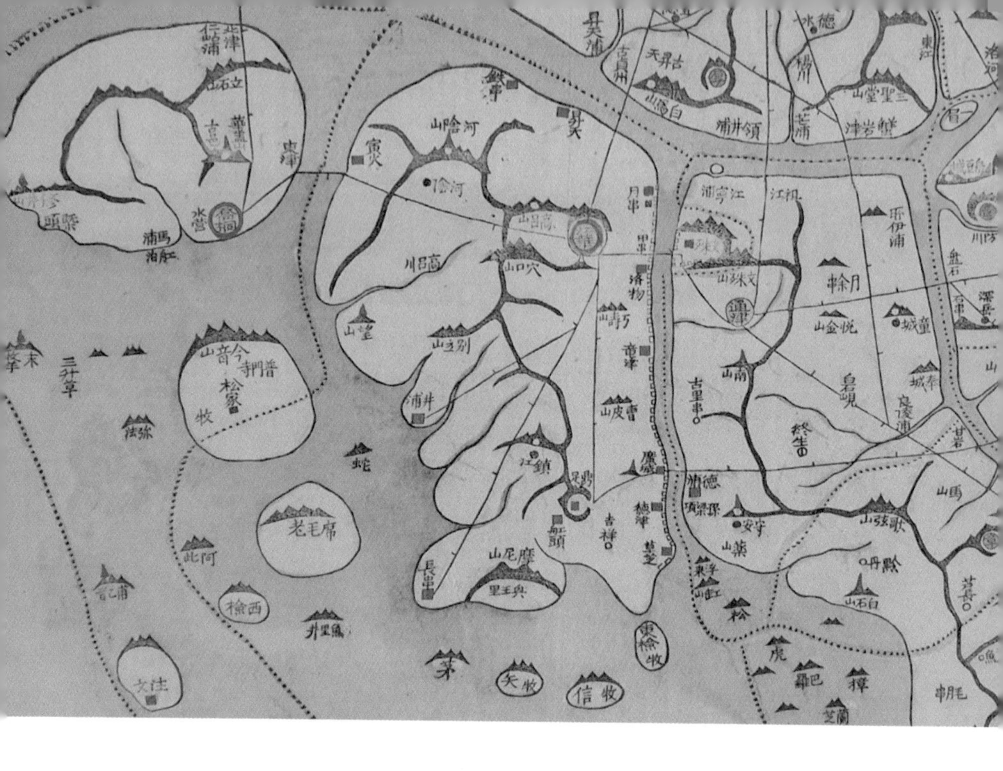

다양하다. 삼국시대엔 삼국간 치열한 영토확장 경쟁의 최전선이었다. 고구려와 백제의 기록에 자주 등장하는 '관미성'이 강화도라는 주장도 있다. 고려시대 때에는 국제무역항 벽란도로 들어가는 입구에 위치하여 많은 사신(使臣)단, 상인단이 강화도를 경유지로 이용했다. 몽골의 침략 때에는 무려 39년간 도읍지 역할을 하였다. 이때부터 강화도 내에는 굵직한 역사적 자취가 남겨지기 시작했다. 조선시대 때에는 정묘호란(1627)으로 인조(仁祖)가 피란 왔었고, 병자호란(1636) 때에는 수많은 왕족과 대신의 피신처였지만 불행하게도 함락되는 비극이 있었다.

강화도는 왕족들의 유배지로도 빈번하게 이용되었다. 정치투쟁과 권력의 희생양이 되어야 했던 왕족들의 가슴 아픈 사연이 섬 내에 켜

켜이 쌓여 있다. 고려의 여러 왕부터 조선의 연산군과 광해군, 안평대군과 영창대군 등이 강화도에서 유배생활을 했거나 죽임을 당했다.

강화도는 육지에서 적이 쳐들어왔을 때는 '최후의 보루'였고, 바다에서 쳐들어오면 '최전선 역할'을 감당해야 했다. 프랑스군의 침략인 병인양요(丙寅洋擾), 미군의 침략인 신미양요(辛未洋擾), 일본의 운양호 도발과 강화도조약에 이르기까지 크고 작은 전쟁을 받아내야 했다. 일제강점기에도 독립을 열망하며 치열하게 싸웠던 독립운동의 흔적이 곳곳에 있다. 한순간도 역사의 뒤안길에 숨어 있지 않았던 곳이 강화도였다. 역사의 섬, 항쟁의 섬이었던 결과 강화도는 '지붕없는 박물관'이라 불릴 정도로 많은 문화유산을 간직하게 되었다.

강화(江華)의 원명은 가비고지

순우리말로 된 지명(地名)을 한자로 옮겨 적는 과정에 원래 뜻과는 다른 지명이 태어나곤 하는데, 강화(江華)가 그런 경우다. 강화도의 원래 이름은 '가비고지'였다. '가비=가운데', '고지=곶'을 뜻하는 순우리말이다. '가비'의 뜻을 '가운데'라고 했는데, 우리말 중에 추석을 뜻하는 '한가위'에 그 흔적이 남아 있다. 여기서 '가위'란 가운데를 뜻하는 우리말이다. 한가위를 추석, 가배절, 중추절, 가위, 가윗날로도 부른다. 한가위에서 '한'은 '크다'의 의미가 있다. 즉 한가위라 함은 '8월 한가운데 있는 큰 날'이라는 뜻이 된다.

'곶'은 바다를 향해 튀어 나간 지형에 붙이는 우리말이다. 우리나라에서 가장 많이 튀어 나간 '호미곶'이 대표적인 경우다. 서해에는 황해남도 용연군에 있는 장산곶이 있다. 강화도 내에도 '곶'자가 붙은 지명이 많다. 지도를 뒤적이면 갑곶, 월곶, 북장곶, 장곶, 구등곶, 호산곶 등 쉽게 찾아진다. 바다를 향해 튀어 나간 지형에 '곶'을 붙인다는 것을 확인할 수 있다.

결국 '가비고지'라는 지명은 '가운데 곶'이란 뜻이 된다. 무엇의 가운데가 될까? 한강, 임진강, 예성강이 바다와 합류하는 그곳에 떡 버티고 있는 섬이 강화도다. 즉 한가운데 버티고 있으니 '가비고지'라 불렀던 것이다.

또 다른 뜻으로는 '가비고지=가운데 입구'란 뜻도 있다고 한다. 고구려는 강화도에 군을 설치하고 혈구군(穴口郡)이라 했다. 신라는 해구군(海口郡)이라 했다. 이때 공통적으로 입구를 뜻하는 '口'자를 사용했다. 한강, 임진강, 예성강의 어귀에 해당되니 입구(口)가 되는 것이다. '육지로 들어가는 입구에 있는 섬'이라는 뜻이 되겠다.

그러면 가비고지라는 지명이 어떻게 지금의 강화(江華)가 되었을까? 삼국시대에 순우리말 지명을 한자로 옮기면서 음을 빌려서 소리나는 대로 갑비고차(甲比古次)로 표기했다. 우리나라 지명은 점차 줄어서 두 글자로 정리되는데 갑비고차 역시 줄어든다. 그 과정에 다른 뜻으로 변했다. '가비'는 가람 즉 강(江)이라는 뜻으로 변했고, '고지(곶)'은 꽃(花,華)으로 변하여 지금의 강화(江華)가 되었다고 한다. 용비어천가에 '곶 됴쿄 여름 하나니', 오우가에서는 '고즌 무슨 일로 피면서'라는 표현이 나온다. 여기서 말하는 '곶' '고즌'는 꽃(花)이다. 우리말은 점차 된소리로 변하고 있다. 쌀의 옛 발음은 '살'이었다고 한다. 경상도에서는 지금도 '살'이라 발음한다. '소주'를 '쏘주, 쐬주'라고 발음하는 것도 경음화 현상이다. 옛날에는 곶이라고 했던 것을 된소리로 발음하면서 '꽃'이 된 것이다. 강화도의 옛이름 '가비고지'에서 튀어 나간 지형을 말했던 '곶'이 '꽃'으로 바뀌면서 현재의 강화(江華)가 된 것이다.

지명에 담긴 역사

어느 고장을 여행하게 되면 가장 먼저 자연지리와 인문지리를 살펴야 한다. 인문지리는 역사, 문화, 예술, 환경, 인물 등을 말한다. 이 중에 가장 먼저 살펴야 하는 것은 땅이름이다. 지명(地名)에는 특별한 역사가 있다. 지명은 지형의 생김에 의해 붙여진 경우가 있고, 역사적 사건에 의해 붙여진 경우가 있다. 그래서 지명은 그 고장을 이해하는 데 큰 도움이 된다.

한양(漢陽)이라는 지명을 살펴보자. 한(漢)은 크다는 뜻이다. 지리에서 양(陽)은 산의 남쪽이며 강의 북쪽을 말한다. 북한산의 남쪽이면서 한강의 북쪽 땅을 한양이라 했던 것이다. 그 양의 터전이 넓으니 앞에 한(漢)을 붙인 것이다.

우리나라의 지명은 안타깝게도 1914년 일제에 의해 개편된 경우가 대부분이다. 일제는 우리의 단결력을 저하시키기 위하여 수백 년 동안 하나였던 마을을 반으로 나누고 또 그렇게 나누어진 옆 마을과 합하여 다른 마을을 만들었다. 그리고 각 고을의 이름에서 한 글자씩 취하여 지명으로 등록하였다. 예를 들면 인사동은 조선시대 관인방(寬仁坊)의 인(仁)과 사동의 사(寺)를 합하여 붙인 지명이다. 인사동이라는 이름 자체에는 역사적 내력이 없다. 일제에 의해 강제로 바뀐 창씨개명(創氏改名)은 제자리로 돌아왔으나 창지개명(創地改名)은 바로잡지 못하고 지금까지 사용하고 있는 것이다.

강화도에는 재미있는 지명들이 제법 남아 있다. 모두 소개하지 못하지만 궁금하면 찾아보게 되니 몇 가지만 소개하고자 한다.

흥왕리

화도면에는 흥왕리(興王理)가 있다. 예전엔 흥왕촌, 흥왕동이라 부르던 곳이다. 지명에 왕(王)자가 들어간 것은 이곳이 왕과 관련있기 때문이다. 이곳 흥왕리에는 '대궐터'라 불리는 곳이 있다. '고려궁터는 강화읍내에 있는데 이곳에 웬 대궐터?'라고 의문을 가질 수 있다. 고려가 강화로 천도하였을 때 이궁(離宮: 정궁에 문제가 생겼을 때 옮겨가 다스리는 곳)을 지었기 때문이다. 외적의 침략으로 나라가 혼란스러워지자 술사(術士)의 말이 조정의 여론을 좌우한다. 그들은 이런저런 말을 해대면서 권력자들로부터 조그마한 것이라도 얻어 내려 했다. 불안한 정세에 지푸라기라도 잡는 심정이 생기니 술사의 말에 힘이 실린다. '나라가 안정되려면 기운이 좋은 곳에 가궐을 짓고, 임금이 가끔 와서 머물면 된다'이렇게 해서 흥왕리 고려 이궁은 고종 말년인 1259년에 만들어졌다. 『고려사』 고종 46년 기록을 보면 "마리산 남쪽에 이궁(離宮)을 지었다. 이보다 앞서 교서랑(校書郎) 경유가 청하기를 '이 산에 궁궐을 지으면 왕업이 연장될 것입니다'라고 하였는데, 이 말을 따랐다"라는 기록이 있다. 몽골의 침략으로부터 피난 와 있던 차에 지푸라기라도 잡는 심정으로 이궁을 지었던 것이다.

고종은 말년(1259)에 정족산(지금의 전등사) 가궐을 지었고, 같은 해 원종이 즉위함과 동시에 마니산 신니동에도 가궐을 지었다. 즉, 1259년 같은 해에 흥왕리 이궁과 가궐 두 군데가 세워진 것이다. 술사들이 경쟁적으로 궁 짓기를 권했음을 짐작해볼 수 있는 대목이다.

흥왕리에는 병자호란 때 척화파이자 삼학사였던 홍익한, 윤집, 오달제의 비석이 있다. 이곳에 삼학사 홍익한의 집터가 있기 때문이다.

살창리(殺昌里)

강화읍 관청리에는 '살채이' 또는 '살창리'라 불리는 곳이 있다. 고려말 위화도 회군을 단행한 이성계는 최영을 제거하고 우왕을 폐위시켰다. 위화도 회군파였던 조민수의 강력한 주장에 의해 우왕의 아들 창(昌)을 왕으로 옹립했다. 이가 고려 33대 창왕(昌王)이다. 그러나 창왕은 자신들이 폐위시킨 왕의 아들이었고, 그들이 원하던 왕도 아니었다. 우왕의 아들을 즉위시켜야 한다는 조민수와 이색의 주장이 명분론에서 앞섰기 때문에 즉위시켰을 뿐이다. 그랬기에 폐위시킬 명분도 만들어야 했다. 그들이 만든 명분은 폐가입진(廢假立眞), 즉 '가짜를 폐하고 진짜를 세운다' 것이었다. 우왕은 공민왕의 아들이 아니라 신돈의 아들이라는 것이다. 창왕 또한 신돈의 손자에 해당하니 왕이 될 자격이 없다는 것이다. 이로 인해 창왕은 폐위되었고 평민으로 강등되어 강화도에 유배되었다. 그리고 곧 살해되었다. 창왕의 나이 겨우 10살. 그때부터 창왕이 살해된 곳이라 하여 '살창리'라 부르게 되었다 한다.

조선 광해군 때 또 한 명의 어린 창(昌)이 이곳으로 유배된다. 8살의 영창대군(永昌大君)이었다. 조선왕조실록의 기록을 옮겨 보자.

> 강화 부사(江華府使) 정항(鄭沆)이 영창대군(永昌大君) 이의(李㼁)를 살해하였다. 정항이 고을에 도착하여 위리(圍籬) 주변에 사람을 엄중히 금하고, 음식물을 넣어주지 않았다. 침상에 불을 때서 눕지 못하게 하였는데, 의가 창살을 부여잡고 서서 밤낮으로 울부짖다가 기력이 다하여 죽었다. 의는 사람됨이 영리하였다. 비록 나이는 어렸지만 대비의 마음을 아프게 할까 염려하여 괴로움을 말하지 않았으며, 스스로 죄인이라 하여 상복을 입지도 않았다. 그의 죽음을 듣고 불쌍하게 여기지 않는 사람이 없었다. 『조선왕조실록 광해군일기』

강화민요에 '살챙이를 묻거들랑 대답을 마오'하는 구절이 있다. 영창대군을 추모하는 사람들이 찾아와 그가 죽은 곳을 기웃거렸고, 이런 분위기를 감지한 조정에서는 그 장소에 대해 함구하라는 명령을 내렸다. 알려주었다가는 주민들 모두가 관에 붙들려가 치도곤을 당해야 했던 것이다.

오읍약수

강화산성 북문을 나서면 약수가 하나 있다. 오읍약수(五泣藥水)라 한다. 이곳에서는 북녘땅이 보여서 실향민들이 망향제를 지내기도 했다.

고려 고종 때 몽골의 침략을 피해 도읍을 옮기고 내성을 축조할 때였다. 가뭄이 심해 성(城)을 쌓던 군사들이 목이 타서 몹시 허덕이고 있었다. 그런데 갑자기 마른 하늘에서 벼락이 떨어지더니 큰 바위가 쪼개지고 그곳에서 샘이 솟아나 갈증을 풀 수 있었다고 한다. 그 후 이 약수는 가뭄에도 마르지 않아 주민들이 아끼는 약수터가 되었다. 다른 설(說)에는 가뭄이 몹시 심할 때 왕이 다섯 번 울었더니 물이 솟았다는 이야기도 있다.

'오읍(五泣)'이라는 이름은 고려가 전쟁을 피하여 천도하였을 때 떠나온 고향과 가족이 그리워 한이 사무쳤으므로 하늘이 울고, 땅이 울고, 신(神)이 울고, 임금과 백성이 울었다는 뜻에서 오읍이라 했다.

『한국지명의 신비, 김기진』

강화도로 천도했던 사람들이 개경을 그리워하며 이곳에 서서 북쪽을 바라보았다. 지금도 북녘을 바라보며 실향민들이 울고 있으니 묘한 인연이라 하겠다.

찬우물

강화읍내에서 선원면, 외포리로 방향으로 가다 보면 읍내를 못 벗어나 작은 고개를 하나 넘게 된다. '찬우물고개(冷井)'라 한다. 주변 상가의 상호만 보아도 찬우물고개라는 것을 알 수 있을 정도로 '찬우물(冷井)'은 강화에서 유명한 곳이다. 지금도 많은 사람이 물을 긷기 위해 오고, 우물 주변엔 동네 할머니들이 직접 재배한 농산물을 가져다 팔고 있다.

찬우물은 아주 오래된 샘이다. 강화도로 피난했던 고려 고종이 이곳을 지날 때면 물을 마셨다고 하며, 조선시대 강화도와 인연을 맺은 유명인들 또한 이 물을 마셨다고 한다. 임진왜란으로 강화에 피난 왔던 선원 김상용이 마셨고, 권율 장군과 그의 아버지 권철, 권철의 외손인 좌의정 정유성이 이 물을 마시고 큰 인물이 되었다고 한다. 무엇보다 철종이 외가에 갈 때 이곳에서 물을 마셨고, 이 우물가에서 봉녀(奉女)와 사랑을 속삭였다고 한다. 그리고 아래에 소개되는 조선 선비 강해수가 찬우물골(냉정골)에 살았다.

1637년(인조 15) 청나라 군사가 강화도를 함락하였을 때, 이복동생과 아들이 심양(瀋陽)에 포로로 납치되어 갔다. 당시 호병(胡兵)은 납치해 간 조선 사람들을 심양의 노예시장에 내놓고 팔았고, 부모 형제를 납치당한 사람들은 돈을 마련하여 압록강을 건너 수만 리 길을 찾아가 속환(贖還)해 와야 했다. 강해수는 연로한 부모님이 밤낮으로 통곡하며 아들을 찾으니, 가산(家産)을 모두 정리하여 겨우 비용을 마련하

여 심양으로 갔으나, 비용이 모자라 자신의 아들은 그대로 두고, 부모의 마음을 편안하게 해 드리기 위하여 이복동생만을 속환하여 돌아왔다. 이 일로 첨정(僉正) 벼슬을 받고 정려(旌閭)를 받았다. 1664년(현종 5) 정월에 정려문을 고쳐 세웠고, 1694년(숙종 20)에는 효행사실을 증명하는 완문(完文)의 일부가 없어져 강화유수(江華留守) 신사건(申思建)이 증손 강구주(姜九周)에게 완문을 다시 작성하여 발급하여 주었다. 『한국역대인물 종합정보시스템 발췌』

또 다른 설화에는 청(淸)에 잡혀간 사람은 계모, 이복동생 그리고 아들 등 세 사람이었다고 한다. 강해수는 청국에 담배가 비싸다는 것을 알고 가산을 정리하여 잎담배를 샀다. 세 사람을 속환해 올 수 있는 분량이었다. 그러나 조선인들 모두가 같은 생각이었기에 잎담배가 대거 심양으로 쏟아져 들어오자 담배값이 폭락한 것이다. 두 사람만 속환할 수 있었다. 누구를 데려올 것인가?

근심을 안고 노예시장으로 갔더니 불행 중 다행으로 계모가 세상을 떠난 것이다. 청나라 사람들은 조선인을 너무나도 잘 알고 있었다. '조선인은 나무조각에 불과한 신주를 산 사람보다 더 중요하게 여긴다는 것' 그곳에는 계모의 신주가 있었던 것이다. 강해수는 계모의 신주와 이복동생을 데리고 돌아왔다. 아들은 이국땅에 두고 왔다. 나머지 이야기는 위와 같다.

조선의 선비들은 강해수의 선택을 자랑스럽게 여겼다. '무릇 선비란 강해수와 같아야 한다'고 했다. 만약 이복동생과 아들을 데리고 왔다면 강해수는 조선사회에서 매장당했을 것이다. 선비답지 못한 선택을 했다고 말이다. 강해수의 선택을 아무리 이해하려고 해도 납득되지 않는다. 그러나 조선 선비들에게 강해수의 선택은 당연한 것이었다. 지금의 생각으로 그때를 판단하는 것은 옳지 않다고 한다. 그러나 인간의 정리는 다를 바 없는 것인데, 강해수가 야속해 보이기도 한다.

강화도 사투리

강화도에도 사투리가 있다. 강화도 이곳저곳을 다니다 보면 사투리를 이용한 상호 또는 환영 문구를 볼 수 있다. 어디서나 흔하게 들을 수 있는 것은 아니지만 강화도 토박이들에겐 익숙한 듯하다. 예를 들면 다음과 같다.

안녕하세요 → 안녕하시갸

어서오세요 → 어서 오시겨

라면 한 그릇 주세요 → 라면 한 그릇 주시겨

오셨습니까? → 오셔시까?

(안에)계세요(계십니까?) → (아네) 계시까?

계십시오 → 기시겨,

(노래) 하세요 → (노래) 하시겨

강화도-준엄한 배움의 길

2

항쟁의 섬

1 강화해안의 방어진지

요새화된 강화도

강화도를 답사하다 보면 진(鎭), 보(堡), 돈대(墩臺), 포대(砲臺)라는 군사 용어를 자주 접하게 된다. 갑곶돈대, 광성보, 초지진 등 생소한 용어나 지명이 많다. 특히 해안가 역사유적에 많다. 그래서 강화도를 답사하려면 반드시 알아둘 필요가 있다. 강화도 내 곳곳에 자리한 국방유적을 그 뜻을 모른 채 여행한다면 수박의 겉만 보고 맛을 평하는 것과 같다.

강화도는 조선 인조 때부터 고종 때까지 순차적으로 요새화되었다. 인조의 강화도 국방정책은 청(淸)의 침략에 맞서기 위해서였지만, 지키는 자의 태만으로 그 목적을 달성할 수 없었다. 병자호란 후에는 청나라의 간섭으로 인해 허물어진 국방시설을 보수하거나 확충할 수 없었다. 효종 때에는 북벌정책과 함께 강화도를 다시 요새화하기 위해 조금씩 손을 보기 시작하였다. 그러나 청의 간섭과 친청파의 반대로 드러내놓고 추진하기는 어려웠다. 숙종 때에 이르면 청나라의 간섭과 경계가 느슨해진다. 경계할 필요를 느끼지 못했던 것이다. 청나라는 조선이 넘볼 수 있는 나라가 아니었고 조선도 힘을 쓸 수 있는 여건이 아니

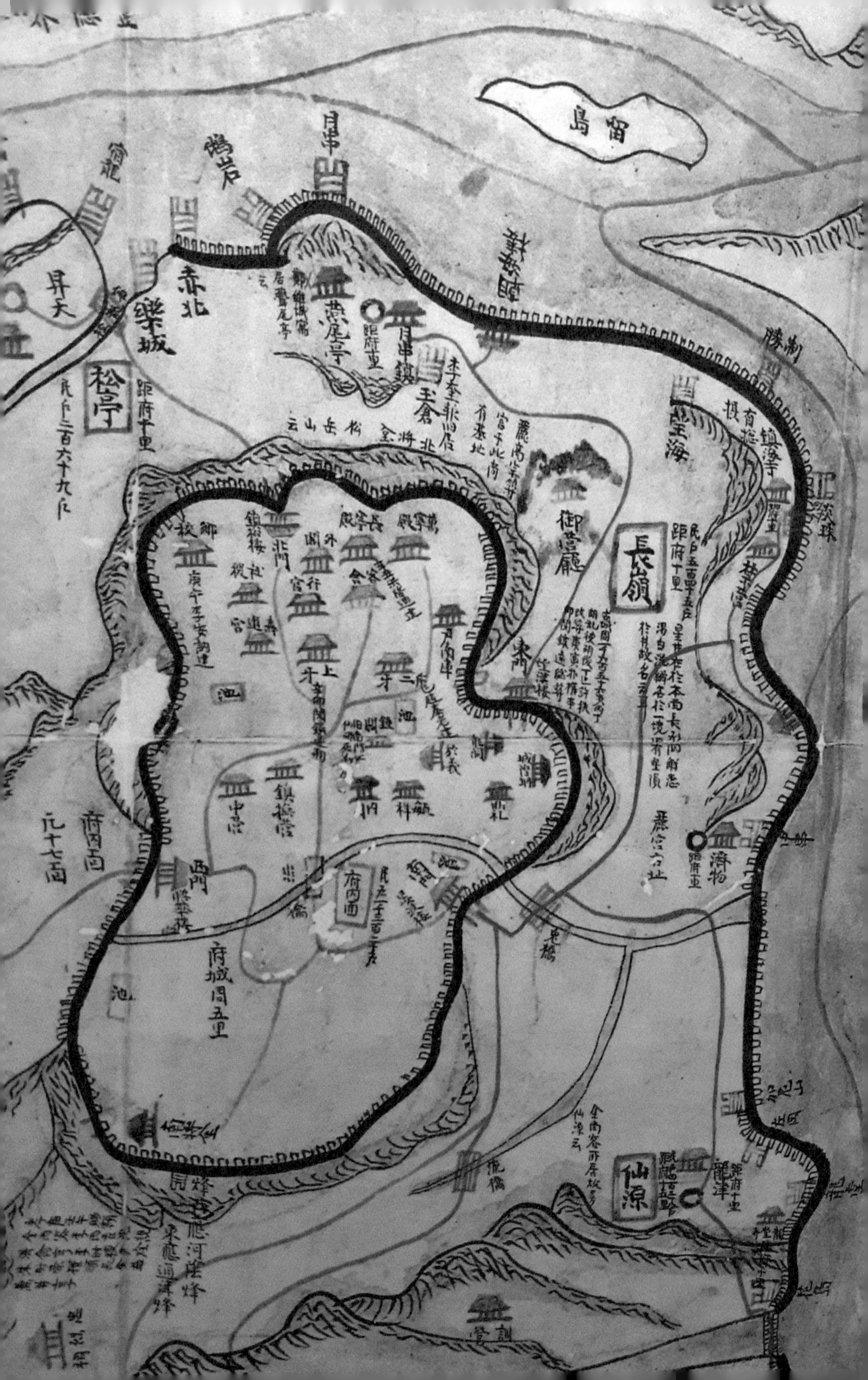

留島
月串
燕尾亭
月串鎮
赤北
樂城
松亭
距府十里
望海
鎮海亭
御營廳
長嶺
距府十里
東門
北門
西門
行宮
中營
鎮撫營
府內面
府城周五里
濟物
距府十里
龍津
距府十里
仙源

었기 때문이다. 이러한 상황에서 강화도를 요새화하는 정책을 다시 추진할 수 있었던 것이다.

이때 5개의 진(鎭), 7개의 보(堡), 53돈대(墩臺)와 포대가 순차적으로 설치되었다. 고종 때에는 이양선(異樣船)이 출몰하면서 한강과 한양을 방어하기 위한 전략으로 기존의 시설과 무기를 더 보강하였다.

숙종 때에 강화도 내 조선군을 지휘할 중앙부대로 진무영이 설치되었다. 진(鎭)·보(堡) 등의 부대는 강화 진무영(鎭撫營)의 지휘를 받았다. 이때 설치된 진무영은 오랫동안 전쟁이 없자 허술하게 운영되었다. 병인양요(1866) 후 그 중요성이 다시 인식되어 정2품의 관원이 책임지는 군부대가 되었다. 진무영의 지휘는 강화유수가 겸하였으며 병력은 3,000명에 달했다. 이는 강화도를 방어하는 병력이 모두 3,000명이라는 뜻이다. 진무영의 3,000명은 각각의 진과 보에 나누어 근무했다.

5진(월곶진, 제물진, 용진진, 덕진진, 초지진)과 7보(광성보, 장곶보, 정포보, 인화보, 철곶보, 승천보, 선두보)는 전략적으로 중요한 곳에 설치한 군 지휘부가 되겠다. 진(鎭)은 오늘날로 치면 대대병력, 보(堡)는 중대병력 정도가 주둔하여 방어하던 곳이다. 각 진과 보에는 보통 3~5개의 돈대와 포대가 배속되어 있었다.

돈대는 최전방(바다와 가까운 곳) 설치되거나 높은 곳에 있어서 적의 활동을 미리 알아내는 초소의 의미가 강하다. 그렇지만 포대도 겸하고 있어서 최전방에서 적과 교전하는 요새로도 사용되었다.

규모가 큰 부대인 5개의 진(鎭)은 김포와 강화도 사이를 가르는

강화도해협을 따라 설치되었다. 7개의 보(堡) 중에서 철곶보, 승천보, 광성보도 강화해협에 설치되어 있었다. 적의 침략 가능성이 낮은 강화도 남쪽과 서쪽에는 보와 돈대가 드문드문 설치되었다. 강화해협에는 진과 보는 촘촘하였고 방어선인 성벽이 만리장성처럼 이어져 있었다. 해안으로 나가기 위해서는 각 진과 보의 성문을 통과해야 했다. 연미정에 있는 조해루, 갑곶나루의 진해루, 용진진의 참경루, 광성보의 안해루 등이 바다로 나가던 통로다. 성문을 나가면 각 진과 보에서 운영하던 함선이 나루에 정박해 있었다.

진, 보, 돈대에 배치된 무기로는 '천자포, 지자포, 황자포, 현자포, 홍이포'라는 대포가 있었다. 또 서양에서 들어온 '블랑기포'가 있었고, 조총부대도 있었다.

이러한 군사시설은 처음에는 강화도 자체를 지키기 위한 목적이었다. 강화도가 외적으로부터 나라를 지킬 수 있는 최후의 보루였기 때문이다. 그러나 시대가 변하여 서구세력이 바다를 통해 침범해오자 한강과 한양을 방어하기 위한 전초기지가 되었다. 이제 강화도 자체보다는 한양을 수호하기 위한 최전선으로 바뀐 것이다.

고려 임금이 건넌 승천포(昇天浦)

개경에서 강화로 들어오는 입구는 승천포였다. 조선시대 때에는 갑곶나루를 주로 이용했지만, 고려시대 때의 나루는 승천포였다. 몽골의 침략으로 강화천도(1232)를 단행할 때 장맛비를 뚫고 왕과 귀족들이 상륙한 장소가 승천포였다. 고종이 개경을 떠난 것은 1232년 7월 6일이었다. 승천부에서 하룻밤을 묵고 다음날 바다를 건너 강화객관에 도착했다. 승천부는 강화 건너편 나루가 있던 곳을 말한다. 승천포는 강화도, 승천부는 건너편이 된다. 고종과 함께 왔던 수많은 사람이 쏟아지는 비와 갯벌에 빠져 허우적거렸다고 한다. 대몽골 항쟁이 길어지면서 몽골과 화친을 추진하기도 했는데 몽골 사신단이 승천포를 통해 강화도로 들어왔다. 고려 대표가 승천부에 가서 협상하기도 했다. 화친이 이루어진 후 개경으로 환도할 때도 승천포에서 출발했다.

39년간 몽골 침략군을 방어하던 강화외성은 승천포에서 시작해서 강화동해안을 따라 남쪽으로 이어져 초지진까지 25km에 달하는 장성이었다. 이 외성은 허물어졌다가 조선시대에 해안 방어성으로 재축조되어 사용되었다. 지금도 강화도 동해안(염하)를 따라 그 흔적을 발견할 수 있다.

▲ 승천포에 있는 고려고종사적비

그렇다면 승천포는 어디일까? 지금의 강화군 송해면 당산리에 해당된다. 강화도의 북쪽으로 북한이 손에 잡힐 듯 가까운 곳이다. 옛적에 수많은 배가 들락거렸던 항구였는데 지금은 농경지로 바뀌었다. 심지어 민통선내에 있어서 군부대의 허락을 받아야만 출입할 수 있다. 고려고종이 도착했던 승천포는 '고려천도공원'이 조성되어 있다. '고려고종사적비'도 있어서 여기가 고려 고종이 배에서 내린 곳이었다는 사실을 알려준다. 철조망 너머로 바다가 보이고 건너편 북한 땅에 승천부가 있을 것이다.

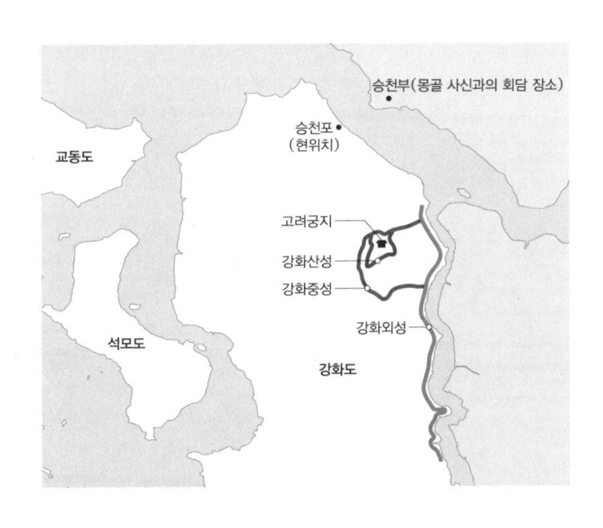

TIP

승천포는 고려천도공원으로 조성되어 있다. 평화전망대가 가까우니 함께 답사하면 좋다. 화문석마을과 화문석문화관도 가까운 거리에 있다. 승천포에서는 북한이 손에 잡힐 듯 가까운데 북한과의 거리가 1.8km밖에 되지 않는다. 통일을 바라보며 그 곳에 서는 것도 의미가 있을 것이다. 바다를 바라보았을 때 바닷물이 왼쪽으로 흐르면 썰물, 오른쪽으로 흐르면 밀물이다.

2 연미정과 월곶진

유도와 한강

연미정(燕尾亭)은 강화 북동쪽에 있다. 연미정은 정자의 이름이다. 정자는 언덕 위에 있어서 주변을 조망하기에 좋다. 정자에 올라 밖을 바라보면 동남쪽으로 강화도와 김포를 가르는 바다인 강화해협이 있고, 북쪽으로는 넓은 바다가 펼쳐져 있다. 넓은 바다 건너에는 북한이 훤히 보인다.

바다 가운데 유도라는 작은 섬이 있다. 이 유도를 기준으로 오른쪽으로 길게 들어간 곳이 한강이다. 한강이 바다와 합류하는 지점을 강화도가 막아서니 물이 두 갈래로 갈라진다. 그 모습이 '제비 꼬리를 연상시킨다'하여 연미(燕尾: 제비꼬리)라 하였다.

작은 섬 유도(留島)의 정상은 한강의 끝지점이다. 494km의 한강은 태백의 검룡소에서 발원하여 이 유도에서 끝난다. 유도가 있는 곳은 바다의 DMZ에 속한다. 분단 이전에는 유도에 나루터와 주막이 있었으며, 분단 후 국군이 주둔하기도 했다. 지금은 아무도 살지 않는 무인도가 되었다. 유도가 유명해진 것은 황소 한 마리 때문이다. 1996년 8월 하순, 이곳에서 황소가 발견되었다. 무인도에 웬 황소? 그 해 여름 홍수에 북한에서 떠내려온 것으로 추정되었다. 유도에서 어렵게 생존하던 황소는 1997년 1월 군장병들이 구출해내어 김포 농업기술센터로 보내져 '평화의 소'라는 이름으로 불렸다. 그리고 제주도 소와 짝을 지어 새끼를 많이 낳아 전국으로 분양 보냈다.

연미정 앞바다의 내력

한강은 수많은 사연을 쏟아내며 바다와 만난다. 강물은 강화도에 닿아서 물살이 약해지며, 바다는 강이 품고 온 토사들을 쌓아 갯벌을 만든다. 밀물과 썰물의 차가 큰 이곳에서는 바다의 흐름에 몸을 맡겨야지, 그것을 역행해서는 어떤 것도 이룰 수 없다. 동력선이 없던 시절, 바다를 항해해 이곳에 닿은 배들이 한강을 거슬러 오르기 위해서는 하루에 두 번씩 변하는 물길을 이용해야 했다. 밀물 때가 되면 바닷물이 한강으로 밀려 올라간다. 그때는 노를 힘겹게 젓지 않아도 된다. 방향만 잘 조절하면 밀물을 따라 한양까지 닿게 된다. 절호의 기회가 되는 셈이다. 연미정에는 '연미조범(燕尾漕帆)'이라는 시가 소개되어 있는데 이때의 풍경이 묘사되어 있다.

연미정 높이 섰네 두 강물 사이에
삼남지방 조운 길이 앞바다로 통했었네
떠다니던 천 척의 배는 지금은 어디 있나
생각건대 우리나라 순후한 풍속이었는데

끝구절은 관념적인 표현이고 앞의 세 구절이 연미정 앞바다의 풍경을 묘사한 것이다. 제비꼬리처럼 갈라진 두 강물 사이에 연미정이 있음을 말하고 있으며, 남쪽 지방의 세곡을 싣고 온 배들이 한강으로 들어가기 위해 줄지어 선 모습을 그리고 있다. 그 배들이 무려 천 척이었다고 한다. 천 척이라는 것은 실제 천 척이라기 보다는 '많은 배'라는 뜻이 담겨 있다. 천 척의 배가 연미정 앞에 늘어서서 밀물이 들어오기를 기다렸던 풍경은 장관이었을 것이다. 한양을 향해서 배를 띄울 생각에 부지런히 움직이던 사공들과 그 배를 얻어 타기 위해 간곡히 부탁했을 사람들의 모습이 그림처럼 펼쳐진다. 월곶진의 성문인 조해루를 나가면 한강을 거슬러 오르기 위해 준비하고 있던 많은 배가 있었다.

역사는 기록이나 발굴로 알게 된 사실(事實)과 또다른 사실을 어떻게 이어주는가가 중요하다. 모든 것이 기록으로 존재하는 것은 아니기 때문이다. 사실은 점처럼 드문드문 놓여 있다. 점과 점을 이어주는 것은 역사적 상상이다. 연미정에 서서 저 바다를 가득 메운 돛단배를 상상하는 역사적 즐거움을 가져 보기 바란다.

지금은 시(詩)에 나타난 것처럼 번화한 나루가 아니다. 오히려 적막감이 가득한 조용하기 이를 데 없는 장소다. 북한과 마주 보고 있어 삼엄한 통제구역이 되었기 때문이다. 연미정과 월곶진 일부는 개방되어 있지만 북쪽으로 더 가기 위해서는 군부대의 허락을 받아야 한다.

바다 가운데 있는 유도는 배가 접근할 수 없는 DMZ 구역이다. 남북관계가 개선되거나 꿈에 그리던 통일이 이루어진다면 저 유도를 지나 한강으로 거슬러 오를 수 있을 것이다. 한강의 마침표 유도는 통일의 상징이 될 수 있다. 연미정에 서면 저 작은 섬 유도가 자유롭게 되는 날이 속히 오기를 기원하게 된다.

군사시설 연미정

연미정은 월곶진(月串鎭) 소속의 월곶돈대 안에 있다. 월곶진은 강화도의 북동쪽을 방어하던 조선군 주둔지였다. 역사적 순서로 본다면 연미정이 먼저 있었고, 월곶진은 나중에 설치된 것이다. 연미정은 고려시대에 만들어진 정자이며 월곶진이 설치된 때는 조선시대다. 해안과 언덕에 성벽이 축조되자 기존에 있던 연미정도 군사시설에 속하게 된 것이다. 연미정을 둘러싸고 월곶돈대가 축조되었다. 돈대라는 이름에 걸맞게 멀리까지 조망이 가능하다. 성벽에는 대포를 쏠 수 있는 포구(砲口)를 여럿 두어서 방어력을 높였다. 저 바다에 외적이 쳐들어온다면 사정없이 불을 내뿜었을 것이다.

월곶돈대는 숙종 5년(1679) 강화유수였던 윤이제가 축조했다. 숙종 때가 되면 청나라의 간섭이 느슨해져서 나라 안 곳곳의 군사시설을 개보수할 수 있게 된다. 강화도 내에 존재하는 많은 군사시설이 이때 보수되거나 정비되었다. 고종 때에는 이양선의 침략을 막기 위해 재정비하여 병인양요, 신미양요를 치렀다. 그러나 개항 후 돌보지 않아 많은 훼손이 있었다. 훼손되었던 연미정과 월곶돈대는 일찍이 복원되었다. 돈대가 있는 언덕 아래 해안을 따라 축조된 깨끗한 성벽과 성문은 최근에 복원되었다. 조해루(朝海樓)라는 현판을 달고 있는 성문은 바다로 나가는 통로 역할을 하였다. 강화도 동쪽 해안은 성벽이 만리장성처럼 이어져 있었기 때문에 해안으로 드나드는 문이 필요했다. 해안 방어의 중요 진지마다 성문을 설치하였고, 이 문을 나가면 배와 함선을 정박했던 나루가 있었다. 그곳에는 해당 부대의 수군이 보유한 여러 척의 함선도 있었다.

고려시대에도 등장하는 연미정

앞서 언급한 것처럼 연미정은 고려시대 기록에도 등장한다. 강화천도 시에 고종이 사립교육기관인 구재(九齋)의 학생들을 모아놓고 공부한 것을 확인했는데 그 장소가 연미정이었다. 몽골의 침략을 피해 강화도라는 좁은 곳으로 천도했지만 교육열은 대단했던 것 같다. 사립교육기관이 이곳까지 옮겨올 정도였으니 말이다. 임금은 학생들을 모아 그들을 위로하며 고려를 이끌어갈 인재가 되어 주길 원했다. 저 무도한 무신정권과는 다른 국가 지도자로 성장하기를 바랬을지도 모른다. 하긴 학생들의 부모가 실세인 무신정권의 수뇌부였으니 의미없는 바램이었을 것이다.

고려 조정이 개경으로 환도한 후 강화도는 국가적 관심에서 조금씩 멀어졌다. 그 후 연미정이 어떻게 관리되었는지 알 수 없으나, 조선 중종 때에 장무공(莊武公) 황형(黃衡)장군에게 하사되었다. 황형은 강화도 사람으로 삼포왜란을 진압한 선봉 장군이었다. 그 공을 인정받아 나라에서 그에게 이 정자와 주변 땅을 하사했다. 연미정으로 올라가는 입구에 황형장군비가 서 있으며, 연미정 앞 작은 비석에도 황형장군의 옛 터전이라는 사실이 기록되어 있다. 주변 마을에는 황형장군 묘역과 사당도 있다.

정묘호란과 연미정

인조 때가 되면 후금(後金)의 침략이 노골화되는데 이때 강화도는 다시 한번 국가 방어의 전략지로 떠오른다. 정묘호란(1627)이 발발하자 인조는 강화로, 소현세자는 전주로 파천하였다. 강화도에서 적들의 동향을 살피던 임금은 저들이 조선과 전쟁을 길게 할 의향이 없음을 알고 조약을 체결한다. 형제(兄弟) 관계를 맺게 되었는데 조선으로서는 굴욕적인 조약이었다. 또 명나라와의 사대관계는 유지하되, 명과 후금 사이에서 엄정한 중립을 지킨다는 것이었다. 이 조약을 체결한 장소가 연미정이었다.

정묘호란 때에는 이곳에 지금과 같은 군사시설이 있지 않았다. 정묘호란이 끝난 후 인조는 강화도의 국방상 중요성을 인정하여 요새화 작업을 시작하였다. 월곶진을 비롯한 다양한 군사시설을 갖추기 시작한 것이다.

연미정은 익숙하게 보아왔던 정자와는 그 모습이 다르다. 높고 긴 주춧돌을 놓은 후 그 위에 목조기둥을 세웠다. 바닥은 마루가 아닌 전돌을 깔았다. 신발을 벗고 올라가는 마루가 아니라 신발을 신고 들어가는 정자다. 기둥만 있고 마루가 없는 정자다. 정묘호란 당시 후금과 조약을 체결하던 모습을 재현해본다면 어떨까? 정자 가운데 탁자와 의자가 놓였을 것이다. 치열한 외교전쟁이 벌어진다. 힘의 우위에 있었던 후금은 최대한 많은 것을 요구하고, 조선은 저들의 요구를 무마시키려 했을 것이다. 힘의 논리가 압도하는 연미정에는 비통함과 비정함이 가득했을 것이다.

이곳이 월곶진에 속한 돈대가 되면서 월곶진 지휘부가 사용하는 군사용 정자가 되었다. 신발을 벗고 들어가는 정자보다는 언제든지 앉고 일어서기가 편한 탁자와 의자가 놓인 시설이었던 것이다.

연미정은 500년 된 느티나무가 좌우에서 호위하던 멋진 곳이었다. 돈대 문(門)을 들어서자마자 그 장한 모습에 감탄을 더하며 쳐다보던 나무였다. 이 나무로 인해서 연미정의 연륜이 돋보였다. 그런데 안타깝게도 한 그루가 태풍에 쓰러지고 말았다. 2019년 초가을, 태풍 링링이 강타했는데 세찬 바람을 견디지 못하고 부러져 버린 것이다. 생명 있는 것들이 그 생명을 다하고 떠나는 것이 순리이긴 하지만, 그래도 한쪽이 허전한 것은 어쩔 수 없다. 연미정을 볼 때마다 그 나무가 그리우니 말이다.

3 강화의 대문 갑곶돈대

갑곶의 의미

갑곶(甲串), 으뜸이라는 뜻

갑(甲)은 첫째라는 뜻이다. '갑을병정무기경신임계 甲乙丙丁戊己庚辛壬癸'에서 첫 번째 나오기 때문이다. 과거시험을 봐서 합격자를 뽑을 때도 갑과(甲科), 을과(乙科), 병과(丙科)로 나눠서 뽑는데, 갑과(甲科)로 합격해야 최고 등수라 할 수 있었다.

'곶'은 바다를 향해서 튀어 나간 곳에 붙이는 지명이다. 그러니까 갑곶이라는 뜻은 강화도에서도 '가장 많이 튀어 나간 곳'이라는 뜻이 된다. 그런데 정말 그런가 하여 지도를 자세히 보면 전혀 그렇지 못하다. 바다를 향해 돌출된 지형이 아니라 단순한 해안이다. 갑(甲)의 지위에 오를 만큼 인상적이지 못하다는 것이다. 그런데 왜 갑곶이라는 지명이 생겨났을까?

강화도는 매우 오래된 간척의 역사를 간직하고 있다. 바다를 막아 갯벌을 논으로 만든 제방이 무려 120군데나 된다. 강화도에서 볼 수 있는 바닷가 논들은 옛적에는 모두 바다(갯벌)였다. 이로 인해 지형이 변하게 되었고, 지형의 변화로 지명이 갖고 있던 원래 의미도 사라졌다. 그렇기 때문에 제방이 없었던 옛 지형을 살펴봐야 갑곶의 의미를 확인할 수 있는 것이다.

강화대교를 건너면 낮은 산줄기가 강화 읍내로 이어진다. 이 산줄기 남쪽과 북쪽으로 넓은 논이 펼쳐져 있다. 먼 옛날 이 넓은 논들은 바다였다. 주먹 쥔 팔을 동쪽으로 쭉 뻗었다고 상상해 보자. 주먹 부분에 제물진(갑곶돈대)이 있고 어깨에 부분에 강화읍내가 있는 셈이다. 바다를 향해 툭 튀어 나간 지형, 갑(甲)으로 튀어 나간 지형이라서 갑곶이라 불렀던 것이다.

강화도의 옛지명인 갑비고차에서 유래

강화도의 순우리말 지명은 '가비고지'였다. 이것을 한자로 옮겨 적으면서 '갑비고차'가 되었고, 여기에서 '갑곶'이라는 지명이 유래되었다고도 한다.

몽골군이 만든 지명

고려가 몽골에 항전하기 위해 강화도로 천도했을 당시 몽골군이 강화도를 꼬나보면서 '우리 군사들의 갑옷만 쌓아도 건널 수 있을 만큼 좁은 곳'이라 했다 하여 생긴 지명이라 한다. 그러나 이 경우는 지명이 먼저고 지명에 맞는 유래가 후에 생겨난 것이다. 백제의 도읍이었던 부여 백마강에는 소정방이 백마고기를 미끼로 삼아 용을 낚았다는 전설이 전해온다. 그래서 백마강이라 했다 한다. 그러나 이것은 백마강이라는 이름 때문에 후대에 붙은 이야기다. 몽골군 이야기는 후대에 덧붙여진 경우가 되겠다.

가장 많이 사용된 나루

갑(甲)으로 사용된 나루라는 뜻도 담겨 있다. 갑곶나루(강화나루)는 조선시대 가장 번화한 나루였다. 한양에서 배를 타고 강화에 도착하면 사람이 내리고 물건을 하역하는 곳이 강화나루 즉 갑곶이었다. 육로로 오더라도 갑곶나루 건너편 문수산성까지 와서 배를 타는데, 갑곶나루는 지척이었다. 강하해협을 건너면 갑곶나루에서 내린다. 지금도 문수산성 아래 갯벌에는 배를 정박하기 위한 접안시설의 석축이 남아 있다. 제물진 소속의 진해루에서 검문을 받고 들어오면 강화도에 도착한 것이 된다. 조선시대 가장 많이 이용된 나루였음은 틀림없다. 그래서 갑곶이라 불렀다 한다.

갑곶돈대

돈대는 해안가나 접경지역 조망이 좋은 곳에 돌이나 흙으로 쌓은 작은 규모의 관측, 방어시설이다. 돈대에 주둔한 병사들은 적의 동향을 살피며, 유사시에는 적을 향해 대포나 총을 발사하여 방어하는 역할을 한다.

사적 제306호로 지정된 갑곶돈대는 강화도에 설치된 54개의 돈대 중 하나다. 숙종 5년(1679)에 완성되었는데 제물진에 속한 돈대였다. 제물진에는 갑곶돈대 외에 망해돈대 · 제승돈대 · 염주돈대도 있었다. 돈대 외에도 대포 8문이 있는 포대도 있었다. 제물진은 원래 인천에 있었던 부대였는데 효종 7년(1656)에 강화도로 옮겨 설치되었다. 그래서 인천의 옛이름인 '제물포'와 이름이 같은 것이다.

강화대교를 건너면 첫머리에 만나는 유적지가 갑곶돈대다. 그래서 강화 답사의 일번지는 갑곶돈대가 된다. 그런데 갑곶돈대라고 지정된 곳은 원래의 갑곶돈대 자리가 아니다. 제물진의 일부가 복원된 것이다. (구)강화대교가 놓인 산 위가 원래의 갑곶돈대였다. 원래 자리는 높은 곳이어서 적의 동태를 살피기 수월하며, 갑곶나루의 출입을 통제하기 좋은 곳이었다. 1976년 강화도 전적지 정화사업을 할 때 이미 개통된 강화대교를 피해서 일부만 복원한 것이 지금의 갑곶돈대다. 강화대교는 1970년에 개통되었다. 원래 돈대는 산 또는 언덕 위에 설치된다. 돈대의 모양은 원형, 정사각형, 직사각형 등으로 쌓은 작은 성곽이다. 지금의 갑곶돈대처럼 해안을 따라 한 줄로 쌓은 성곽은 돈대가 아니다.

갑곶돈대는 병인양요 때에 프랑스군과 치열한 교전을 벌였던 역사를 갖고 있다. 1866년 10월 14일 강화도 앞바다에 들어온 프랑스 함대는 다음날 강화를 공격하였다. 프랑스 함대는 우세한 무력을 앞세워 제물진의 여러 돈대와 포대를 파괴한 후 600명의 병사를 진격시켜 강화 읍내를 점령하고 행궁마저 빼앗았다. 프랑스군이 물러난 후 조정에서는 그들과 내통한 자들을 찾는다고 강화도를 뒤졌다. 결국 천주교인 3명이 강화 진무영에서 죽임을 당했다. 고려궁터 앞에 있는 성당자리다.

갑곶돈대에는 천주교순교성지가 있다. 이곳은 신미양요(1871) 때에 미군의 배에 왕래했다는 이유로 효수당한 이들을 기리는 성지다. 이들은 미군과 내통했다는 이유로 신미양요 후 색출되어 죽임을 당했다. 어떤 이유로 이들이 미군의 배에 왕래했는지 알 수 없다. 단순히 신앙적인 이유 때문이었다고 하지만, 흥선대원군은 간첩 혐의로 본 것이다.

강화도 사람들은 적들이 쳐들어오면 그들에 의해 수난당하고, 저들이 물러나면 간첩 잡는다고 관군이 들어와 들쑤시는 통에 수난당하기를 반복했던 것이다. 예나 지금이나 힘없는 민초들의 아픔은 환난의 때가 되면 배가(倍加) 된다.

역사를 품은 탱자나무

갑곶돈대의 탱자나무는 천연기념물 제78호로 지정되었다. 강화도는 탱자나무가 자생할 수 없는 지역이다. 탱자나무는 따뜻한 남쪽에서 자생하기 때문이다. 그런데 갑곶돈대에 탱자나무가 있다.

탱자나무는 예부터 울타리를 만드는 수종이었다. 길고 억센 가시가 많기 때문이다. 그래서 남쪽지방 사람들은 집 울타리로 많이 심었다. 심지어 성곽을 쌓고 성 밖에 탱자나무를 심어 적의 침입을 막는 데 이용하기도 했다. 탱자나무로 철조망을 친 것이다. 그래서 탱자나무성이라는 별칭이 붙기도 했다.

강화도에 탱자나무가 자생할 수 없다면 누군가 심은 것인데, 언제 심은 것일까? 정묘호란을 강화에서 보낸 인조는 강화도를 요새화하는 데 힘을 쏟았다. 김포와 맞닿은 해안으로 성책을 설치하여 적군을 막을 준비를 했다고 하는데 이때 설치된 목책의 일부가 탱자나무였을 것으로 보인다.

탱자나무가 있는 곳은 해안에서 약간 높은 지대다. 혹여 적군이 갑곶에 상륙하면 일차적으로 갯벌이 막아 줄 것이고, 그것마저도 뚫린다면 탱자나무가 막을 것이다. 지금은 한 그루만 남아 있지만 그때는 갑곶돈대 언덕 아래로 쭉 심어졌을 것이다. 적을 막을 수 있다면 탱자나무면 어떻고, 그 무엇이면 어떻겠는가.

남쪽 지방 수종인 탱자나무를 강화도 방어를 위해 심었는데 그것이 현재까지 생명을 연장해 오고 있으니 신비롭다. 강화도는 해양성 기후에 속하기 때문에 겨울 추위가 탱자나무 생장을 방해할 정도는 아니었던 것 같다. 그럼에도 고향을 떠난 탱자나무는 얼마나 힘겨웠을까. 환경에 적응해야 했고 병자호란과 병인양요를 몸소 겪어내야 했으니 살아남은 것이 대견할 뿐이다. 함께 심어졌던 동료 탱자나무들은 모두 사라지고 겨우 한 그루 남았기에 무엇보다 귀하다. 강화도가 안고 있는 역사적 내력을 이 탱자나무는 나이테에 품었으니 '역사의 나무'라 하겠다.

얼마 전만 하더라도 갑곶돈대가 탱자나무 생장의 북방한계선이라 했다. 그러나 북한 개성에도 탱자나무가 있는 것으로 알려지면서 가장 북쪽의 것은 아니라는 사실이 밝혀졌다. 참고로 강화 화도면 사기리에도 한 그루 더 있다. 사기리 탱자나무(천연기념물 제79호)도 갑곶 탱자나무와 같은 목적으로 심어졌다고 한다.

왕씨들이 수장된 바다

조선(朝鮮)을 세운 지배자들은 백성들의 뇌리에서 고려(高麗)를 지우고자 했다. 그러려면 고려의 상징인 개경을 서둘러 버려야 했다. 수백 년 동안 살았던 개경이라는 곳은 모든 편의시설이 갖추어진 도시였다. 그럼에도 개경을 버리고 한양으로 도읍을 옮겨야 했던 것은 고려를 빨리 잊기 위해서다. 지금의 서울을 생각해보자. 모든 것이 갖추어진 편리한 도시다. 이런 도시를 버리고 새로운 곳을 수도로 삼는다면 엄청난 반대가 있을 것이다. 행정수도 이전이라는 정책에 반대가 극심했었고, 심지어 헌법소원까지 간 일이 불과 얼마 전에 있었다. 조선 건국자들이 개경을 버려야 했던 것은 개경은 고려의 흔적이 화석처럼 쌓여 있었기 때문이다. 그렇지만 수백 년 왕조를 잊는다는 게 그리 쉬운 일인가. 역사는 잊으려 한다고 해서 잊혀지는 것이 아니다.

조선 건국자들은 서둘러 고려의 흔적을 지우고자 했다. 백성들의 마음에 새로운 왕조 조선이 확고하게 각인되기를 원했기에 서둘렀다. 그러나 그것만으로는 불안했다. 고려를 다시 세우려는 이들은 고려 왕씨(王氏: 왕건의 후손)를 왕(王)으로 추대해야 한다. 그리해야 고려를 복원하는 의미가 있는 것이다. 그런 의미에서 왕씨들은 언제든지 새 왕조 조선을 위협할 수 있는 존재들이다. 망해버린 왕조의 왕손들은 원하든 원하지 않던 언제 닥칠지 모르는 반역의 위험에 노출되어 있었던 것이다. 나무는 가만히 있고자 하나 바람이 내버려 두지 않는 것과 같다. 왕씨들을 제거하는 것이 후한을 없애는 가장 좋은 방법이다. 그러나 망해버린 왕조의 왕족이라 할지라도 민심 때문에 함부로 죽일 순 없었다. 죽이고 싶어도 눈치껏 해야 했다. 가장 좋은 방법은 역모 사건을 조작하는 것이다. 왕씨들이 스스로 역모를 일으키면 기회를 잡겠지만 그렇게 생각대로 따라 주는 것은 아니기 때문이다.

『조선왕조실록』「태조조」에는 몇 가지 사건이 기록되어 있다. 동래현령 김가행과 염장관 박중질이 조선의 태조와 고려의 공양왕 중 누구의 운세가 좋은지, 살아남은 왕씨들 중에서 어떤 이의 운세가 좋은지 점쟁이에게 알아보게 했다고 한다. 이 일이 발각되어 관련자들은 일거에 체포되었다. 이를 기회로 대간들은 왕씨들을 멸족할 것을 왕에게 청했고 듣지 않자 업무 거부까지 하기에 이른다. 태조는 완강히 거부하지만 대간들의 끈질긴 주청에 관련자들은 참수되었다. 그리고 남은 왕씨들 모두 죽이기로 결정하였다.

"윤방경 등이 왕씨(王氏)를 강화 나루에 던졌다"

「태조실록 5권, 1394 갑술」

이런저런 역모사건이 발생하자 '왕씨들을 어찌할 것인가' 하다가 섬에 살게 하면서 나오지 못하게 하자는 의견이 나온다. 왕씨들에게 '강화도와 거제도에서 서인(일반인)으로 살게 해주겠다'고 설득하였다. 그리고 그들을 배에 태워서 섬으로 가다가 배에 구멍을 뚫어 그대로 수장시켜 버렸다. 거제, 강화에서 살게 하다가 얼마 후 다른 곳으로 옮겨 주겠다고 하고 배에 태워 이런 끔찍한 일을 저질렀다고도 한다.

이런 비극은 조선 건국자들의 집권 과정이 정당하지 못했기에 생긴 것이다. 정당하지 못한 권력은 그들이 했던 것처럼 또다른 반칙으로 무너지기 때문이다. 조선왕조 건국이 정당하지 못했기에 그만큼 무너질 두려움도 많았던 것이다. 집권 과정이 정당했다면 이런 일을 만들어 내지 않아도 국운은 든든하게 유지될 것이다. 강화 갑곶나루 앞바다는 왕씨들의 원한이 무겁게 맺힌 곳이다.

갑곶돈대 대포

갑곶돈대에서 가장 높은 곳에 정면 3칸, 측면 1칸의 전각이 있고, 그 안에 구경 100mm 대포 1문이 있다. 대포소리가 얼마나 컸던지 병인양요 당시 프랑스군이 놀랐을 정도라고 한다. 그러나 소리만큼 파괴력은 없어서 저들에게 위협이 되지 못했다. 저 바다에 침입한 적을 향해 불을 뿜었을 대포다. 17세기 초 명나라 군대가 네덜란드와 전쟁을 치를 때 중국인들이 네덜란드인을 홍모이(紅毛夷)라고 불렀고 그들의 대포를 '홍이포(紅夷砲)'라 했다. 대포알은 날아가서 폭발하는 것이 아니었기에 조선 후기 이양선에게는 큰 위협이 되지 못했다.

성벽을 따라 내려가면 돌출된 치성 안에 구경 26mm 불랑기 1문, 구경 84mm 소포 1문이 전시되어 있다. 불랑기는 임진왜란 이후 널리 사용되었다. 소포는 사정거리가 300m 정도였다고 한다. 조선시대 해안 방어진지에 어떤 무기들이 배치되었었는지 알 수 있다.

갑곶돈대 선정비

갑곶돈대 유적지 안으로 들어서면 오른쪽으로 67개의 비석이 진열되어 있다. 강화도가 국가보장처로 인식되면서 유사시에 임금이 머물 행궁(行宮)이 건립되었고, 해안으로는 적의 침략을 막기 위한 요새가 들어섰다. 이에 걸맞게 강화도는 유수부(留守府)로 승격되었고, 수령을 '강화유수'라 했다. 강화유수는 보통 정2품 또는 종2품의 고위관료가 파견되었다. 또 보장지처로서 군사업무를 맡은 직책들도 있었다. 강화유수가 군사령관을 겸하기도 했다.

비석의 내용 중 가장 많은 것은 강화도에 파견되었던 수령들의 '선정비(善政碑)', '영세불망비(永世不忘碑)'다. '당신의 선정에 감사한다', '당신의 선정을 영원히 잊지 않겠다'라는 뜻이다. 이곳뿐만 아니라 전국에 산재해 있는 선정비의 숫자로만 본다면 선정을 베푼 목민관이 무척 많다. 그런데 조선의 백성들은 왜 그리 고달팠을까?

선정비는 백성들이 감사의 의미로 세운 것이 아니다. 새로 부임하는 수령이 전임 수령의 것을 세웠는데 관례가 되어 버렸다. 물론 비석을 건립하기 위한 비용은 백성의 주머니에서 나왔다. 이런 비가 세워지면 승진에 유리하였기 때문이다.

비(碑)를 세우는 재료는 석비(石碑), 목비(木碑) 심지어 철비(鐵碑)도 있었다. 어떤 종류의 비석이건 감찰기관을 의식하고 출세를 노리는 자들의 의도가 숨어 있다. 그렇다고 모든 선정비가 탐관오리의 것이라고 말할 순 없다. 그중에는 충실한 목민관도 있을 것이다. 가끔 선정비 앞에 서면 이런 생각이 든다. '전국에 흩어져 있는 선정비만큼의 진정한 목민관이 있었다면 조선시대 백성들은 참 행복했을 것'이라고 말이다. 『목민심서』에 선정비와 관련된 내용이 나온다.

어떤 암행어사가 가만히 충청도를 살피러 다닐 때였다. 새벽녘에 괴산군에 조금 못 미친 곳에 이르렀다. 사방이 컴컴한데 한 농부가 무엇인가를 길가에 나란히 세우고 있었다. 어사가 가만히 바라보니, 농부가 거기에다 미나리꽝에서 떠 온 진흙을 잔뜩 묻히는 것이었다. 어사가 이상히 여겨 물었다.

"거기서 뭘 하고 계시오?"

"보면 모르오. 선정비를 세우고 있소"

"헌데 왜 진흙을 칠하고 있소"

"암행어사가 떴다는 소식에 고을 이방이 나더러 비를 세우라고 합디다. 무려 다섯 개를 세우라고 부탁을 받았는데, 눈먼 어사가 행여이 나무비를 보고 백성들이 마음속에서 우러나 세운 진짜 비로 알까 봐 진흙칠을 해 두는 것이요"

선정비를 살펴보면 그들의 관직(직책) 앞에 '行(행)'자와 '守(수)'자가 붙은 것을 볼 수 있다. '行'의 경우는 본인의 품계보다 낮은 관직을 맡았을 경우, '守'는 본인의 품계보다 높은 관직을 맡았을 경우 붙인다. 강화유수는 정2품이 주로 파견되었는데, 종1품인 사람이 왔다면 '行江華留守(행강화유수)~'로 비석의 내용은 시작한다. 반대의 경우

는 '守江華留守(수강화유수)~'가 된다.

이곳에는 선정비 외에도 금표비(禁標碑)가 있다. 금표(禁表)의 내용은 '산간지역에 쓰레기 버리는 자는 장 80대, 목축을 놓는 자는 장 1백에 처한다'는 내용이다. 겉으로 보기엔 자연보호 내용 같은데 속사정이 무엇인지 궁금하다.

삼충사적비(三忠事蹟碑)도 있는데 병자호란 때에 월곶진에서 적을 막아내다 전사한 강흥업, 구원일, 황선신을 기리기 위해 세운 비석이다.

'守令以下皆下馬(수령이하개하마)'라 기록된 비는 하마비(下馬碑)라 부른다. '수령 이하는 모두 말에서 내리라'는 명령이다. 하마비는 강화향교 앞에 세웠었다고 하는데, 향교에서는 수령이라도 말에서 내려야 한다. 강화유수라도 공자의 사당이 있는 향교 앞에서는 한없이 낮은 존재이기 때문이다. 혹시 강화유수부 앞에 세워두었던 것이 아닐까 싶다.

이곳에 모인 선정비들은 원래 사람들의 출입이 많은 길가에 있던 것이다. 그래야 자신의 선정을 자랑할 수 있기 때문이다. 갑곶나루에서 강화유수부로 이어지는 길가에 흩어져 있던 것을 지금의 자리에 모아 둔 것이다.

갑곶돈대 이섭정

이섭정(利涉亭)은 태조 7년(1398)에 강화부사였던 이성이 세웠다. 나루는 만남의 자리이면서 이별의 장소다. 갑곶나루가 보이는 언덕 위에 정자를 짓고서 이별의 정을 나누었다. 또 이곳으로 오는 이를 환영하기도 했다. 나루는 많은 사람과 물건들이 오고 가는 곳이기에 감시의 장소가 되기도 했다. 나루가 내려다보이는 높은 곳의 정자는 감시 초소의 역할도 감당했을 것이다. 그래서 이름을 이섭정(利涉亭)이라 했다. 아주 날카로운 시선으로 강화해협을 건너는 이들을 감시한다는 뜻이다. 이(利)는 '화(和)'의 뜻도 있으니 오는(염하를 건너는) 손님을 반가워한다는 뜻도 되겠다.

지금의 이섭정은 시멘트로 복원되었다. 이섭정에 올라가면 멀리까지 조망이 된다. 바다에 떠 있는 배들을 볼 수 있는데, 이 배들은 제자리에 가만히 있고 움직이지 않는다. 배는 두 팔을 벌린 것처럼 보인다. 배를 바다에 고정시켜 두고 밀물과 썰물이 교차할 때 두 팔에 설치된 그물을 내린다. 물살을 따라 물고기들이 이동하다가 그물 안으로 들어가게 된다. 젓갈용 새우와 물고기가 주로 잡혀 생계에 큰 도움을 주었다고 한다. 예전에 이 배들을 멍텅구리배라고 불렀다.

강화전쟁박물관

전쟁박물관에는 강화도에서 벌어졌던 전쟁의 역사와 전쟁 무기들이 전시되어 있다. 1층 1관에는 고대전쟁사 연표부터 시작해 선사시대의 강화도, 참성단과 삼랑성을 통해 알려주는 단군왕검, 삼국시대부터 통일신라까지의 강화도가 전시되어 있다. 1층 2관은 고려전쟁사 연표에서 시작해 몽골의 침략과 강화천도 시기의 역사를 알기 쉽게 전시했다. 2층 3관에는 조선전쟁사 연표로 시작해 정묘호란과 강화도의 요새화, 병인양요, 신미양요, 조선의 무기와 병서를 전시하였다. 전쟁과는 관련 없지만 강화학파에 대한 설명도 있다. 2층 4관에는 근현대의 전쟁 관련 자료가 전시되어 있는데 운요호사건와 강화도조약, 항일운동, 한국전쟁 등에 관해 전시하고 있다.

읽기 자료와 병인양요와 신미양요, 운양호사건 등은 옛날 사진으로도 확인할 수 있다. 사진은 당시의 모습을 생생하고 실감나게 전해주기 때문에 현실적으로 다가온다. 신미양요 때에 미군에 의해 빼앗겼던 어재연 장군의 깃발인 '帥(수)'자기를 같은 모양으로 재현해 놓은 것도 있다. 또 시대별 무기도 전시해두어서 전쟁박물관의 특징을 살렸다. 하늘에서 본 강화 요새의 모습들을 사진으로 전시해두어서 지리의 장점을 어떻게 살렸는지도 알 수 있다.

4 사연많은 강화나루(갑곶나루)

갑으로 사용된 강화나루

강화대교를 건너면 다리 아래 해안으로 성벽이 보인다. 진해루(鎭海樓)라는 성문과 성벽인데 최근에 복원되어 말끔하다. 강화도를 답사하다 보면 이런 성문을 동쪽 해안 여러 곳에서 볼 수 있다. 이런 성문을 보게 된다면 이렇게 상상하면 된다. '강화해협을 따라 성벽이 끊어지지 않고 축조되어 있었고, 바다로 나가기 위해서는 성문을 통과해야 했다.'

진해루 위에 서면 정면으로 바다가 흐르고 왼쪽으로 강화대교, 오른쪽으로 (구)강화대교가 있다. 그리고 건너편에는 문수산성이 조망된다. 진해루를 나가면 갑곶나루가 있었다. 강화나루라고도 불렀다. 갑곶나루는 강화도에서 가장 번화했던 나루였다. 한양에서 강화로 들어오는 많은 사람이 갑곶나루를 이용했다. 갑곶나루에 도착하면 진해루 성문을 통과한다. 그리고 조금만 가면 강화산성(읍성) 남문에 도착하였다. 남문을 들어가 북쪽으로 방향을 틀어 조금만 더 가면 강화유수부에 도착한다.

그러고 보니 갑곶은 예나 지금이나 강화도의 대문 역할을 하고

▲ 강화나루 옛모습 [사진출처: 강화군 홈페이지]

있다. 지금도 강화대교가 강화읍으로 연결되어 있어서 가장 많은 사람이 이용하는 곳이다. 심지어 교동도나 석모도를 갈 때도 강화대교를 건너서 가면 가장 짧은 거리가 된다.

지금은 나루를 이용하는 사람은 없지만, 접안시설이었던 석축의 일부가 갯벌에 남아 있다. 갑곶나루와 마주보는 김포 문수산성 아래 해안에는 배를 접안했던 석축이 제법 남아 있다. 이 접안시설은 세종 1년(1419) 박신이라는 분이 사재를 내어 돌을 모으고 그것을 쌓아 만들었다고 한다. 『조선왕조실록』 세종 26년 기록에 '전 이조판서 박신의 졸기'에 이와 관련된 내용이 있다. 졸기(卒記)는 사망한 신하에 대한 기록이다.

통진현(通津縣)의 서쪽에 갑곶(甲串)이라는 나루가 있었는데, 오고 가는 사람들은 반드시 물속을 수십보(數十步) 걸어가야 비로소 배에 오를 수 있고, 또 배에서 내려서도 물속을 수십 보 걸어가야 언덕에 오를 수 있었다. 그러므로 얼음이 얼고 눈이 내릴 때면 길 다니는 나그네들이 더욱 고통을 당하였는데, 신(信: 박신)이 재산을 의연(義捐)하고 고을 사람들을 이끌어 양쪽 언덕에 돌을 모아 길을 만들었더니, 길 다니는 사람들이 지금까지 그 공로를 힘입고 있다고 한다.

처음에는 나루터 접안시설 없이 갯벌을 걸어가서 배에 오르는 불편함이 있었는데 1419년 이조판서였던 박신이라는 분이 사비를 들여 14년간 석축로 공사를 완성(1432)하여 그 후 약 500년간 사용하였다. 세종 때에는 백성의 편에 서서 목민관의 소임을 다했던 이들이 이렇게 많았다.

그 후 정묘호란 때 인조가 이곳으로 건넜고, 병자호란 때에는 청군에게 점령당하기도 했다. 1866년 병인양요 때에 프랑스군과 격전을 치렀으나 함락되었던 비극이 있었다. 고종 13년(1876) 일본의 구로다와 이노우에가 강화도조약을 체결하기 위해 이곳으로 상륙했다. 연산군, 광해군을 비롯한 수많은 왕족이 유배를 당해 이곳을 건넜고, 철종은 임금이 되어 이곳에서 배를 타고 한양으로 갔다.

수백 년간 강화의 주요 나루였던 갑곶나루는 1920년경 김포 성동리와 강화 용정리 사이에 나루터가 신설되면서 폐쇄되었다. 한편 진해루 안쪽 넓은 공터는 우리나라 최초의 해군사관학교인 통제영학당이 있던 곳이다.

TIP

강화대교를 건너면 인삼센터가 오른쪽에 있다. 이곳으로 내려가서 해안으로 나가면 '갑곶순교성지' 입구가 나온다. 안으로 들어가면 진해루와 성벽 일부가 있으며, 산 아래에 통제영학당터를 알리는 표식, 우물이 있다. 갑곶순교성지는 안으로 더 들어가면 된다. 성지 안으로 계속 들어가면 길이 연결되어 있는데 갑곶돈대로 갈 수 있다.

최초의 해군사관학교 통제영학당

병인양요(1866)와 신미양요(1871), 운양호사건(1875)으로 서구열강과 일본의 힘을 확인한 조선정부는 신식군대의 필요성, 특히 새로운 해군 양성을 절감하게 된다. 강화도조약이 체결된 고종 13년(1876)에 군함 건조와 구입을 동시에 추진하였던 적이 있었다. 군함을 건조하기 위해 전국에서 장인을 불러 모아 증기선을 만들기도 했다. 그러나 기술적 한계와 인재 부족, 재정의 궁핍으로 성공하지 못했다. 이때 만

들어진 증기선은 훗날 수군 연습선으로 사용되었다. 군함 구입 또한 쉽지 않았다. 조선이 군사적 능력을 갖추는 것을 원하지 않았던 청나라와 일본의 간섭으로 제대로 추진해 보지도 못하고 실패하였다.

조선은 개화 초기 일본의 도움으로 신식군대인 별기군을 창설(1881)하였다. 조선군 전체가 아닌 일부의 군대에만 적용되었지만 새로운 시작이었다. 별기군이 조직되고 성장하는 과정에서 민씨 세도가들의 부정부패가 만연해 임오군란(1882)이 촉발되었고 이로 인해 별기군 제도는 실패하고 말았다.

1888년에는 연무공원(육군사관학교)을 설치하여 육군 장교 양성을 시도하였다. 미국인 교관 4명이 초빙되어 조선에 왔는데 사관생도였던 양반의 자제들은 교육에 열정을 보이지 않았고 이 또한 관료들의 무능과 부패로 실패하였다.

1893년 2월 조선은 수군 제도를 근대식 해군으로 개편하였다. 청주에 있던 해군 본영(통어영)을 경기도 남양으로 옮겼다. 그해 3월 해군 사관 및 하사관 양성학교인 통제영학당 설립에 관한 칙령을 공표하면서 해군사관학교 설립을 공식화하였다. 같은 해 5월에는 강화도 갑곶나루 인근에 학교 건물을 건축하고 본격적인 훈련을 준비하였다. 10월에는 사관생도 50명과 수병 300명을 모집하여 정식으로 개교하였는데 사관생도는 양반의 자제들이었다.

조선의 요청에 따라 영국인 교관이 왔다. 해군 대위였던 콜웰과 하사관 커티스가 그들이었다. 영어 교육도 겸해서 실시했는데 영국인 허치슨이 담당했다.

이들이 강화도에 도착했을 때 교육생 300명 중에서 160명만이 남아 있었다고 한다. 교육을 시작하기도 전에 무너지고 있었던 것이다. 통제영학당을 설립한 조선정부는 의욕만 앞섰을 뿐 후속대책이 부족했다. 영국에서 온 교관의 월급도 제때 지급하지 못했다고 하니 연무공원처럼 실패의 길을 걷고 있었던 것이다. 사관생도들 역시 이곳에서 훈련받았다 하더라도 자신들의 미래를 보장받지 못한 상황이었다. 양반의 자제들이 무관이 된다는 것도 시대적 한계였다. 당시 교관이 남긴 기록을 보면 무엇이 문제인지 알 수 있다.

조선 사관생도들은 상당히 총명해 보였고, 그들의 실력도 아주 빠르게 향상되었다. 그러나 중국에서처럼 관리들이 문제였다. 몇몇을 제외하고는 자신들이 무엇을 해야 하는지 몰랐다. 그리고 고급 지휘관 자리는 소총에 대한 지식이 없는 자들로 채워져 있었다.

지지부진하게 운영되던 통제영학당은 1894년 동학농민운동과 청일 전쟁으로 어려움을 겪다가 일본의 압박으로 1894년 11월에 폐교되고 말았다.

1년 정도 운영되었던 통제영학당을 통해 당시 조선정부의 총체적 난맥을 확인하게 된다. 통제영학당 뿐만 아니라 개항 이후 추진되었던 조선군 실력 양성의 역사는 같은 유형의 실패를 반복하는 과정이었다. 시작은 창대하였으나 매듭을 짓지 못하는 실패를 반복하게 된 원인은 무엇일까? 다른 나라의 발전된 모습을 보고 흉내만 내는 즉 맹목적 '따라하기' 때문이다. 운영 주체인 관료들의 무능과 비리가 먼저 해결되어야 하는데, 그것은 그대로 둔 채 겉만 따라 하다 보니 실패를 반복할 수밖에 없었던 것이다. 사관생도 중에서 장교 후보들을 양반의 자제로만 선발한 것도 문제였다. 이들은 현실 인식이 부족했고 강고한 신분제의 틀에 갇혀 있어서 힘들게 훈련하는 것 자체를 이해하지 못했다. 양반 자제들에겐 현실 세상은 너무나 풍요롭기 때문에 변화에 대한 갈망이 부족했던 것이다. 손자병법이나 읽고 읍으로 군사를 지휘하면 된다는 중세적 인식을 바꾸지 못했던 것이다. 또 신분상승 의지가 있어야 힘든 훈련도 견딜 수 있는데, 양반의 입장에서는 굳이 힘들게 훈련할 필요가 없었던 것이다. 훈련과정을 마쳤을 때 이들에게 어떤 기회가 주어지는지에 대한 정확한 방향 제시가 없었다. 사관생도들의 열정을 이끌어낼 요인이 부족했다고도 할 수 있다.

통제영학당이 실패했던 다른 요인으로는 청일전쟁이었다. 청일전쟁의 원인이야 동학농민운동이라고 하겠지만 근본적인 원인은 탐관오리들의 수탈로 인한 농민의 분노였다. 청군과 일본군이 국내로 들어와 전쟁을 벌이는 상황에서 조정은 통제영학당에 신경 쓸 여력이 없었다. 청일전쟁에서 승리한 일본은 조선에 압박을 가하여 통제영학당을 무너뜨리려는 간계를 부렸다. 그때나 지금이나 주변국들은 우리나라가 강해지는 것을 원치 않는다. 하지만 우리가 세밀한 계획과 강한 추진력을 가지고 있다면 주변국의 간섭을 넘어설 힘을 갖게 된다. 수구기득권세력의 부정부패와 현실 안주 의지를 넘어선다면 한말의 비극을 두 번 반복하지 않을 것이다. 실패의 원인을 외부에서만 찾는다면 잘못을 되풀이할 가능성이 많다. 개화정책 실패의 가장 큰 원인은 조선자체에 있었다. 강화도 통제영학당터에서 우리가 읽어야 할 것은 너무나 많다.

통제영학당이 선물한 순무

강화도를 대표하는 특산물은 순무다. 순무와 순무김치는 강화도의 대표적 특산물이다. 순무 수확철이 되면 강화도내 어디서나 쉽게 볼 수 있고, 풍물시장에는 언제나 순무와 순무김치를 판매하고 있다.

왜 강화도에서만 순무가 유명해진 걸까? 강화도에만 순무가 있을까? 순무는 삼국시대에 우리나라에 들어왔다고 할 만큼 오래되었다. 그런데 강화순무는 1893년 통제영학당의 교관으로 왔던 영국인 부부가 가져온 순무 2종이 토종 순무를 만나 100여 년 간 교잡해 강화도의 독특한 순무로 탄생한 것이라 한다.

동의보감에 보면 "순무는 간을 튼튼하게 하며, 장질환으로 인한 황달에 이롭고, 종기 치료와 숙취해소, 치질과 만성변비를 해결해주며, 소변을 잘 통하게 해주며, 배에 물이 찬 증상과 비만증에 효과가 있고 눈 건강에 좋다"라고 기록하고 있다. 거의 만병통치약 수준으로 기록되어 있을 만큼 좋은 식품이다.

순무는 세계적으로 20여 종이 있다고 한다. 순무는 무처럼 생겼지만 배추다. 맛을 보면 배추뿌리 맛이 난다. 강화 사람들은 이를 '배추꼬리 맛'이라고 표현한다.

생김새는 팽이모양의 둥근형으로 회백색 또는 자백색이고 강화지역에서는 오늘날까지 김치의 재료로 가장 보편화된 채소의 일종이다. 강화순무는 그 맛이 매우 독특하여 처음 먹어보는 사람도 매료되며 한번 입맛을 익히면 두고두고 찾게 되는 훌륭한 식품이다. 순무의 맛은 일반적으로 달면서도 겨자향의 인삼맛이 나며, 한편으로는 배추뿌리의 진한 맛을 느끼게도 한다. 『강화군 홈페이지』

뿌리부터 씨앗까지 민간에서는 한약의 재료로 사용되었고 일반 무와는 다른 영양성분을 갖고 있다. 식물성 단백질, 칼슘, 인, 철의 함량이 무보다 많다고 한다. 봄에는 새싹을 먹고, 여름에는 잎을 먹고, 가을에는 줄기, 겨울에는 뿌리를 먹는다. 강화도에서는 밴댕이젓과 새우젓을 넣어 담근 순무김치가 일상에서 맛볼 수 있는 음식으로 차려진다.

5 정묘호란과 강화도

강화도는 대몽항쟁의 경험을 간직하게 되면서 나라를 지켜낼 수 있는 최후의 보루로 인식되었다. 그러나 대몽항쟁이 끝나고 원나라와 화친을 이루자 더이상 그 기능을 유지할 수 없었다. 39년 동안 고려를 지켜주었던 내성, 중성, 외성 등 방어 진지들은 저들의 요구에 허물어졌다. 왕실과 귀족들, 그에 딸린 사람들이 개경으로 돌아가자 강화도는 예전의 조용한 섬으로 돌아갔다.

조선 중기 국가의 위기가 다시 찾아온다. 정묘호란과 병자호란이었다. 육로로 침공해오는 적들을 막을 수 있는 최후의 보루인 강화도가 다시 주목받게 된 것이다.

광해군을 폐위시키고 즉위한 인조는 광해군의 외교정책(중립정책)을 폐기하였다. 광해군의 외교정책은 저물어가는 명(明)나라와 떠오르는 강국 후금(後金) 사이에서 어느 한쪽에 일방적으로 치우친 것이 아닌 국익을 극대화하는 것이었다. 임진왜란의 경험이 명분(名分)보다는 실리(實利)를 취하는 외교를 택하게 한 것이다. 명분이라는 자존심보다는 전쟁을 막는 것이 가장 중요한 실리라 생각한 것이다. 그러나 당시 양반사대부들의 확고한 신념은 '후금은 오랑캐'라는 것과 '오직 조선이 섬길 나라는 명나라'라는 것이다. 어버이처럼 섬겨야 할 명나라를 배신하는 것은 짐승과 같다고 주장한다. 이는 자식이 어버이를 배신하는 것과 같다는 논리였다. 명분론은 그렇게 조선을 움켜쥐고 스스로 옥죄고 있었다. 임금은 임금다워야 하고, 어버이는 어버이다워야 하며, 자식은 자식다운 것이 곧 명분이었다. 명분론에 싸인 조선 사대부들에게 '명(明)은 어버이, 조선은 자식'과 같은 존재였다. '임진왜란 때 망할 나라를 다시 일으켜 세워준 은혜 또한 잊어서는 안 된다. 잊는 것은 짐승과 같은 행위'라고 강변한다. 조선수군과 의병들의 활약이 아닌 명의 도움으로 나라를 되찾았다는 인식을 가진 양반 사대부들은 명나라를 배반하지 않는 것이 지상과제처럼 중요했다. 그런데 광해군은 양반사대부들의 생각과 동떨어진 정책을 취하고 있었던 것이다.

이들은 능양군(인조)를 앞세워 광해군을 몰아내는 인조반정을 단행해버렸다. 최강국이었던 명나라가 멸망하리라고 생각한 사람은 아무도 없었을 것이다. 지금 미국이 멸망하리라고 생각하는 이들이 없는 것처럼 말이다. 그래서 대부분의 조선 지배층은 하늘에 해(日)가 둘일 수 없는 것처럼, 명나라 외에 어떤 나라도 섬김의 대상이 될 수 없다고 주장했다. 그러나 명나라는 내부적으로 부정부패가 만연해 있었다. 왕조 말기 증상이 나타나고 있었던 것이다. 명은 후금과의 전투에서도 패전을 거듭하고 있었다. 이러한 상황이 속속 조선으로 전달되고 있었음에도 조선의 지배층은 안일했다. 국가지도자들이 국제정세를 제대로 읽지 못하면 어떤 결과를 가져오는지 역사가 증언하고 있다.

인조와 반정세력이 채택한 친명배금(親明背金)은 '전쟁은 불가피하기에 우리는 전쟁 준비가 되었다'고 대놓고 말하는 것과 같은 것이었다. 인조반정 세력들은 후금과의 일전(一戰)을 대비해야 한다고 생각했다. 그런데 그렇게도 의기양양하고 호기롭게 외쳤던 그들의 대책은 '강화도에 숨는 것'이었다. 고려가 그랬던 것처럼 백성은 버려두고 지배층만 강화도로 건너갈 생각을 한 것이다. 최전선에서부터 적들을 막아낼 생각은 없었다. 전쟁이 일어나지 않도록 하는 것이 상책이나 저들의 대책은 숨는 것이었다.

인조는 정묘호란(1627)이 일어나기 한 해 전 강화도를 유수부로 승격시켰다. 그리고 1년 후 정묘호란이 일어나자 강화로 파천해버렸다. 김상용을 유도대장으로 삼아 한양을 지키게 하고, 소현세자는 전주로 보냈다. 적들이 압록강을 막 건넜을 뿐인데 임금은 한양을 버린 것이다. 삼남지방의 1만 병력, 한양과 수도권의 병력 모두를 강화도로 집결시켜 인조와 반정무리의 안위만 보장받으려 했다. 인조의 이러한 행위는 도망에 가까웠다. 이미 이러한 사태가 올 것을 알았다면 적들이 침범할 수 없는 대책을 세웠어야 했는데, 도망할 대책만 세운 것이다.

후금(後金)은 조선 침략에만 집중할 수 없었다. 명나라를 쳐서 중원을 차지하는 것이 실제적인 목표였기에 조선은 길들이기만 하면 된다고 생각하고 있었다. 조선과의 전쟁이 길어진다면 그들이 원했던 상황과 다르게 흘러갈 수도 있기 때문이다. 후금은 짐짓 양보하는 척하면서 조선과 화친조약을 체결한다. 화친의 내용은 '형제의 맹약'이었다. 후금이 형(兄), 조선이 동생(弟)이 되는 조건이다. 조선은 후금과 명나라 사이에 중립을 지킨다는 조건 외 저들의 요구를 일방적으로 수용해야 했다. 적이 쳐들어오자 강화도로 화급히 피신했고, 저들이 화친 요구를 해오자 기다렸다는 듯이 수용해 버렸다. 도대체 인조와 그 무리들이 하고자 했던 것이 무엇인지 알 수가 없다.

강화도 연미정에서 화친조약(1627)을 맺었다. 조약체결 후 저들이 물러나자 양반사대부들은 '개돼지와 맺는 치욕의 서약'이라며 그것을 찢어버리라고 소리쳤다. 조선의 지배층은 '화친은 전세가 불리해서 마지못해 한 것이지, 마음으로 항복한 것은 아니다'라는 입장이었다. 궁색한 변명이다. 화친 후에도 조선은 명나라와의 관계를 더 강하게 하여 후금을 견제하려는 의도를 포기하지 않았다.

정묘호란 당시 임금이 강화도로 파천했지만 강화도는 준비가 되어 있지 않은 상태였다. 갯벌, 조수간만의 차 등과 같은 자연조건 외에 어떤 방어기능도 갖추지 못한 상황이었다. 이런 경험을 토대로 인조는 정묘호란 직후 강화도를 요새화하기 시작한다.

▲ 정묘호란때 후금과 회친을 맺은 연미정

6 병자호란과 강화도

후금(後金)은 유목민들을 통합하고 주변을 정복해 나가면서 자신감을 얻어 나라 이름을 청(淸)으로 바꾸었다. 그 기세로 황제국을 선포하였다. 황제국이 되면서 조선과의 관계도 형제(兄弟)가 아닌 군신(君臣)으로 바꿀 것을 요구해왔다. 관계개선 뿐만 아니라 과도한 세폐를 바치게 하고 불평등한 무역 관계를 강요했다. 이로 인해 조선 내부에서는 청에 대한 적대감이 점점 더 높아졌다.

주화파였던 최명길, 이성구 등은 전란의 위험이 있으므로 신중한 외교를 해야 한다고 주장했다. 그러나 척화파였던 정온, 홍익한, 윤집, 오달제 등은 청나라 사신들의 목을 베고, 그들과의 관계를 끊을 것을 주장했다. 척화파가 월등히 우세했기 때문에 조선은 저들과의 일전을 각오하는 분위기로 흘렀다.

1636년 12월 청 태종은 13만 대군을 동원하여 조선을 침략했다. 병자호란(丙子胡亂)이 발발한 것이다. 압록강을 건너 파죽지세로 밀고 내려왔다. 침략을 알리는 봉화는 중간에 끊겨 한양에 닿지 않았다. 침략의 전조가 많았음에도 봉화대의 태만함이 있었던 것이다. 침략을 알리는 파발이 도착했을 때는 이미 적들의 내침이 깊은 후였다.

12월 8일 국경을 넘었고 이틀 만에 평양이 유린되었다. 이틀 만에 평양까지 닿았다는 것은 전투를 치르지 않고 내달렸다는 뜻이다. 정묘호란 후 10년, 조선은 어떤 대책을 마련한 것일까? 오랑캐 무리와 함께할 수 없으니 죽음을 각오하고 싸워야 한다고 목에 핏대를 세워가며 외쳤지만 이길 방책을 세우지 않았던 것이다. 전방의 부대들은 산성(山城)에 들어가 일전을 각오했지만 적들은 대로(大路)를 이용하여 한양으로 내처 달려온 것이다. 그러면 산성에 있던 군사들이 성을 나와 저들의 뒤를 끊어야 했지만 산성을 지킨다는 핑계로 꼼짝을 하지 않았다. 무서웠던 것이다.

조정은 망설일 것 없이 강화도 파천을 결정했다. 파천하기 위한 최고 책임자인 검찰사에 김경징(영의정 김류의 아들), 부검찰사에 이민구(병조판서 이성구의 동생), 종사관에 홍명일(좌의정 홍서봉의 아들)이 즉석에서 임명되었다. 이들은 어떤 능력도 검증받지 못한 자들로 인조반정 공신들의 친인척들이었다. 그리고 윤방, 김상용, 여이징 등 예조 관원들에게 종묘와 사직의 신주를 받들고 가게 했다. 승지 한흥일은 빈궁과 원손 등 왕실의 가족들을 모시고 갔다. 이들이 강화 맞은편 나루에 도착했을 때 검찰사 김경징은 보이지 않았다. 강화도를 안정시키고 피난민들을 강화도로 옮겨야 할 자가 보이지 않았던 것이다. 빈궁(세자의 부인)마저도 발을 동동 구르는 상황이었으니 다른 것은 불 보듯 뻔한 것이다. 한양의 백성들은 임금이 강화도로 파천할 것이라는 소식을 듣고 피난 행렬에 가담하였다. 검찰사 김경징은 자신의 수족들과 고위층만 강화도로 피난시킨 후 배를 보내지 않았다. 12월 추위에 내린 눈이 얼어붙어 있는 상황에서 강화로 건너기 위해 아우성치는 백성들

병자호란 때에 인조가 피란한 남한산성

▲ 갯벌에 자라는 칠면초. 강화 사람들은 갱징이 풀이라 부른다

을 갯벌에 버렸다. 얼마 지나지 않아 청군이 맹렬하게 들이닥쳤고 마구잡이로 달려들어 포로사냥을 했다. 저항하면 그 자리에서 목을 베었다. 비극의 현장에는 백성들의 흘린 피로 갯벌이 물들었다. 이들은 죽어가면서 '경징아! 경징아!' 원망하며 죽었다고 한다. 갯벌에는 칠면초라는 염생식물이 있다. 이 풀은 늦여름, 초가을이 되면 붉게 변하는데, 강화도에서는 '갱징이 풀'이라 부른다. 밀물 때면 바닷물의 흐름에 따라 칠면초가 이러저리 흔들리는데, 병자년 그날의 피를 말없이 대언한다고 한다.

청군이 평양과 황주를 이미 통과했다는 장계를 받자 인조는 허둥지둥 파천을 서둘렀다. 아침부터 큰 눈이 내린 다음이라 어수선한 가운데 숭례문에 이르렀을 때 청군이 이미 강화도 길을 차단하였다는 소식이 전해진다. 어쩔 줄 몰라 하는 중에 주화파였던 최명길만이 나서서 저들과 대화해보겠다고 하며 시간을 끄는 사이에 인조는 남한산성으로 들어갔다.

잊어서는 안 될 그 이름 김경징

강화도의 최고 책임자인 검찰사 김경징은 강화도에 인구가 늘어나 쌀값이 뛰자, 다른 지방의 쌀을 운반해 와 쌀장사를 했다. 군량미를 사사로이 판매했던 것이다. 흥청망청 주연이 끊이지 않았다. 김경징과 그 패거리들은 몽골 침략 때나 정묘호란 때에도 적들이 강화로 들어오지 못했음을 믿고 경계를 풀었다. 봉림대군이 보다 못해 "검찰사는 경각심을 가져야 하지 않겠는가?"라고 하니 김경징은 "전장에서 장수는 임금의 말도 거스르는 법"이라며 무시해버렸다. 인조반정의 일등공신 김류의 아들인 김경징은 아비의 권세만 믿고 기고만장했다. 왕의 아들인 봉림대군도 통제하지 못했던 반정공신들의 패악을 보여주고 있었다.

인조가 남한산성에 들어가 항전하는 사이 강화도는 처참하게 무너졌다. 검찰사 김경징의 정신상태가 이 모양이니 군사들의 사기는 수습할 수 없는 지경이 되었다. 청군(淸軍)은 맞은편 문수산에 올라 강화도를 내려다보았다. 해안 경비는 허술했고 군사들의 사기 또한 형편없는 것을 확인하고는 과감히 바다를 건너기로 결정하였다. 적들은 정묘호란 때의 경험을 살려 강화를 점령하기 위한 계획을 준비하고 왔던 것이다. 한강과 임진강의 배들을 모으고, 명나라에서 끌고 온 선박건조 기술자를 동원해 배를 만들었다. 민가를 뜯어 뗏목도 만들었다. 그리고 무방비 상태의 강화를 순식간에 점령했다. 강화방어의 최전선 갑곶은 이렇게 허무하게 무너지고 말았다.

청군이 들이닥치자 조선군들은 황망히 달아났다. 김경징은 강화산성(읍성)을 지킬 것이라며 해안을 버리고, 읍성으로 향하다가 배를 타고 도망쳐 버렸다.

해안 방어선이 무너지고 강화산성으로 적군이 밀려들었다. 강화산성이라고 특별한 대책이 있는 것은 아니었다. 전 우의정 김상용은 남문 위에 폭약을 쌓아두고 적들이 오자 폭사하였다. 종묘사직의 신주는 시궁창에 버려졌고, 비빈과 종실의 가족들은 포로가 되었다. 강화도가 함락되자 수많은 사람이 스스로 목숨을 끊었다.

'적들이 무혈입성한 후에 갓난아이가 눈 위를 기어 다니다가 혹은 살고 혹은 죽으며 혹은 죽은 어머니의 젖을 빠는 것을 볼 수 있었는데, 그 수효는 이루 헤아릴 수 없을 정도였다'

'바닷물에 몸을 던진 여인네들의 머리수건이 마치 물에 떠 있는 낙엽이 바람을 따라 떠다니는 것 같았다'

세계 최강의 군대였던 몽골군이 강화해협을 못 건넌 것은 천혜의 지형과 강력한 방어 의지가 더해졌기 때문이다. 검찰사 김경징을 책임자로 임명한 조정의 무능한 판단은 강화도를 비극의 섬으로 만들고 말았다. 자신의 능력이 아닌 일등공신의 아들이라는 이유로 막중한 자리를 얻은 김경징으로 인해 그 피해는 막심했다. 역사는 준엄하게 꾸짖는다. '능력 이상의 자리를 탐하지 말라'고 말이다.

인조의 마음과 김경징

김경징은 어찌 되었을까? 전쟁이 끝난 후 김경징을 죽여야 한다는 원망의 상소가 빗발쳤다. 인조는 일등공신의 외아들을 죽일 순 없다며, 유배형으로 결정하였다. 그러나 아무리 일등공신의 아들이라도 그의 패악은 용서받을 수 없었다. 결국 그대로 넘어갈 수 없다는 민심의 아우성을 이기지 못하고 사사하였다. 『조선왕조실록』은 이렇게 기록했다.

강도(江都) 수호의 임무를 받은 제신(諸臣)들이 방어할 생각은 하지 않고 날이나 보내면서 노닐다가 적의 배가 강을 건너자 멀리서 바라보고 흩어져 무너진 채 각자 살려고 도망하느라 종묘와 사직 그리고 빈궁(嬪宮)과 원손(元孫)을 쓸모없는 물건처럼 버렸을 뿐 아니라 섬에 가득한 생령(生靈)들이 모두 살해되거나 약탈당하게 하였으니, 말을 하려면 기가 막힙니다. 검찰사(檢察使) 김경징(金慶徵), 부사(副使)

이민구(李敏求), 강도 유수(江都留守) 장신(張紳), 경기 수사 신경진(申景珍), 충청 수사 강진흔(姜晋昕)은 모두 율을 적용하여 죄를 정하소서.

인조는 왜 김경징을 용서하려 했을까? 인조의 심정은 무엇이었을까? 강화도를 지키지 못했던 김경징, 조선을 지키지 못했던 인조. 김경징의 무능력이나 자신의 무능력이나 무엇이 달랐을까. 자신의 능력이 아닌 권력에 눈먼 자들의 추대를 받아 왕이 되었고, 두 번의 호란에도 도망치기 급급했던 자신이 김경징에게 투영되었던 것이 아닐까? 김경징에게서 자신의 모습이 보였던 것은 아닐까. 사관(史官)은 이렇게 기록한다.

비로소 김경징(金慶徵)을 사사하고 강진흔(姜晋昕) · 변이척(邊以惕)을 참형에 처하였다.

사사(賜死: 사약을 내림)한 것은 예우해준 것이다. 몸을 상하게 하지 않고 죽인 것이기 때문이다. 참형(목베임)에 처해도 모자랄 것인데, 사사했다는 것은 여전히 김류의 위세에 눌려 있었다는 것이다. 부하들은 참형하고 책임자는 사사하는 것으로 마무리 짓는 행태는 지금의 우리 사회에도 부지기수로 일어나는 일이다. 어쩔 수 없이 죽여야 했지만 김류의 눈치만 보는 인조의 모습이 훤히 보인다. 김경징의 아비 김류는 남한산성에서 그 무능력의 극치를 보여 주었다.

역사는 말한다. '스스로의 능력이 아닌 누군가의 도움으로 얻은 자리는 반드시 그 대가를 요구한다'고 말이다. 인조와 김경징은 자신의 능력 밖의 자리를 가졌기에 조선과 강화도를 비극으로 몰아 넣었던 것이다. 『조선왕조실록』에는 김경징에 대해 다음과 같이 기록되어 있다.

사신(史臣)은 논한다. 아아, 강도는 천연으로 이루어진 요새이다. 정묘년(1627) 이후로 시설하여 보장(保障)으로 삼았다. 그 성곽을 수리하고 병기를 수리하고 곡식을 저축하여 사변이 있을 때에 임금이 머무를 곳으로 삼았으니, 묘당이 참으로 마땅한 사람을 가려서 맡겨 방어할 방도를 다해야 할 것인데, 김경징은 한낱 광동(狂童)일 뿐이었다. 글을 배우지 않아 아는 것이 없고 탐욕과 교만을 일삼으므로 길에 나가면 거리의 사람들이 비웃고 손가락질하는데, 김류(金瑬)는 사랑에 가리워 그 나쁜 점을 몰랐으나 사람들은 집안 망칠 자식이라 하였다. 이때에 청나라 군사가 대거 우리나라로 들어와 신보를 들은 지 며칠 만에 이미 경기 고을에 이르렀으므로, 김류가 검찰사(檢察使) 두 사람을 내어 먼저 강도에 보내어 주사(舟師)를 정리하게 할 것을 의논하고 그 아들 김경징을 우의정 이홍주에게 힘써 천거하여 입계하게 하였는데, 이홍주의 마음은 그가 반드시 패하리라는 것을 알았으나 권세에 겁이 나 애써 따랐다. 이민구(李敏求)를 부사(副使)로 삼았는데, 이민구는 병조 판서 이성구(李聖求)의 아우이다. 평생에 시와 술로 자부하고 본디 실용(實用)의 재주가 없었다. 홍명일(洪命一)을 종사관으로 삼았는데, 홍명일은 좌의정 홍서봉(洪瑞鳳)의 아들이다. 데면데면하고 느려서 일할 줄 몰랐다. 세 사람이 명을 받고 나갈 때에 세 집의 짐이 10리에 잇달고 그 집 사람의 행색이 매우 화사하므로 서울에서 피란하는 자가 모두 분하여 욕하였다. 강도에 이르러서는 적병이 날아서 건널 형세가 아니라 하여 날마다 술에 취하는 것을 일삼으므로 피란한 사자(士子)들이 분통 터져 두어 줄의 글을 지어 검찰사의 막하에 보냈다. 그 글에 "옥지(玉趾)가 성을 순찰하고 유신(儒臣)이 성을 지키니 와신상담해야지 술 마실 때가 아니다." 하였으나, 이민구 등은 오히려 부끄러운 줄 몰랐다. 어느 날 적병이 갑곶진(甲串津)을 건너자 김경징은 늙은 어미를 버리고 배를 타고 달아나고, 이민구와 홍명일도 뒤따르고, 김경징의 아들 김진표(金震標)는 제 할미와 어미를 협박하여 스스로 죽게 하였다. 윤방(尹昉)은 묘사(廟社)의 신주를 받들고 성안에 있다가 미처 피해 나가지 못하고 열성(列聖)의 신주를 묻었는데, 청나라 군사에게 도굴되어 조종(祖宗)의 신주가 드디어 다 더럽혀졌다. 아, 나라의 일이 이 지경에 이르게 한 것이 누구의 죄인가. 그러므로 나라 사람들이 말하기를 "김류는 부귀 때문에 이미 나라를 망치고 또 제 아들을 죽였다." 하였다.

김상용선생 순절비

고려궁터 올라가는 길가에는 선원 김상용선생 순절비가 있다. 김상용선생은 병자호란 당시 강화성 남문에 폭약을 쌓아두고 폭사했다. 『조선왕조실록』 인조 15년 1월 22일의 기록은 다음과 같다.

전 의정부 우의정 김상용(金尙容)이 죽었다. 난리 초기에 김상용이 상(上)의 분부에 따라 먼저 강도(江都)에 들어갔다가 적의 형세가 이미 급박해지자 분사(分司)에 들어가 자결하려고 하였다. 인하여 성의 남문루(南門樓)에 올라 가 앞에 화약(火藥)을 장치한 뒤 좌우를 물러가게 하고 불 속에 뛰어들어 타죽었는데, 그의 손자 한 명(김수전)과 노복 한 명이 따라 죽었다.

김상용은 피난을 재촉하는 선비들을 물리고 화약궤에 걸터앉아 "오늘따라 가슴이 답답하여 담배가 피우고 싶다. 불을 가져오너라" 라고 했다. 그는 평상시에 담배를 피우지 않았기에 이를 수상하게 여긴 종이 손자 수전에게 알렸고, 손자는 할아버지와 있겠다고 하여 함께 순절했다. 김상용은 입었던 옷을 벗어 하인에게 전해주며 '나의 무덤으로 삼으라' 했다.

왜, 유학자들은 이런 경우 자결을 선택할까? 이는 사회적 문제의 모든 책임은 사대부에게 있다는 확고한 믿음 때문이다. 하늘이 저들을 선택해서 양반이라는 신분을 주었고, 그들은 백성들을 이끌고 나갈 무한책임이 있었다. 그 무한책임만큼 혜택도 상당했다. 강화도가 함락되고 백성이 도륙되는 상황에서 책임의 정점에 있었던 대신 김상용은 죽음을 선택한 것이다. 죽음으로써 그 책임을 다하고자 했던 것이다. 나라가 망해도 김경징 같은 자들이 호가호위하는 세상이다. 김상용 선생은 신념을 행동으로 옮기는 용기를 보여주었기에 조선 선비의 표징처럼 존경받았다.

그의 무덤은 남양주 석실마을에 있는데, 손자 김수전과 나란히 있다. 김상용선생 순절비는 이러한 사실을 기록했는데 한문으로 되어 있어서 읽어볼 엄두를 내지 못한다.

7 병자호란의 아픈 기억 충렬사

충렬사의 역사

나라 안에는 충렬사(忠烈祠)라는 사당이 많다. 나라를 위해 목숨을 바친 분들을 기리며 제사하기 위한 사당이다. 강화군 선원면 선행리에도 충렬사가 있다. 옛날 문충공 김상용이 별장을 짓고 살았던 곳이다. 선원사(禪源寺)의 선(禪)을 선(仙)으로 고쳐 자신의 호(仙源)로 삼았다. 선원사는 '팔만대장경판'을 보관했던 사찰로 강도(江都) 시절 제법 큰 규모의 절이었다.

병자호란 때 김상용이 순절하자 주민들은 그의 자취가 있는 이곳에 사당을 짓고 그의 충절을 기렸다. 그가 남문 위에서 자폭할 때 그의 신발이 4km 거리의 이곳에 떨어졌다고 한다. 이는 후대 사람들이 그의 충절을 기려서 만든 이야기로 보인다. 아니면 그의 신발만 찾아서 이곳으로 가져와 묻었을 수도 있다.

충렬사에는 선원 김상용과 병조판서 이상길 외 모두 27위의 위패가 봉안되어 있다. 인조 19년(1641) 건립할 당시에는 현렬사(顯烈祠)라 했으나, 효종 9년(1658)에 효종이 현판과 전답을 내리면서 '忠烈'이라는 이름을 내렸다(사액). 고종 8년(1871)에 흥선대원군에 의해

서원, 사우들이 철폐 당할 때도 철폐되지 않고 남았던 47개 중 하나였다.

충렬사비(碑)에는 사당에 모셔진 분들이 기록되어 있다. 이 비석은 숙종 27년(1701)에 김상용의 증손 김창집이 건의하여 건립되었다. 비문은 송시열의 제자였던 권상하가 짓고, 글씨는 김진규가 썼다. 기록에 따르면 사당에 모셔진 분들은 여러 차례에 걸쳐 추가 배향되었다. 김상용 외 배향된 인물들은 다음과 같다.

이상길 성 밖 10리쯤에 살고 있다가 성안으로 달려 들어와 종묘사직의 신주에 절하고 순절하였다.

심현 집안사람들이 배를 준비하고서 바다로 도피하자고 울면서 청하였으나 듣지 않고 북향 사배한 다음 손수 유소를 쓰고 부부가 함께 자결하였다.

이시직 유사를 써서 하인에게 주고는 송시영과 약속하고 관을 두 개 사서 두 구덩이를 파고 함께 자결하였다.

윤전 적에게 욕설을 하며 굴하지 않아 살해되었다.

권순장, 김익겸 김상용이 분신하려 할 때 함께 화염 속으로 들어가 자결하였다.

구원일 강 언덕에 서서 도주하는 김경징 등에게 욕설을 하고는 분개하여 스스로 물에 뛰어들어 자결하였다.

황선신, 강흥업 패잔병을 인솔하여 강나루를 차단하고 힘껏 싸우다가 전사하였다.

그 후 추가로 배향되는 인물들이 점차 늘어서 홍명형, 광흥수, 이돈오, 황일호, 황수신, 이돈서, 민성, 강위빙, 김수남, 이참 등이 모셔진다. 또 삼학사라 불리는 홍익환, 윤집, 오달재가 있고, 심지어 남한산성에서 순절한 윤계까지 배향되었다. 이들은 병자호란과 그에 맞선 상징적 인물이다. 신미양요 때 순절한 어재순, 어재연 장군 형제도 있다.

성리학적인 가치관으로 보면 배향되어야 할 인물들이나 이렇게 많은 인물을 배향한 것은 순수한 뜻만은 아닌 것 같다. 과하면 아니한 것만 못하다고 했다. 이렇게 많은 인물을 배향하고 때에 맞춰 제를 지내려면 그만큼 많은 경비가 소요될 것이고 이는 고스란히 백성에게 부담으로 돌아갔다. 여기에 배향된 인물 중에는 나라 안 곳곳에 중복배향된 이들도 많기 때문이다. 나라를 위한 그들의 정신을 기린다면 그들의 마음에 부합되게 국가와 백성에게 부담이 되어서는 안 될 것이다.

섬사람들은 매월 초하루면 이 사당을 찾아 향을 피우고 가는 습속을 수백 년 지켜왔다 한다. 고귀한 순절정신을 기리기 위해서라고 생각하니 아름답다. 아름답지만 왜 우리 조상들은 악(惡) 때문에 저질러진 선(善)만을 기리고 그 악을 까맣게 잊고들 있었는지 모르겠다. 차라리 김경징의 악비(惡碑)를 이곳에서 멀찌감치 세워놓고 말똥을 향으로 피우고 개뼈다귀를 제수로 차려 저주할 줄은 왜 몰랐을까.

『역사산책, 이규태』

우리는 김경징에 의해 저질러진 패악은 잊어버리고, 그 패악으로 인해 생겨난 희생만 기념한다. 병자호란을 말할 때 김경징이라는 인물은 전혀 언급되지 않는다. 이 가슴 아픈 역사적 교훈을 강화 충렬사 앞에서 한번은 되짚어 봐야 하지 않을까? 중국 사람들은 송나라 명장 악비를 누명을 씌워 죽인 진회와 그 부인, 간신들의 모습을 악비의 무덤 앞에 무릎 꿇린 상(像)으로 만들어 두고서 침을 뱉고 다녔다고 한다. 희생을 기념하는 것은 당연한 것이다. 그러나 한편으로 그로 인해 저질러진 패악 또한 잊지 않음으로써 같은 역사가 되풀이되지 않도록 하는 것이 더 중요하다. 세월호의 희생을 기억하고 추념하는 것은 당연하다. 그러나 거기서 멈추면 같은 사건이 되풀이된다. 그 비극이 발생하게 된 원인을 제대로 알아내서 다시는 반복되지 않게 하는 것, 그것이 희생을 기리는 진정한 의미가 될 것이다.

충렬사의 구조

원래 충렬사는 제사와 교육을 담당하던 서원이었다. 그런데 교육공간은 사라지고 제사공간만 남았다. 원래의 모습을 상상해보자. 서원 밖에는 홍살문이 있다. 홍살문을 들어가면 서원의 대문이 나온다. 대문을 겸한 누각이 있기도 하다. 서원 어디엔가 큰 은행나무가 있다. 은행나무는 공자를 상징하는 나무이기 때문이다. 대문을 들어서면 교육공간인 강당이 정면에 보이고 좌우에 유생을 위한 기숙사가 있다. 강당 뒤 언덕에는 내삼문이 있고 그 안에 사당이 있다. 이것이 서원의 기본적인 구조다.

지금의 충렬사는 제사를 위한 공간만 있기에 대문을 삼문(三門)형식으로 하였다. 삼문 밖에는 여전히 은행나무가 있다. 제사를 지내러 삼문을 들어갈 때는 동쪽 문으로, 제사를 끝내고 나올 때는 서쪽 문을 이용한다. 가운데 문은 신(神)이 드나든다. 가운데 신문(神門)의 지붕을 높였는데 이를 솟을삼문이라 한다.

외삼문(外三門)을 들어가니 마당 좌우에 건물이 있다. 왼쪽에는 전사청, 오른쪽에는 수복방이다. 전사청은 제사를 준비하는 곳이고, 수복방은 사당을 지키고 관리하는 이들이 사용하는 곳이다. 문 좌측에는 충렬사비(忠烈祠碑)가 비각 안에 있다.

언덕 위에는 사당으로 들어가는 삼문이 있다. 내삼문(內三門)이라 한다. 사당은 정면 3간으로 되어 있다. 지붕은 맞배지붕으로 하여 제례공간의 분위기를 묵직하게 만든다. 맞배지붕은 야구모자를 푹 눌러 쓴 것 같은 효과가 있다. 사당 건축에 많이 적용되는 방법이다. 서울의 종묘도 맞배지붕을 하였다. 맞배지붕은 측면에서 들이치는 비바람을 막을 수 없다. 그래서 지붕 측면으로 풍판을 달았다. 나무로 만든 판을 달아서 보호했다. 풍판 아랫부분의 벽은 사고석으로 마감했기 때문에 비바람을 견딜 수 있다.

건물의 전면에는 기둥만 서 있는 공간이 있다. 퇴칸이라 한다. 이곳은 제례 때에 눈비를 맞지 않고도 정성을 다할 수 있는 곳으로 사용된다. 퇴칸의 건축적인 의미를 살펴보자면 사당 내부로 이어지는 완충공간의 역할을 한다. 밝은 곳(밖) – 그늘진 곳(퇴) – 어두운 곳(내부)이다. 종묘도 같은 모양을 하였다.

마당에서 사당으로 올라서는 층계가 세 곳에 있다. 제사를 지내기 위해서 들어갈 때는 동쪽 층계로 올라가서 사당의 동쪽 문으로 들어간다. 제사가 끝나면 서쪽 문으로 나와 서쪽 층계를 내려온다. 출입 방식이 삼문과 같다. 이는 성리학에서 말하는 우주적 질서이기 때문이다. 하루의 시작이 동쪽에서 열리는 것처럼 제사의 시작도 동쪽에서 하는 것이다.

사당 주위로 큰 소나무가 둘러서 있어 사당의 무게와 연륜을 더해준다. 문화유산의 가치는 그것 자체도 중요하지만, 그것이 놓인 위치와 주변 환경도 큰 역할을 한다. 우리나라 문화유산은 문화유산 자체보다는 주변 자연환경과의 어울림이 중요하다. 옛사람들은 그것을 중요하게 여겨 건축하였다. 경복궁은 북악과 인왕산을 건축의 배경으로 사용하였다. 북악과 인왕산이 훼손된다면 경복궁의 가치는 그만큼 떨어질 것이다. 이곳 충렬사도 주위에 오래된 소나무가 없었다면 무척 썰렁했을 것이다.

8 병인양요와 강화도

1866년, 이 땅에는 참으로 많은 일이 있었다. 흥선대원군에 의한 천주교 박해 즉 '병인박해(丙寅迫害)'가 있었고, 그로 인한 병인양요(丙寅洋擾)가 발생하였다. 대동강에는 미국 상선 제너럴셔먼호가 들어와서 행패를 부리다 불태워지는 사건도 있었다.

▲ 흥선대원군

천주교는 오래전에 이 땅에 전해져 백성들의 삶에 조금씩 자리 잡기 시작했다. 백성들이 새로운 종교나 이념에 의지할 때는 기존의 사회 이념이 생명을 다했기 때문다. 불교는 그 기능을 상실한 지 오래되었고, 조선의 이념 유교(儒敎)는 양반들만의 세계였다. 공리공담의 빠져 새로운 시대가 도래하고 있음을 읽지 못하고 있었다. 지배층의 지배를 정당화하는 이데올로기 역할만 하고 있었다.

'하나님 안에서 누구나 평등하다'는 이야기는 완고했던 계급사회를 뒤흔들 파괴력이 있었다. 지배계층은 자신들이 누리는 영화(榮華)가 영원하기를 바라기 때문에 새로운 사상을 받아들지 않는다. 역사적으로 신라의 진골귀족, 고려의 문벌과 권문세족, 조선의 양반사대부들이 그들이었다. 일제강점기 매국친일세력들은 해방을 원치 않았다.

성리학은 새로운 시대를 열었던 주인공이었지만 어느덧 기득권이 되어 사회를 병들게 하고 있었다. 그러나 이들에 의해 억압받고 소외된 계층에게는 기독교의 '하나님 안에서 누구나 평등하다', 동학(東學)의 '사람이 곧 하늘이다'라는 교리는 '감겼던 눈이 번쩍 뜨이는 기적'이었던 것이다. 새로운 세계관을 제시하였기 때문이다. 신분제의 완고한 이념에서 벗어나 존중받을 인간 존재를 설명하고 있기 때문이다. 천주교는 긴 박해의 역사에도 불구하고 일반 백성들뿐만 아니라 양반 계층에게도 그 세력을 확대하고 있었다.

흥선대원군은 아들을 왕위에 올린 후 모든 권력을 틀어쥐었다. 그리고 자신의 통치 철학을 실천하기 시작했다. 양반이라는 허울을 무척 싫어했던 그였다. 그가 집권할 즈음 조선은 당쟁과 세도정치로 중병에 걸린 상태였다. 그 자신이 세도정치 하에서 온갖 어려움을 겪었기 때문에 조선의 병폐를 정확히 읽고 있었다.

삼정(三政: 세금제도)의 문란을 바로잡는 과정에서 기득권 세력(양반)과 마찰이 있었지만 돌파했다. 경복궁 중건, 서원 철폐 과정에도 양반들과 사사건건 부딪칠 수밖에 없었다. 오랫동안 모든 부와 권력을 거머쥐고 살아왔던 일부 양반들에게 흥선대원군은 저승사자와 같았다.

그러나 당시에 지식층은 양반이었다. 흥선대원군의 의지가 아무리 강해도 양반층의 도움 없이는 나라를 운영하기 힘든 상황이었다. 흥선대원군은 양반층과의 화해를 모색해야 했다. 그것의 한 수단으로 나타난 것이 양반 지배층이 무척 싫어했던 천주교를 박해하는 것이었다.

천주교 박해의 또 다른 이유는 서양 세력의 위협이었다. 중국이 서양의 침략에 무기력하게 무너졌다는 소식이 들려왔다. 일본이 미국의 대포 몇 방에 놀라 개항했다는 소식도 들었다. 이런 상황에서 천주교는 서양 세력의 앞잡이로 인식되었다. 서양세력을 막기 위해서는 조선 사회에 광범위하게 퍼져 있는 천주교를 그냥 둘 수 없다고 판단하였다. 물론 내면적으로는 성리학적 지배세계를 유지하고픈 것이 더 컸다.

이 시기 안과 밖에서 흥선대원군의 권력은 위협받고 있었던 것이다. 흥선대원군은 이런 상황을 극복해야 했다. 기득권 세력인 양반계층과의 관계 회복, 경복궁 중건 과정에 쌓인 백성의 원망 해소 등이 절실했다. 이들의 시선을 한 곳으로 모아서 딴 생각을 품지 못하게 해야 했다. 그가 선택한 것은 천주교 박해였다. 예나 지금이나 집권층은 궁지에 몰리면 엉뚱한 사건을 만들어 사람들의 시선을 그리로 쏠리게 한다. 전두환이 금강산댐이라는 희대의 사기극을 일으킨 것도 민주화를 요구하는 국민의 관심을 돌릴 목적이었다는 것이 알려진 사실이다. 흥선대원군의 부인과 딸, 유모와 하인까지도 천주교인이었다. 그럼에도 천주교 박해를 이전에 볼 수 없었던 잔학한 방법으로 집행했던 것은 앞서 언급한 정치적 목적이 있었기 때문이다.

나라 안 곳곳에서 천주교 신부들과 신도들은 죽임을 당했다. 프랑스 신부들은 새남터, 조선 신자들은 서대문 사형장에서 순교했다. 한양뿐 아니라 전국에서 동일한 이유로 사형이 집행되었다. 황해도 옹진, 풍천, 장연과 충청도 서산, 예산, 당진에서도 피의 살육이 이어졌다.

이 과정에서 프랑스인 신부 9명이 죽임을 당했다. 공식적인 기록인 「포도청등록」에는 죽은 교인이 200명이라 했으나, 실제로 8,000명이 넘었다. 박해의 와중에 프랑스 신부 세 명과 다수의 조선인 신자들이 중국으로 탈출하였다.

유교정치에서 임금은 어버이라 했다. 나라를 다스리는 군왕은 어버이의 마음을 가져야 한다는 것이다. 그러니 정치적 목적을 달성하기 위해 제 백성을 학살하는 것은 제 자식을 죽이는 것과 같은 것이다. 이는 어떤 정치적 명분으로도 이해되거나 용서받지 못할 행위였다. '민심은 천심이다', '백성을 하늘처럼 받들 것이다'라는 언어유희로 포장하지만 목적은 하나였다. 이들에게 백성은 권력의 유지를 위한 수단에 불과했다. 그러면서 백성이 마음으로 따르기를 어찌 바라겠는가. 희생당하는 천주교도들을 보아야 했던 비천주교인들이 그런 흥선대원군을 좋아했을까? 사서오경이나 외워대는 양반들은 환호작약(歡呼雀躍)했을지 몰라도 백성들은 인간적인 도리로 받아들이기 힘들었을 것이다.

중국으로 탈출한 리델주교는 병인박해 상황을 북경 주재 프랑스 대리공사 벨로네에게 알렸다. 벨로네는 자국민이 죽임을 당했다는 사실에 조선 침략을 계획하고 실행하였다. 1866년 9월 21일 3척의 프랑스 함대는 리델 신부와 조선을 탈출한 조선인 최선일, 최인서, 심순녀의 안내로 영종도 인근에 도착했다. 강화해협을 탐사하고 한강의 수로를 알아보기 위해서였다. 같은 해 10월 11일 로즈 제독은 군함 7척에 병력 1,000여 명을 싣고 조선 원정에 올랐다. 1차 때와 마찬가지로 리델 신부와 3명의 조선인이 함께 하였다. 10월 14일 프랑스군은 갑곶나루를 포격하고 상륙하였다. 10월 16일 강화부를 점령하고 포고문을 붙였다.

우리는 자비로운 황제의 명령을 받들고, 우리 동포를 학살한 자를 처벌하러 조선에 왔다. 우리는 한양을 공격할 것이다. 조선이 우리 선교사 9명을 학살하였으니 우리는 조선인 9,000명을 죽이겠다.

10월 26일 문수산성의 조선군과 전투를 벌여 압도하였으나 프랑스군도 26명의 사상자가 발생하였다. 이에 대한 보복으로 문수산성을 포격하고, 민가에도 마구잡이로 포격을 가하였다. 프랑스군은 강화성 안을 마구 약탈했다. 조선군이 흩어진 후 고스란히 남은 무기며, 창고에 저장된 각종 물품이 프랑스군의 수중에 들어갔다. 외규장각도 이때 약탈당했다. 11월 7일 정족산성에 조선군이 주둔했다는 사실을 입수하고 160명의 프랑스군을 보내 공격했다가 많은 사상자를 내고 철수하였다. 프랑스군은 조선점령이 쉽지 않았다는 사실을 파악하고 11월 10일 강화부에서 철수하여 중국으로 돌아갔다.

프랑스군이 강화에 머문 기간은 한 달 정도였다. 강화도 백성들은 저들에 의해 헤아릴 수 없는 피해를 입어야 했다. 만약의 사태를 대비해 외규장각에 보관해 두었던 국가 보물이 약탈당하거나 불태워졌다. 강화행궁도 이때 모조리 불탔다.

外奎章閣

9 신미양요(辛未洋擾)와 강화도

대동강에 나타난 제너럴셔먼호

1866년 7월 초순 장마철을 이용하여 평양 대동강에 미국 상선 제너럴셔먼호가 나타났다. 이 배에는 미국인 2명, 영국인 2명, 덴마크인 1명, 중국과 말레이시아인 선원 19명 등 모두 24명이 승선하고 있었다. 중국과 말레이시아인 선원들은 통역 담당이거나 일꾼이었다. 배는 각종 무기로 무장되어 있었다. 상선치고는 무장상태가 만만치 않았던 것이다. 그들은 서양 물건을 잔뜩 싣고 와서는 교역을 요구했다.

우리 배 모양이 군함 같으나 실제로는 그대 나라의 종이, 쌀, 금, 인삼, 수달피가죽 등의 물건과 우리의 옥양목, 그릇과 바꾸려 한다. 만일 평양에서 통상이 이루어지지 않으면 서울로 가서 통상을 한 뒤에 돌아가겠다. 『한국사이야기, 이이화』

바다에서 이양선이 나타난 것은 종종 있었지만, 강을 따라 내륙으로 들어온 일이 없었기에 깜짝 놀랄 일이었다. 평양감사 박규수가 돌아갈 것을 요구했지만 그들은 오히려 위협을 가하며 통상을 요구했다.

대포 세 방을 쏘아 자신들의 힘을 과시하고, 쌀, 쇠고기, 달걀, 채소, 땔감을 요구하여 받기도 하였다. 박규수는 그들을 잘 달래서 돌려보내려 했기 때문에 요구를 들어주었던 것이다. 그러나 그들은 처음부터 그럴 생각이 없었다. 오히려 보트를 타고 와 정박하고서는 평양 부녀자들을 능욕하였다. 심지어 그들을 감시하던 조선군 두 명을 물에 던져 죽이고 중군 이현익을 포로로 잡아가 버렸다. 저들은 항의하는 군중들에게 총을 쏘아 7명이 죽고 5명이 부상당하는 참사까지 벌어졌다. 상황이 여기에 이르자 민심은 걷잡을 수 없이 악화되었다. 개화파로 알려진 박규수조차도 그냥 넘어갈 수 없는 상황이 되고 만 것이다. 조용히 돌려보내기는 틀렸음을 알고 강력대응하기로 결정하였다. 그러는 사이 대동강물이 빠지면서 물이 얕아졌고 저들의 배가 바닥에 닿아 오도가도 못하는 상황이 되고 말았다. 평양민들은 여러 척의 배를 한데 묶고, 지푸라기와 나뭇가지를 잔뜩 실었다. 그리고 그 위에 기름을 뿌려 불을 붙인 후 하류로 흘려보내 제너럴셔먼호를 불태워 버렸다. 철선에 불이 붙자 화약이 터지고 배는 옆으로 기울었다. 24명은 물에 뛰어내려 강변으로 나와 살려달라고 빌었으나 분노한 평양 군중들에 의해 죽임을 당하고 말았다. 저들의 배가 평양으로 들어온 지 13일 만에 벌어진 일이다.

셔먼호에 탔던 사람들은 모두 죽었기에 이 사건은 외부에 알려질 수 없었다. 그러나 같은 해에 벌어진 병인박해 때에 중국으로 도피했던 천주교인들에 의해 밖으로 알려졌다. 이것이 원인이 되어 신미양요(辛未洋擾, 1871)가 발생하게 된 것이다.

미국, 중국을 통해 책임을 묻다

1871년, 상선을 불태운 사건이 발생한 지 5년 후 북경주재 미국 공사는 청나라를 통해 조선에 편지를 보냈다. 미국 상선이 피해를 입었는데 그 상황이 어떤지에 대해 묻고, 미국인들이 포로가 되었다고 하는데 구하고자 하니 교섭에 응하라는 것이었다. 조선에서는 저들이 마음대로 들어왔으며, 순순히 돌아가지 않고 난동을 벌여 이 상황을 가져왔다고 하면서 생존자는 아무도 없다고 답했다.

이에 미군은 군함 5척에 1,230명의 해군을 태우고 강화도 앞바다에 나타났다. 조선에서는 저들이 올 줄 알고 있었기 때문에 강화도를 방비할 대책을 세웠다. 흥선대원군은 어재연을 진무영의 중군으로 삼아 군사 수백 명을 딸려 함께 보냈다. 초지진, 덕진진, 광성보 등에 군사를 배치하고 전투준비를 하였다. 병인양요의 경험을 살려 준비한 것이었다.

1871년 6월 10일 미군의 공격이 시작되었다. 저들은 초지진에 함포사격을 가하여 철저히 파괴한 뒤 상륙을 시도하였다. 이때 미군은 갯벌에 빠져 허우적거렸으나, 저들을 막을 조선군은 없었다. 함포사격으로 궤멸되었기 때문이다. 초지진에는 치열했던 포격의 흔적이 지금도 남아 있다.

초지진을 점령한 미군은 여기서 하루를 머물렀고, 다음날 덕진진을 향해 진격하였다. 함포사격으로 조선 진영을 파괴하고, 육군을 상륙시켜 점령하는 방식은 같았다. 조선군의 대포는 저들의 배에 닿지 않았고, 피해를 주지 못했다. 덕진진을 점령하자마자 내친김에 광성보로 돌진하였다. 함포사격을 하고, 상륙군이 진격하는 전술은 동일했다. 그러나 광성보에서는 함포사격으로 괴멸되지 않은 진무중군 어재연 장군의 주력부대가 있었다.

소총 개머리판 대 창, 단검 대 장검의 결사적인 대결이었다. 조선군의 옷은 열세 겹으로 된 것이어서 총알이 잘 뚫고 나가지 못했기에 미군들은 총을 쏘는 대신 차라리 개머리판을 사용했다. 그러나 조선군의 칼은 강철로 만든 미군의 단검과 부딪치면 곧 휘어 상대가 되지 않았다. 조선군은 용감히 저항했다. 그들은 항복 같은 것은 아예 몰랐다. 무기를 잃은 자들은 돌과 흙을 집어 던졌다. 전세가 결정적으로 불리하게 되자 살아남은 조선군 1백여 명은 포대 언덕을 내려가 한강물에 투신자살했고, 일부는 스스로 목을 찔러 자결했다. 조선군 사령관 어재연도 이때 목을 찔러 자결했다. 우리는 가족과 나라를 위해 그처럼 장렬하게 싸우다 죽은 군인을 다시는 찾아볼 수 없을 것이다.

그날의 상황을 생생하게 증언하고 있는 미군측 기록이다. 미군은 당시 촬영기사를 비롯해 기록을 하기 위한 사람들을 동행했기에 이날의 상황을 자세하게 남겼다. 조선군의 무기는 미군의 입장에서 보면 골동품이었다. 대포는 장전하기 어려웠고, 사정거리도 짧았다. 제작된 지 수백 년 된 것도 있었다고 한다. 단 하나 조선군의 옷은 방탄복이었는데 무려 13겹으로 된 것이었다. 미군의 신식총도 뚫지 못했다 한다. 강화전쟁박물관에는 조선군이 입었던 방탄복을 재현한 것이 있는데 무척 두껍다. 더구나 상당히 무거워 보인다. 이런 옷을 입고 6월의 무더운 날에 미군과 전투를 치렀던 것이다. 무기의 열세와 두꺼운 방탄복 등은 조선군의 움직임을 둔하게 하였다. 나라를 지키고자 하는 불사의 정신력만이 그들을 지탱해줄 뿐이었다. 광성보 전투에서 미군은 3명의 전사자가 발생했다. 미국으로선 저들의 남북전쟁 후 최초의 전사자가 광성보에서 나왔다. 이 전투 후 미해군은 이렇게 기록하였다.

우리가 이 전투에는 이겼으나, 아무도 이 전투를 자랑스러워하지 않았다. 그러므로 어느 누구도 이 전투를 기억하고자 하지 않았다. 1871년 조선 원정은 미국 해군 역사상 최초의 실패전이다. 우리는 물리전에서는 이겼으나, 정신전에서는 졌다.

미군의 기록에 의하면 조선군은 전사자 350명과 포로 20명, 미군은 전사자 3명과 중경상자 10명이다. 그러나 조선의 기록에는 조선군 전사자는 53명, 부상자는 24명이라고 되어 있다. 그리고 '중군 어재연이

적을 반격하여 크게 쳐부수었다. 적들은 패퇴하였다'라고 덧붙였다. 신미양요는 조선의 압도적 패배가 분명하다. 그러나 기록이 말해주는 것처럼 흥선대원군은 승리했다고 자찬하면서 조선의 건재함을 내부적으로 과시하였다.

싸움이 벌어졌을 때 중군(어재연)은 직접 칼날을 무릅쓰고 대포도 두려워하지 않으면서 선두에서 군사들을 지휘하여 적들을 무수히 죽였으며, 김현경은 손에 환도를 잡고 이쪽저쪽 휘둘러대며 적을 죽이고 목숨을 바쳤습니다. 그리고 별무사 유예준은 중군 가까이에서 바싹 따라다니다가 총에 맞게 되었고, 어영청(御營廳)의 초관(哨官) 유풍로(柳豐魯)가 앞장에서 사기를 돋구었으며, 이현학이 큰소리로 적들을 꾸짖는 것을 목격했지만 저도 적들한테 부상당하여 정신을 잃고 쓰러졌다가 해가 진 뒤에야 간신히 빠져 돌아왔습니다. 『고종실록』

원인과 경과 그리고 결과를 정확히 분석해야 올바른 대처를 할 수 있다. 분명한 패배임에도 승리했다고 자축하며, 압도적 전투력의 차이를 경험했음에도 정신력 하나에 의지해 적들을 과소평가하고 있다. 이렇게 분석한다면 다음에 올 결과는 뻔한 것이다. 지금의 준비로도 적들을 충분히 격퇴할 수 있으니 국방력 강화는 요원한 것이다. 병인양요와 신미양요의 결과는 '척화비(斥和碑)'였다. 나라의 문은 더 굳게 닫혔고 조선은 거센 폭풍에 놓인 배처럼 운명을 알 수 없는 상태가 되었다.

나라의 문을 닫은 척화비(斥和碑)

"洋夷侵犯 非戰則和 主和賣國(양이침범 비전즉화 주화매국: 서양 오랑캐가 침입하는데, 싸우지 않으면 화친하자는 것이니, 화친을 주장함은 나라를 파는 것이다)"라고 크게 새기고, "戒我萬年子孫 丙寅作 辛未立(계아만년자손 병인작 신미립: 우리들의 만대자손에게 경계하노라. 병인년에 짓고 신미년에 세우다)"라고 작은 글자로 새겼다.

▲ 청주 중앙공원 척화비

이 비석은 1871년 신미양요를 겪은 후 전국에 세워졌다. 서양에 대한 반감을 정치적으로 이용한 것이다. 이로써 조선은 더 강력한 쇄국으로 치달았다. 이 척화비에 반하는 주장을 하는 자는 '나라를 파는 자'로 낙인찍혔다. 개화는 입 밖에 꺼낼 수 없었다.

무서울 정도로 단호하게 세워졌던 척화비는 임오군란(1882)이 진압되고 나서 땅에 묻혀 버렸다. 흥선대원군이 주도했던 임오군란은 구세력의 부활이었다. 이는 다시 척화의 시대로 회귀하는 것을 말한다. 그러나 임오군란을 주도했던 흥선대원군이 청(淸)으로 잡혀가면서 그의 정치는 종말을 고하게 되었다. 땅에 묻혀 버린 척화비처럼 말이다. 개화의 시대에 쇄국의 상징이 묻힌 것이다. 이렇게 땅에 묻혔던 비석은 근래에 속속 발견되면서 다시 세워지고 있다. 문화유산으로 당당히 대접받으면서 세워지고 있다.

전쟁의 상처를 간직한 초지진

사적 제222호로 지정된 초지진은 효종 7년(1656)에 쌓은 요새다. 1666년 안산 초지량에 있던 수군 만호영이 이곳으로 옮겨지면서 초지라는 이름도 함께 온 것이다. 이때 지리적 중요성이 있어 진(鎭)이 되었다. 병자호란 이후 강화도는 적의 침략을 막아낼 수 있는 요지로 재인식되어 국방시설을 다시 손보기 시작하였다. 청의 간섭이 여전했지만 효종 때 추진되었던 북벌정책의 일환으로 진행된 것이다.

초지진에는 첨사 이하 군관 11명, 사병 98명, 돈군 18명, 함선 3척이 배속되어 있었다. 돈군은 돈대에 배속된 병사를 말한다. 초지돈, 장자평돈, 섬암돈 등 세 곳의 돈대가 초지진의 관할하에 있었다.

초지진의 위치는 강화해협의 가장 남쪽이라 해협으로 들어가는 첫 관문이 된다. 넓은 바다에서 강화해협을 거쳐 한강으로 진입하려면 초입에 있는 초지진을 지나야 된다. 병인양요, 신미양요, 운양호사건 때 치열한 전투가 있을 수밖에 없는 위치다.

무너지면 재건하기를 반복하면서 강화해협을 굳게 지켰던 초지진이었지만 현재는 초지돈대만 남았다. 초지진에 배속되어 있던 초지돈대에는 당시를 증언하듯 치열한 포격의 흔적이 남아 있다. 1871년 신미양요 때에 미군의 함포사격에 성벽이 무너지고, 수십 문의 대포가 강으로 굴러 떨어졌다. 그때의 흔적이라고 전해지는 포흔이 성벽과 400년 된 소나무에 남아 있다. 어떤 이들은 신미양요가 아니라 일본의 운양호가 쳐들어왔을 때 포격전의 흔적이라고도 한다.

초지진 소나무
초지진

초지돈대는 규모가 크지 않다. 돈대 밖 소나무와 성벽에 남은 포탄 흔적을 보고, 안으로 들어가면 된다. 성벽에 올라보면 전망이 매우 좋은데, 남쪽바다에서 들어오는 적들을 발견하고 서둘러 대포를 발사할 준비를 했을 조선군을 상상해보자. 돈대 가운데에는 대포 1문이 전시되어 있다. 사정거리 700m의 대포인데 포탄 자체가 폭발하는 것은 아니었다. 그러니 철선(鐵船)인 이양선을 상대하기엔 어림없는 화력이었다. 임진왜란 당시만 해도 함선은 나무로 된 것이어서 큰 쇳덩어리나 돌덩어리를 쏘아 보내면 상대방 배들을 부술 수 있었다. 이런 무기로 이순신 장군의 해전은 연전연승할 수 있었지만, 그 후 더 이상의 발전이 없었다. 임진왜란, 정묘호란, 병자호란을 차례로 겪었지만, 국방을 튼튼히 하기 위한 무기 개발은 소홀했던 것이다. 중국이 지켜줄 것이라는 확고한 믿음으로 자주국방의 의지가 부족했던 것이다. 명(明)을 믿고 있다가 청에게 항복했고, 청을 믿고 있다가 일본에게 나라를 빼앗겼다. 지금 우리는 누구에게 의지하고 있는지 초지진은 묻고 있다.

초지돈대 앞바다는 밀물과 썰물이 교차할 때 소용돌이치는 물살을 볼 수 있다. 굵직한 암초가 많기 때문이다. 썰물 후에 보면 큰 바위들이 드러나는데, 물길을 알지 못하고 들어왔다가는 좌초되기 쉽다. 무기만 잘 갖추고 있으면 적을 물리치는데 최적의 조건을 갖춘 진지였던 것이다.

치열한 포격전이 전개되었던 덕진진

▲ 15문의 대포를 쏘던 덕진포대

사적 제226호인 덕진진은 원래 덕포진이 있었던 곳인데, 덕포진은 현종 7년(1666)에 해협 건너편 김포의 통진으로 옮겼다. 그리고 그 자리에 새로 진(鎭)을 설치했는데 덕진진이다. 숙종 3년(1677)에는 만호를 두고 군관 26명, 병력 100명, 돈군 12명, 군선 2척을 배치하였다. 덕진진에는 손돌목돈대, 덕진돈대, 남장포대가 소속되어 있었다.

덕진진의 남(南)에는 초지진, 북(北)에는 광성보가 근거리에 있다. 염하 건너에는 김포의 덕포진이 마주하고 있다. 덕진진과 덕포진이 동시에 대포를 쏘면 바다 가운데를 운항하는 적선은 큰 타격을 입게 될 것이다.

병인양요 때 양헌수 장군이 이끄는 부대가 이곳으로 건너와 정족산성으로 들어갔다. 신미양요 때는 미군함대와 치열한 격전을 치루어 진지가 파괴되었다. 미군의 기록에 의하면 "남북전쟁 때도 이와 같은 짧은 시간 내에 맹렬한 포격을 받아보지 못했다"고 한다.

덕진진에는 1976년에 복원된 성문인 공조루(控潮樓)가 있으며 문의 좌우로 성벽이 이어져 있다. 바다에서 본다면 거대한 성채가 버티고 선 모습이 되겠다. 길을 따라 들어가면 언덕이 낮아지면서 해안가에 바짝 내려선 모습의 포대를 볼 수 있다. 남장포대라 불린다. 흙을 다져 둑을 쌓듯이 진지를 구축하고 일정한 간격으로 대포를 쏠 수 있는 구멍을 마련했다. 이곳에서는 15문의 대포를 쏠 수 있었다. 홍이포(紅夷砲)로 당시 모습을 재현해 두었는데 대포의 기울기와 포대의 구멍이 맞지 않아 실감이 반감된다. 제대로 복원해서 덕진진의 위용을 보여주었으면 좋겠다.

▲ 미군이 점령한 덕진포대

남장포대가 끝나고 언덕을 조금 오르면 덕진돈대가 나온다. 돈대를 설치하기에 좋은 위치다. 멀리까지 조망이 가능하고, 대포를 쏜다면 더 멀리까지 보낼 수 있다. 신미양요 당시 이곳을 점령한 미군이 돈대성벽에 올라서서 사진을 찍었다. 당시의 모습을 보면 돈대 주변에 나무가 없어서 멀리서도 돈대 모습을 볼 수 있었다.

▲ 덕진돈대의 경고비

덕진돈대 아래에는 비석이 하나 서 있는데, '경고비'라 불린다. 고종 4년 흥선대원군의 명으로 덕진첨사가 건립한 것으로 '海門防守他國船愼勿過(해문방수타국선신물과)'라고 새겼다. '바다의 문을 막고 지켜서, 다른 나라의 배가 지나가지 못하도록 하라'는 내용이다. 바다의 척화비라 할 수 있겠다.

어재연 장군이 지킨 광성보

사적 제227호로 지정된 광성보는 광해군 10년(1618)에 고려시대 외성을 보수하여 사용하기 시작했다. 그 후 효종 7년(1656)에 보 단위의 부대를 주둔시켜 지키게 하였다. 광성보에는 숙종 5년(1679)에 설치한 오두돈대, 화도돈대, 광성돈대가 배속되어 있다. 영조 21년에 성문을 축성하였는데 안해루(按海樓)라 하였다. 그 후 고종 때 용두돈대가 추가로 축성되어 해안에 대한 방어력을 높였다.

광성보는 강화해협에서도 매우 좁은 목에 해당되는 곳이라 병인양요(1866)와 신미양요(1871) 때에 포격전이 치열했던 곳이다. 특히 신미양요 때에 어재연 장군이 지휘하는 조선군은 침략해온 미군을 맞아 격렬한 전투를 벌였다. 광성보에는 성문인 안해루와 광성돈대, 손돌목돈대, 용두돈대, 광성포대, 쌍충비각, 무명용사비, 신미순의총이 있어서 강화도에서 매우 중요한 유적으로 평가받는다. 이 유적들은 맵도록 치열했던 신미년의 상황을 증언하는 것들이다.

매표소를 지나면 성문인 안해루가 나온다. 그 옆에는 광성돈대가 있으며 탐방로를 따라 들어가면 쌍충비각, 무명용사비, 신미순의총(辛未殉義塚)을 차례로 만날 수 있다.

쌍충비(雙忠碑)는 두 명의 충신을 기리는 비석이다. 두 명의 충신은 신미양요

때에 전사한 어재연장군과 그의 동생 어재순이다. 형제가 한 전장에서 함께 전사하였기에 숙연해지지 않을 수 없다. 무명용사비는 이름 없이 죽어간 조선군들의 넋(魂)을 위로하기 위한 비석이다. 신미순의총에는 7기의 무덤이 있는데, 전사한 조선군 중에서 신원을 알 수 없는 7명의 무덤이라 한다. 신미년의 아픔을 말없이 대변하는 유적들이다.

손돌목돈대는 광성보에서 가장 높은 곳에 있다. 산 위에 둥글게 조성된 돈대로 멀리까지 조망이 가능하며, 적이 침략하면 대포를 쏠 수 있

는 포구가 3곳 있다. 돈대 중앙에는 무기고가 있었다. 손돌목돈대는 광성보 유적지 안에 있으나 원래는 덕진진에 소속된 돈대였다. 돈대에서 아래를 내려다보면 용두돈대가 보인다. 오른쪽으로 멀리에는 덕진진과 초지진이 조망된다. 바다 건너로는 김포의 덕포진과 손돌의 무덤도 볼 수 있다.

손돌목돈대에서 내려와 용두돈대로 걸어가다 보면 오른쪽에 화장실이 보이고, 그 뒤 해안가에는 포대가 설치되어 있다. 광성포대라 부른다. 9기의 대포를 쏠 수 있는 포대, 4기를 쏠 수 있는 포대, 3기를 쏠 수 있는 포대가 해안을 따라 연이어 자리 잡고 있다.

▲ 덕진진에 소속된 손돌목돈대

용머리를 닮은 용두돈대

강화도 54돈대 중에서 가장 늦게 설치된 용두돈대는 용머리처럼 생겼다고 하여 용두돈대라 한다. 바다를 향해서 머리를 쑥 내민 형상인데, 옛날 다리미를 닮기도 했다. 돌출된 좁은 지형에 따라 성벽을 설치하였기에 돈대로 나아가는 통로는 매우 좁다. 통로 끝에 돈대가 있는데 바다로 돌출된 석벽 위에 둥글게 축성하였다. 신미양요 때에 적의 침입을 최전방에서 방어하는 역할을 하였다. 돈대안에는 '江華戰蹟地淨化記念碑 강화전적지정화기념비'가 크게 서 있다. 이 비석을 굳이 좁은 용두돈대 안에 세워야 했는지, 유적지를 정화한다는 것은

무엇인지 그 생각이 답답하다. 군사정권은 저들의 군화발로 민주주의를 억누를 때 민족정신을 개조한다고 떠들었는데, 유적지도 또한 저들 맘대로 개조할 수 있다고 믿었나 보다. 유적지는 정화하는 것이 아니라 복원하고 보존하는 것이다.

강화해협에서 가장 좁은 이 바다를 손돌목이라 부른다. 지형적 요인 때문에 밀물과 썰물이 교차하는 때에는 물결이 거대한 용틀임을 한다. 유속이 빨라지고 들쑥날쑥한 암초에 부서지는 물소리가 우렁차다. 여름날 홍수를 만난 강물 같다. 용두돈대는 밀물과 썰물이 교차할 때 답사하기를 권한다.

TIP

섬을 방문할 때는 밀물과 썰물 때를 알고 가야 한다. 밀물 때와 썰물 때의 풍광이 다르기 때문이다. 염하에는 밀물과 썰물이 교차할 때 거센 흐름이 생긴다. 강화도가 최후의 보장지처가 된 것도 이런 물의 흐름 때문이다. 그러므로 밀물과 썰물의 변화를 직접 경험하는 것이 강화도의 지리적 잇점을 확인하는 것이 된다. 국립해양조사원(https://www.khoa.go.kr)에서 조석예보를 확인할 수 있다.

손돌목 이야기

우리 몸에서 좁은 곳을 목이라 한다. 목, 손목, 발목 등. 땅에서도 좁은 곳을 목이라 한다. 강화해협, 즉 염하에서 가장 좁은 곳이 있는데 손돌목이다. 손돌목은 용두돈대와 맞은편 덕포진 사이를 말한다. 밀물과 썰물이 교차하는 때엔 물이 소용돌이치는데 그 소리가 매우 요란하다. 이 바다의 밑바닥에는 바위들이 많아 노련한 뱃사공이라도 자칫하면 좌초되기 십상이다.

조선시대 어느 때인가 강화도로 피난 오던 왕족이 있었다. 그는 이곳에서 손돌의 배를 탔다. 육지와의 거리가 가장 짧았기 때문에 쉽게 도하(渡河)할 수 있으리라 생각했던 것 같다. 손돌은 강화를 코앞에 두고도 지그재그로 배를 저었다. 직진하면 쉬울듯한데 지그재그로 배를 젓자 시간을 끈다고 의심한 왕족은 불안해졌다. 피난 길에서는 모든 것이 의심스러운 법이다. 손돌을 의심한 왕족은 그를 당장 죽이라고 명령한다. 뱃사공 손돌은 억울하다고, 그렇지 않다고 강변(强辯)했지만 소용없었다. 결국 손돌은 허망한 죽임을 당하고 말았다. 그런데 문제는 험한 물살을 이겨낼 뱃사공이 없다는 것이다. 어쩔 수 없었다. 손돌처럼 지그재그로 배를 저을 수밖에. 그리하여 겨우 강화에 닿았다. 강화에 도착하고 나니 미안했다. 어쩌면 억울하게 죽은 손돌의 원혼이 두려웠는지 모른다. 왕족은 손돌의 장례를 잘 치러주라고 명령한다. '개똥밭에 굴러도 이승이 낫다'라는 말이 있다. 죽이고 나서 후하게 장례를 치러준들 무슨 소용이 있겠는가. 권력을 가진 자들은 그것으로 할 일을 했다고 변호할 것이다.

용두돈대에서 건너편 덕포진을 바라보면 오른쪽으로 길게 나온 지형이 있다. 그곳에 무덤 하나가 보인다. 그 무덤이 손돌의 무덤이다. 시간이 흘러 사람들은 이곳을 '손돌목'이라 불렀다. 손돌이 죽었던 그때(음력 10월 20일)가 되면 갑자기 바람이 불고 추위가 몰려온다. 양력으로 하면 11월 말이 되겠다. 이때는 시기적으로 급격하게 기온이 하강하면서 추위가 오는데 강화도만의 일은 아니다. 그러나 강화도 사람들은 이 현상을 '손돌의 한'으로 변환시켰다. 그래서 이런 현상을 '손돌추위', '손돌바람'이라 했다. 또 위태로운 상태를 이를 때는 '손돌목의 아이목숨'이라고도 했다. 지배층의 부조리를 풀어내는 강화 사람들의 은유는 웬만한 문학가도 따라갈 수 없을 만큼 대단하다.

김포 덕포진의 손돌의 묘에 세워진 안내판에는 이때 강화로 건너온 사람이 고려 고종이라고 소개하고 있다. 몽골의 침략을 방어하기 위해 고려가 천도하던 때인데 정황상 맞지 않다. 고려사 기록에 의하면 천도를 단행한 때가 여름 장마철이었고, 건너온 장소도 승천포였기 때문이다.

그렇다면 정묘호란 때 인조일 가능성이 있는데, 그때는 대부분 갑곶나루를 이용했다. 왕을 모시고 오는 책임자라면 강화도 물길을 누구보다도 잘 알았을 것이다. 험악한 물살로 유명한 손돌목으로 임금을 안내했을 리 만무하다. 어쩌면 병자호란 때 많은 왕족, 양반관료가 도하했는데 그들 중 누구일 수 있다. 갑곶나루에는 엄청난 인파가 몰린 상황이었기 때문이다. 왕족으로 보이는 누군가가 갑곶나루를 포기하고 손돌목을 통해 건넜고 다급한 마음에 손돌을 죽였던 것이다. 계절적으로 겨울이었다. 물론 날짜까지 정확하게 일치하는 것은 아니지만 말이다.

▲ 소용돌이 치는 물살을 볼 수 있는 손돌목. 건너편이 덕포진이며 손돌의 무덤도 저곳에 있다

10 군사시설이면서 비경을 간직한 돈대

돈대는 최전방에 설치된 관측소이자 방어시설이다. 주로 해안가나 국경선에 설치되었다. 강화도만 아니라 남한산성에도 돈대가 있었다는 기록이 보인다. 수원화성의 경우 서북공심돈, 동북공심돈, 남공심돈이 있었는데 현재는 서북공심돈과 동북공심돈만 남아 있다. 성곽의 가장 취약한 부분에 설치되었기 때문에 가장 튼튼하고 높게 건축되었다.

돈대는 적의 동태를 살펴야 하기에 관측이 잘 되는 곳에 설치한다. 그래서 최전방에 있거나, 주변보다 높은 곳에 있다. 병사들은 돈대 안에서 경계를 서며 외적의 활동을 감시하면서도 유사시를 대비한다. 적이 침략하면 최전방의 돈대가 가장 먼저 공격을 받는다. 그렇기 때문에 돈대에는 적을 공격하거나 방어할 수 있는 시설과 무기가 배치되어 있다. 돈대의 규모에 따라 배치된 대포의 숫자는 다르지만 3~4문 정도였다. 모든 대포는 바다를 향해 조준되어 있었다.

강화도에는 무려 54개의 돈대가 설치되었다. 해안을 따라 요지에 건설되었다. 숙종 5년(1679)에 돈대를 처음 축조하였다. 이해(1679)에 48돈대가 완성되었고 이어서 추가로 6곳에 돈대가 건축되었다. 숙종 5년에 실시된 돈대 축성은 대규모 사업이었던 만큼 많은 사람이 동원되었다. 황해도 · 강원도 · 함경도의 승군(僧軍) 8,900명과 어영청 소속 어영군 4,262명이 동원된 것으로 기록되어 있다. 공사 기간도 80일이나 소요되었다. 병조판서 김석주는 돈대 축조를 기획, 감독하였고 실무 총괄은 강화유수였던 윤이제가 했다. 축성 후반에는 어영군 지휘관이 마무리했다. 그 후 추가로 공사를 진행하여 숙종 때 축조된 돈대는 모두 52곳이나 되었다. 그리고 영조 2년(1726)에 작성돈대가 추가되었고 고종 4년(1867)에 용두돈대가 축조됨으로써 모두 54개 돈대가 되었다.

돈대는 소규모의 관측시설이면서 방어시설이기 때문에 이에 맞는 위치와 구조를 하고 있다. 앞서 언급한 대로 돈대는 관측하기 좋은 곳에 있어야 한다. 그래서 돈대를 답사하면 탁 트인 전망을 볼 수 있다. 돈대여행은 강화도의 숨겨진 비경(秘境)여행이 되기도 한다. 돈대의 모양은 지형에 따라 다양하다. 대부분이 사각형, 원형인데 때로는 반달모양, 초승달 모양도 있다. 각 돈대의 형태가 어떻게 다른지 살펴보는 것, 방어하고자 하는 곳이 어디인지 살펴보는 것이 답사의 포인트가 된다. 군사시설이라 자칫 무미하고 딱딱하기 쉽다. 그런데 실제 답사해보면 그 탁월

TIP

돈대여행은 해안을 따라가며 하게 된다. 강화도의 동해안, 남해안, 서해안을 따라가며 답사하면 된다. 돈대마다 뚜렷한 특징이 있고, 보이는 풍경이 다르다. 또 계절마다 다르다. 밀물과 썰물 때의 풍광 또한 다르다. 서남해안 돈대들은 일몰조망지로도 탁월한 장소가 된다.

한 위치선정과 주변 풍광의 아름다움으로 인해 강화도의 새로운 매력으로 손꼽게 될 것이다.

무태돈대

무태돈대는 숙종 5년(1679)에 쌓은 돈대다. 인화돈대 · 광암돈대 · 구등곶돈대 · 작성돈대와 함께 인화보의 지휘하에 있었다. 네모난 구조로 둘레가 145m, 성벽의 높이는 1.2m~5.3m로 축성되었다. 바다를 보는 성벽 위에만 여장이 복원되어 있다. 원래는 사각의 성벽 모든 곳에 여장이 있었다.

돈대에 서서 서쪽을 바라보면 석모도와 교동도가 조망된다. 교동도와의 거리가 가깝기 때문에 강화 서쪽바다를 허락 없이 다니는 이양선들을 견제하기 좋은 장소였다. 교동도로 건너가는 다리와 가까운 곳에 있으니 교동도를 답사하는 길이라면 무태돈대를 답사하면 좋다. 저녁 무렵 이곳에 올라 서남쪽으로 떨어지는 석양을 바라보면 환상적

이다. 점점이 떠 있는 어선들과 짙게 내리는 노을은 여행객의 심사를 흔들어 놓을만 하다.

TIP 여장

성벽 위에 설치한 담장. 군사들이 몸을 숨기고 총을 쏠 수 있는 곳이다. 총구는 멀리 쏘는 원총안, 가까운 곳을 쏘는 근총안으로 되어 있다. 먼 옛날에는 방패를 세워 방어하였는데 훗날 담장을 쌓아 방어력을 높였다. 여장(女墻)은 성가퀴라고도 하는데 그 높이가 여자도 넘을 수 있을 정도라하여 여장이라 하였다.

망월돈대

망월돈대는 숙종 5년(1679)에 쌓은 돈대다. 강화 서해안을 방어하는 요새로 진무영에서 직접 지휘하는 영문 소속의 돈대였다. 네모난 구조로 둘레 124m, 성벽의 높이는 1.8m~3m로 축성되었다. 대개의 돈대들이 해안가 높은 지대에 위치하는 것과 달리 이 돈대는 갯가 낮은 곳에 있다. 이 돈대는 갯벌과 논의 경계, 곧 제방의 일부분을 이루고 있다. 낮은 곳에 있지만 시야를 가리는 방해물이 없어 경계 초소로서 부족함이 없다. 문화재 안내판에는 "돈대 북측 장성은 고려 고종 19년(1232)에 강화로 천도하면서 해안방어를 위해 처음 쌓았다고 한다. 조선 광해군 10년(1618) 안찰사 심돈이 수리를 하였고, 영조 21년

(1745) 유수 김시환이 다시 고쳐서 쌓았으며 '만리장성'이라고도 불렀다고 전한다."라고 소개되어 있다. 여기서 말하는 장성은 제방을 말한다. 간척을 위한 제방을 쌓은 때가 고려시대 강화천도기라고 하나 망월평이 생긴 것은 공민왕 때라는 연구도 있다.

이 돈대는 높은 곳을 점하고 있지 못해서 멀리까지 조망하는데 한계가 있지만, 북쪽의 무태돈대와 남쪽의 계룡돈대 사이에 있어서 중요한 역할을 감당했다. 망월돈대의 한쪽으로는 내가천이 바다로 흘러든다. 가을 들녘의 누릿한 풍광을 경험하고 싶다면 이 돈대를 답사하면 좋다.

계룡돈대

계룡돈대는 숙종 5년(1679)에 쌓은 돈대다. 강화도 서해안에 있으며 '광대돈대'라고도 불린다. 진보에 소속되지 않고 진무영에서 파견된 천총(千摠) 세 사람이 돌아가며 담당하는 영문 소속 돈대였다. 둘레가 108m인 직사각형 구조로 성벽 높이는 2.9m~6.7m로 되어 있다. 6m가 넘는 곳은 바닥의 지형이 고르지 못해서 석축을 더 높이 쌓아야 했기 때문이다. 성벽 위에는 여장을 모두 복원하였다. 대포를 쏘기 위한 포구는 3군데 설치했다.

출입문 동쪽 성벽돌에는 명문(銘文)이 있는데 '강희 18년 4월 일 경상도 군위어영(康熙十八年四月日 慶尙道 軍威御營)'이라고

새겨져 있다. 강희 18년 즉 숙종 5년(1679) 4월 경상도 군위현에서 온 어영청 소속의 군대라는 의미다. 조선 후기에는 상번군(上番軍)이라는 제도가 있었다. 16세 이상의 성인 남자는 순번이 되면 한양으로 올라가 군역을 감당해야 했다. 그들은 오군영에 소속되어 한양 방어를 담당했다. 이를 상번군 제도라 한다. 숙종 이후로 도성을 비롯한 각종 방어성 축성과 복원에 해당 부대의 군사들이 동원되었던 것이다. 또한 공사 관련 내용을 성돌에 새기는 일이 많았는데 그 흔적이 이 돈대에 남아 있는 것이다. 돈대를 쌓은 시기를 알 수 있는 귀중한 기록이다.

계룡돈대는 매우 특이한 곳에 있다. 돈대의 서쪽에는 바다가 있고, 남과 북으로는 제방이 길게 연결되어 있다. 제방과 돈대 뒤에는 넓은 농경지가 펼쳐져 있다. 이 제방의 북쪽 끝에는 망월돈대가 있다. 돈대는 주변 제방이나 논보다 높은 언덕에 있다. 이곳에 제방이 연결되지 않았을 때는 돈대가 있는 이 언덕은 작은 섬이었을 것이다. 제방을 이 섬으로 연결하여 간척한 후 드넓은 논이 생기게 된 것이다.

석모도를 바라보고 있기 때문에 석모도를 찾는 여정이 있다면 잠깐 들러보는 것도 좋다. 벼가 누렇게 물드는 가을이나, 눈 내리는 겨울에 이 돈대를 답사한다면 그 풍광에 매료되어 자주 찾게 될 것이다.

삼암돈대

삼암돈대는 숙종 5년(1679)에 쌓은 돈대다. 강화 서해안을 방어하는 보름달 모양의 돈대로 정포보에 배속되어 있었다. 국수산(193m) 줄기가 서쪽을 향해 달리다가 바다를 만나 우뚝 멈춘 언덕에 축조되었다. 돈대의 전면은 급경사를 이루고 있으며 후면은 나지막한 산으로 이어져 있다. 돈대의 지름이 30m, 둘레가 121m이고 성벽의 높이는 1.9m~4m로 축조되었다. 석누조가 설치되어 있는데, 이는 토축에 스며드는 물을 밖으로 배수시켜 성벽이 무너지지 않게 하는 역할을 한다. 석누조는 건평돈대와 굴암돈대, 오두돈대 등 다른 돈대에서도 볼 수 있다. 석모도와 강화본도 사이를 항해하는 이양선의 침입을 방어하는 중요한 역할을 하였다.

망양돈대

망양돈대는 숙종 5년(1679)에 쌓은 돈대다. 정포보에 속해 있었으며 강화 서해안을 방어하였다. 정사각형의 구조로 둘레가 130m, 성벽의 높이는 3m~3.4m 축조되었다. 대포를 발사하는 포구는 4군데 설치되어 있다. 군사들이 몸을 숨기고 총을 쏘는 곳인 여장은 모두 복원되었다. 몇몇 돈대를 제외하고는 대부분의 돈대가 여장을 복원하지 못했다.

돈대의 남쪽은 급경사로 거의 절벽에 가깝다. 망양돈대는 키 큰 나무로 둘러싸여 있다. 원래는 숲으로 둘러싸인 곳이 아니었다. 적을 침입을 먼저 발견해야 하고, 적이 침략하면 적극적인 공격을 해야 하는데 숲은 방해가 되기 때문이다. 망양돈대의 전망이 회복된다면 명소가 될 것이다. 돈대의 동쪽으로 외포리항이 있고 바로 아래 삼별초항몽유허비가 있다. 삼별초가 이곳에서 진도로 떠났다는 이야기가 있기 때문이다. 강화도에서 진도로 그리고 제주도로 항쟁을 이어가던 삼별초의 항몽을 기리기 위해 진돗개, 하르방을 상징물로 세웠다.

삼별초 항몽유허비

삼별초는 대몽항쟁 당시 고려의 최정예부대였다. 무신정권은 도적이 들끓게 되자, 야간 경비를 위해 '야별초'라는 부대를 창설하였다. 이들 야별초는 무신정권의 비호를 받았기 때문에 점점 그 규모가 커졌다. 그래서 좌별초와 우별초로 나누어 부대를 재편하였다. 이들은 무신정권의 절대적인 비호를 받았기 때문에 자신들을 보호해주는 정권 수뇌부의 사병부대로 전락하였다. 대몽항쟁이 길어지면서 몽골군에 포로가 되었다가 탈출한 병사들이 많아졌다. 이들은 몽골군과의 전투경험이 있었고 몽골군에 대한 정보를 알고 있었기 때문에 중요한 군사들이었다. 무신정권은 이들을 모아 '신의군'이라는 부대를 창설한다. 이로써 좌별초, 우별초, 신의군이 갖추어졌는데 이들을 삼별초라 불렀다.

삼별초는 강도(江都)시절 최씨정권의 사병노릇을 하면서 최씨의 정치적 정적들을 제거하는 역할을 했다. 때로는 소규모의 부대를 육지로 보내서 몽골군과 싸우기도 했지만 주로 최씨의 사병 노릇을 했다. 어느 시대, 어느 곳에서나 자신의 위치를 망각하고 이익집단을 위해 영혼을 파는 자들이 있다. 삼별초가 그런 집단이었는데 무력을 소유하고 있었으니 그 힘은 막강했다.

고려 조정이 몽골과 화친하고 개경으로 환도할 것을 결정하자, 지도부가 몰락한 삼별초는 난감한 처지에 빠졌다. 강화도에서 항몽(抗蒙)을 주도했던 세력이 삼별초였기에 몽골에 의해 보복 죽임을 당할 염려가 있었던 것이다. 조정에서도 삼별초의 명단을 요구하였다. 오랫동안 왕권을 능멸했던 주체가 삼별초였기에 힘을 회복한 국왕은 삼별초를 제거하고자 했다. 백여 년 동안 무신정권의 하수인이었던 삼별초를 그대로 유지할 수는 없었다. 이들이 언제 다시 왕권에 도전할지 알 수 없었기 때문이다. 왕권이 회복된 상황에서 몽골의 힘을 빌려서라도 이들의 힘을 거두어야 했다.

다급하게 된 삼별초 지휘관 배중손은 강화도 백성들을 선동하고 협박하면서 자신들을 따를 것을 요구했다. 그리고 일천 척의 배를 동원하여 강화도 내에 저장해두었던 식량, 무기, 생필품을 싣고 남쪽으로 떠났다. 이들의 목적지는 진도였다. 진도는 남쪽의 큰 섬이다. 강화도처럼 섬이지만 농경지가 많다. 진도에 도착한 이들은 왕실의 일원이었던 승화후 온을 왕으로 세우고, 개경의 정부는 가짜라고 선동했다.

강화의 서쪽, 석모도행 배를 타던 외포리에는 망양돈대가 있다. 그 돈대 아래에는 삼별초군호국항몽유허비(三別抄軍護國抗蒙遺墟碑), 진돗개상, 돌하르방이 있다. 삼별초가 배를 끌고 진도로 떠났던 곳이기 때문이다. 삼별초의 흔적이 있는 진도와 제주도의 상징을 하나씩 세워 그것을 기념한 것이다.

건평돈대

건평돈대는 숙종 5년(1679)에 쌓은 돈대다. 이 돈대는 강화도 서해안을 방어하던 정포보에 소속되어 있었다. 노구산(104.9m) 서쪽 기슭에 있으며 석모도와 마주 보고 있다. 이곳은 강화본도와 석모도 사이의 거리가 가까워 적의 침략을 감시하면서 방어하기 유리한 위치라 하겠다. 산기슭에 축조했기 때문에 바다를 향한 면은 높고, 뒤는 낮다. 가로 36m, 세로 26m의 직사각형 돈대지만, 바다를 향한 성벽은 약간 둥글게 쌓았다. 성벽 내부에는 대포를 쏠 수 있는 포구를 4군데 설치했다. 성벽이 상당히 두껍기 때문에 포구 역시 성벽의 두께만큼 깊숙하다. 이렇게 되면 대포를 발사했을 때 포탄의 탄착지점이 고정되어 버린다. 대포를 발사하는 데도 상당히 불편했을 것 같다. 포구에 대포를 밀어

넣으면 목표물이 보이지 않게 된다. 이는 탄착지점을 고정해두고 대포를 설치했기 때문으로 보인다.

2017년 이곳을 발굴한 결과 불랑기 대포 1문이 발견되었다. 불랑기 하단에는 숙종 6년(1680)에 제작됐다는 제작 시기와 무게(100근), 제작기관, 제작자 등이 상세히 기록되어 있었다. 이 대포는 실제로 사용했던 장소에서 발견되었기 때문에 역사적 가치가 매우 높다. 불랑기는 16세기 유럽에서 전해진 서양식 화포다. 포탄과 화약을 포문으로 장전하는 전통 화포와 달리 현대식 화포처럼 포 뒤에서 장전을 하는 후장식 화포다. 그렇기 때문에 빠른 속도로 연사가 가능하다. 건평돈대에서 불랑기가 발견됨으로써 다른 돈대와 포대에 설치되었던 대포를 짐작할 수 있게 되었다. 이곳에서 출토된 불랑기포는 강화역사박물관에 전시되어 있다.

성벽이 두꺼워서 성벽 위에도 군사들이 올라가 활동할 수 있다. 군사들의 몸을 보호했던 여장이 설치되었을 것으로 보이는데, 남아 있지 않다. 가까운 곳에 있는 계룡돈대에는 여장이 있으니 참고하면 될 것이다. 마을주민들은 건평돈대를 '성아지돈대'라고도 부른다.

굴암돈대

굴암돈대는 숙종 5년(1679)에 쌓은 돈대다. 굴암돈대는 강화 서해안을 방어하며 진무영에서 직접 관리하는 영문 소속의 돈대였다. 진강산이 서쪽으로 뻗어와 바다와 맞닿은 산기슭에 돈대를 설치했다. 둘레가 115m이고, 성벽의 높이는 1.3m~4.6m로 되어 있다. 대포를 쏘기 위한 포구는 4곳에 설치되어 있다. 군사들의 몸을 숨길 수 있는 여장은 복원되지 않았다. 바다를 면한 쪽은 반원형이며 산과 접한 뒤쪽은 직선이어서 전체적으로 반달모양이다. 굴암돈대에 서서 바다를 바라보면 시원한 전망을 볼 수 있다. 오후에 이곳을 답사하면 바다에 떨어져 부서지는 햇살을 감상할 수 있다. 해가 떨어진다는 하일리에 있어서 '하일돈대'라고도 부른다.

선수돈대(검암돈대)

대개의 돈대들이 숙종 5년(1679)에 세워졌으나 검암돈대는 그 이후에 축조된 것으로 알려져 있다. 정확한 축조 시기를 알 수 없지만 숙종 17년(1691)에서 숙종 21년(1695) 사이 어느 해인가 축조된 것으로 보인다. 장곶보의 지휘를 받는 돈대로 강화도 서해안을 방어하였다. 돈대는 직사각형 구조로 둘레가 97m, 성벽의 높이는 2m~3.2m로 되어 있다. 대포를 발사하는 포구는 모두 4군데 설치했다.

선수돈대의 원래 이름은 검암돈대다. 선수포구가 내려다보이는 언덕에 축조되었다. 강화 서쪽 해안에 있지만 바라보는 방향은 북쪽이다. 강화도 남해안이 서쪽 끝에서 둥글게 돌면서 북쪽으로 올라가는데 그 모양이 버선코처럼 생겼다. 선수돈대는 버선코 콧등 위에 축조되었다. 돈대는 울창한 숲으로 둘러싸여 있다. 돈대는 가로막힘 없이 탁 트인 시야를 갖고 있었다. 사용하지 않게 되면서 나무가 자라서 숲을 이루게 된 것이다.

장곶돈대

장곶돈대는 숙종 5년(1679)에 쌓은 돈대다. '긴곶돈대'라고도 불린다. 해안으로 길게 돌출된 지형에 자리 잡아서 관측과 방어에 매우 유리한 조건을 갖췄다. 원형의 구조로 지름이 31m, 둘레가 128m, 성벽의 높이는 2.1m~3.5m로 되어 있다. 대포를 쏘기 위한 포구는 4곳 설치했다. 훼손이 심했는데 1993년에 보수되었다. 장곶돈대는 강화도 서해안을 지키는 곳인데 선수돈대와 멀지 않은 곳에 있다. 버선코 끝부분에 자리하고 있어서 전방뿐만 아니라 좌우도 탁월하다.

북일곶돈대

북일곶돈대는 숙종 5년(1679)에 완성되었다. 이 돈대는 장곶보에 소속되어 지휘를 받았다. 네모난 구조로 둘레 122m, 성벽 높이는 1.3m~3.5m이다. 대포를 쏘기 위한 포구는 4군데 설치했다. 돈대는 강화 남해안이 서북쪽으로 꺾이는 지점에 있다.

'곶'은 바다를 향해 튀어 나간 지형을 말한다. 돈대가 위치한 곳은 바다를 향해 튀어 나간 산줄기 끝 정상부다. 전방과 좌우를 모두 조망할 수 있어서 탁월한 위치라 하겠다. 돈대 아래 해안은 장화리일몰조망지로 유명하여 해질녘에 많은 사람이 찾아온다.

TIP

장화리일몰조망지는 강화도에서 아름다운 일몰을 볼 수 있는 곳으로 유명하다. 주차장과 화장실이 마련되어 있으며, 주차장에서 5분 정도 걸어가면 해안에 닿는다. 계절에 따라 해가 떨어지는 장소가 다르다. 겨울철에는 왼쪽(남쪽) 끝에서 떨어진다. 봄과 여름이 되면 일몰지점이 오른쪽으로 이동한다. 섬 사이로 떨어지는 일몰을 감상할 수 있다. 밀물과 썰물 때에도 일몰의 감동이 다르다. 바닷물이 가득 찬 밀물 때에는 바다에 부서지는 황금빛 노을을 볼 수 있고, 썰물 때에는 갯벌의 갯골을 따라 휘어지는 황금빛 노을을 감상할 수 있다. 북일곶돈대 아래에는 대섬이라는 작은 섬이 있다. 썰물 때에는 걸어서 가볼 수 있는데, 뒤틀린 바위들이 있어 재미있는 곳이다.

미루지돈대

미루지돈대는 숙종 5년(1679)에 완성되었다. 이 돈대는 장곶보에 속했는데 강화 남해안을 방어했다. 원형으로 축조되었으며 대포를 쏘는 포구는 4군데 설치되었다. 둘레가 116m, 성벽의 높이는 1.2m~2.3m이다. 돈대로 들어가는 출입문을 홍예로 만들어 꽤 신경 쓴 흔적이 보인다. 축조 당시의 이름은 미곶돈대였다. 마을 이름이 '미루지'인데 동네에서 바다를 바라보면 '다락방에 앉은 모양' 같다고 하여 붙여진 지명이다.

미루지돈대는 산속에 버려진 고대유적 같다. 마니산이 남쪽으로 내달리다 바다에 닿아서 멈칫한 산봉우리(42m)에 축조되었는데 찾는 사람이 많지 않아 늘 조용하다. 이곳을 찾아가면 산 정상부에 원형의 돈대를 발견할 수 있는데 용케도 그 모양을 유지하고 있음에 놀라게 된다.

분오리돈대

분오리돈대는 숙종 5년(1679)에 완성되었다. 동막해수욕장 옆에 있어서 찾기 쉽다. 진무영에서 직접 관리하는 영문 소속 돈대였다. 돈대의 둘레가 113m이고 성벽의 높이는 1.6m~4.4m이다. 대포를 발사할 수 있는 포구는 4군데 설치되었다. 많이 허물어졌던 것을 1994년에 복원했다. 돈대는 초승달 모양인데 원래 계획은 네모난 구조였다고 한다. 그런데 지형의 생김을 살펴서 거기에 맞게 돈대를 축조하다 보니 초승달 모양이 되었다고 한다. 대부분의 돈대가 원형이거나

네모난 형태인데 초승달 모양이라 특이하게 보인다.

분오리돈대는 바다를 향해 튀어 나간 산 위에 축조되었다. 마니산이 남동쪽으로 그 줄기를 뻗다가 바다에서 멈춘 산정이다. 동막해수욕장을 가운데 두고 미루지돈대와 대칭으로 배치되어 있다.

후애돈대

후애돈대는 숙종 5년(1679)에 축조되었다. 돌을 이용해 사각형 모양으로 쌓아 올렸다. 돈대의 둘레는 129m이고, 성벽의 높이는 2.8m~ 5m이다. 대포를 쏘기 위한 포구를 4군데 설치했다. 이 돈대는 선두보에 소속되어 있으며 강화 남해안 방어를 담당했다. 주변 마을에는 이 돈대를 훼손하면 재앙이 온다는 전설이 있다. 그 이유는 알지 못한다. 이러한 전설 때문에 돈대를 신성하게 여기고 보호하여 본디 모습이 잘 남아 있는 편이라 한다.

성벽 위는 군사들이 활동할 수 있는 넓은 공간이 있다. 군사들이 몸을 숨기기 위한 여장이 잘 남아 있는데 대부분은 복원된 것이다. 일부는 원래부터 있던 여장이다. 원래부터 있던 여장은 다른 돈대의 여장을 복원할 수 있는 자료가 되었다.

사각의 성벽과 여장을 구성하고 있는 성벽돌은 황토빛을 띠고 있어서 군사시설이지만 따뜻한 느낌을 갖게 한다. 썰물 때면 돈대 앞은 드넓은 갯벌이 펼쳐진다. 늦가을 돈대앞 갯벌에는 갈대숲이 아름답다. 바람이 불어 갈대가 흔들리면 그 풍광에 매료되고 만다.

용진진과 좌강돈대

용진진은 강화도 해안 경계 부대인 5진 가운데 하나로 동쪽 바다를 방어하였다. 효종 7년(1656)에 설치된 진이다. 용진진 책임자는 만호였으며 가리산돈대 · 좌강돈대 · 용당돈대를 관할했다. 성문은 홍예부분만 남아 있던 것을 복원한 것이고, 복원된 문루를 '참경루(斬鯨樓)'라 하였다. '고래를 벤다'라는 뜻인데 그 고래가 청나라가 아닐지 궁금하다. 성문과 이어진 성벽을 따라가면 언덕 위에 좌강돈대가 있다. 이곳도 최근에 복원되었다. 좌강돈대는 용진돈대라고도 부른다. 해안에서 조금 떨어진 언덕 위에 축조되었는데 홍이포의 사정거리가 700m였다고 하니 염하 가운데까지 포탄을 날려 보낼 수 있었을 것이다. 돈대의 모양은 원형이며 대포를 발사하기 위한 포구가 4군데 있다. 새것처럼 말쑥한 것은 돈대로 들어가는 문의 좌우 성돌 일부 외에는 완전히 없어졌었기 때문이다.

화도돈대

화도돈대는 숙종 5년(1679)에 쌓은 돈대로 강화 동해안인 강화해협을 지키는 역할을 하였다. 오두돈대 · 광성돈대와 함께 광성보에 속했다. 돈대는 네모난 모양으로 둘레가 129m인 작은 규모다. 돈대의 대부분은 훼손되었고 성벽의 아랫부분만 남았거나 복원되었다. 돈대는 주변보다 약간 높은 곳에 설치되었는데 바다에서 보면 제법 높은 지대가 된다.

오두돈대와 강화벽돌성

오두돈대는 숙종 5년(1679)에 축조되었다. 강화 동해안인 강화해협를 지키기 위한 시설이며 광성보에 소속되어 있었다. 돈대는 원형으로 쌓아 올렸으며, 돈대의 지름은 32m이고, 성벽의 높이는 4m~5m이다. 대포를 쏘기 위한 포구를 4군데 설치했다.

이곳의 지형이 자라를 닮았고 자라머리(鰲頭)에 오두정(鰲頭亭)이 있었기 때문에 돈대의 이름도 오두돈대라 했다. 돈대는 자라등에 설치되었다고 보면 된다. 선조 35년(1602) 정3품 당상관인 첨지중추부사를 지낸 송인범(宋仁範)이 자라 머리에 해당되는 곳에 오두정을 지었다고 한다. 돈대 아래에 음식점이 하나 있는데 마당 끝 해안 쪽으로 나가면 솟아오른 바위 언덕이 있다. 바다로 튀어 나가 있는데 이 언덕이 오두에 해당된다. 자라머리와 자라목, 그리고 자라등을 모두 확인할 수 있다.

돈대 아래에는 식당이 있고 마당 앞으로 오래된 느티나무가 줄지어 서 있다. 그 느티나무 아래 유명한 '강화전성(벽돌성)'의 일부가 오두까지 이어져 있다. 최근에는 전성의 남쪽으로 벽돌성을 복원해 두었다.

강화 전성(江華塼城)은 조선 영조 때 강화유수 김시혁(金始爀)이 벽돌로 쌓은 성으로, 고려가 몽골의 침입에 대항하여 개경에서 강화도로 천도한 시기인 강도(江都) 시기(1232~1270년)에 조성된 토성 위에 쌓았다. 현재 강화 외성(江華 外城)의 일부 구간에 해당된다. 강화 전성은 약 270m로 극히 일부에 불과하다. 아래쪽은 돌을 다듬어서 쌓고 위쪽은 벽돌을 8~10단으로 쌓아 올렸는데, 벽돌은 강회붙임으로 연결하고 어긋매김 공법으로 축조하여 허물어짐을 방지하였다. 관리 소홀로 허물어진 채 있던 강화 전성을 현대에 들어 재정비하였다.

『한국민족문화대백과사전』

오래전부터 벽돌성을 축성하기 위한 노력이 있었다. 그러나 현실화되지 못했는데 이는 여러 가지 제약이 있었기 때문이다. 겨울과 여름이라는 뚜렷한 날씨 변화로 인해 벽돌의 부서짐과 무너짐이 있었다. 벽돌과 벽돌을 접착하기 위한 재료인 강회의 수급이 어려운 점도 있었다. 또 우리나라는 어디서나 구할 수 있는 단단한 화강암이 있어서 벽돌의 사용 빈도가 줄어들었다. 이러한 여러 환경적 제약으로 벽돌을 사용하지 않게 되면서 벽돌 굽는 기술도 상용화되지 못했다. 벽돌은 우리에게서 점차 멀어지게 된 것이다. 조선 후기에 들어서 중국을 왕래했던 실학자들이 벽돌 사용을 주장하였다. 벽돌을 사용하면 여러 가지 장점이 있다는 것을 설파했다.

강화유수 김시혁은 북경에 가서 벽돌 제조방법을 배워서 강화도에서 직접 실현하였다. 비록 일부 구간이긴 했지만 벽돌성을 축조한 것이다. 석성이 강한 것 같지만 사실 벽돌성이 더 튼튼하다. 대포에 맞았을 때 석성은 잘 버티다가 어느 순간 한꺼번에 무너진다. 반면 벽돌성은 대포에 맞은 부분만 부서지거나 구멍이 난다. 차후에 수리하기도 수월하여 벽돌성의 효용가치가 더 높았다. 강화유수 김시혁이 축조한 강화 전성은 지금까지 남아 있다. 일정한 두께와 높이로 벽돌을 쌓고 그 뒤로는 흙과 자갈로 보강하는 구조였다. 한말 이후 오랫동안 성벽을 사용하지 않게 되면서 무너졌는데 그 위에 흙이 쌓이고 나무가 자랐다. 지금도 현장에 가면 벽돌성벽의 두께를 확인할 수 있다. 나무뿌리는 벽돌의 틈새로 들어가 성을 무너뜨렸다. 그런데 그 나무뿌리가 벽돌을 꽉 움켜쥐어 무너지지 않게 했다. 일부 구간을 보면 나무뿌리 사이에 벽돌이 박혀 있는 것을 볼 수 있다. 마치 앙코르왓트의 여러 사원이 나무뿌리에 움켜쥠을 당하고 있는 것처럼 신비롭다.

강화유수 김시혁은 전성을 축조한 공로를 인정받아 한성판윤(서울 시장)으로 승진되었다. 벽돌을 만들어 성벽을 축조하였다는 것을 인정받아 승진했을 만큼 벽돌이라는 것이 나라의 숙원사업이었다는 것을 말해준다. 그 후 벽돌을 일상에서 사용하기 위한 여러 노력이 있었으나 현실화되지 못했다. 그러나 정조 때에 수원화성을 건축하면서 국가적 기술 축적이 가능해졌고 그 후 작은 일상에서도 벽돌 건축들이 시도될 수 있었다.

11 몽골 항쟁 39년, 고려궁터

강화도 사람들은 '강화도' 보다는 '강도(江都)'라는 말을 좋아한다. 무려 39년 동안이나 고려의 도읍이었기 때문이다. 39년은 짧다고 할 수 있지만, 한 세대를 훌쩍 넘은 시간이기도 하다. 그 39년의 시간을 어떻게 보냈는가에 따라 그 시간을 기억하는 무게는 다를 것이다. 10년도 안 되어 명멸하는 왕조도 있는데 39년이라면 결코 짧은 시간이 아닌 것이다. 후백제의 시간보다 더 길었다.

1232년 고려의 최고 권력자 최우는 임금(고종)과 대신들을 협박해 강화도로 도읍을 옮겼다. 지구상 최강의 침략국 몽골에 대항하기 위해서였다. 당시 고려 조정은 오랫동안 무신들이 지배하고 있었다. 왕과 문신귀족들 입장에서야 몽골의 힘을 빌려서라도 무신정권을 끝내고 싶었을 것이다. 몽골이 그 의도대로 따라 줄지는 장담할 수 없었지만 말이다. 무신정권 입장에서는 몽골에 의해 자신들의 권력이 무너질 수 있다는 위기감을 갖고 있었다. 무신정권의 안위를 지킬 수 있는 방법은 대항하는 것 외에는 없었다. 그러나 강력한 몽골군대와 전면

전으로 싸운다는 것은 패배를 자초하는 것이었다. 그러므로 저들의 약점이라 할 수 있는 해전(海戰)을 선택한 것이다.

왜 강화도인가?

강화도는 육지와 가까워 섬이라도 위험할 것 같지만 천험의 요새라 할 수 있다. 밀물과 썰물의 차가 크고, 그때마다 거센 물살이 생기는 곳이다. 대규모의 군대가 아무런 저항을 받지 않고 도강할 순 없다. 고려군의 강력한 저항을 받으며 시간이 지체되는 동안 밀물과 썰물이 교차되기라도 한다면 심각한 위험에 처하게 된다. 한강, 임진강, 예성강이 쏟아낸 강물을 몸으로 막아내는 위치에 강화도가 있다. 이런 지형적인 요인으로 인해 만들어진 갯벌은 진흙으로 된 것이어서 허리까지 빠진다. 썰물 때에 아무 곳에나 배를 대고 건넜다가는 갯벌에 빠져 화살받이가 될 것이다. 이러한 조건들은 아군이 방어하기에 유리하고 적이 쳐들어오기는 힘든 천험의 요지가 되는 것이다. 전쟁이 소강상태일 때는 강과 바다를 이용해 세곡을 운반해 오기도 좋은 곳이었다. 방어에 만전을 기한다면 지형적 요인은 하늘이 허락한 곳이라 할 수 있었다.

최우는 군사들을 미리 보내어 궁궐과 기반 시설을 갖추었다. 개경의 궁궐이 송악산에 기슭에 지어졌던 것처럼 산기슭에 여러 단을 축조하고 건물을 앉혔다. 둘레가 1.2km였던 궁은 차츰 그 모양을 갖추었는데, 개경 궁궐의 절반 정도였다고 한다. 뒷산(강화읍 북산)의 이름

▲ 강화읍 관청리에서 출토된 고려청자(강화역사박물관)

도 송악으로 바꾸었다. 궁궐 각 전각의 이름도 연경궁, 강안전, 경령궁, 장령전 등으로 해서 개경의 궁궐과 동일하게 하였다. 최우는 이미 녹전거(수레) 100량을 이용해 자신의 가산을 강화도로 보냈다. 그리고 고종을 재촉해 강화도로 도읍을 옮길 것을 요구했다.

1232년 7월 6일, 개경을 출발한 왕의 행렬이 장대비를 맞으며 강화 북쪽 승천포에 닿은 것은 다음날이었다. 승천포는 개경에서 접근하기 좋은 포구였다. 이곳은 지금도 북녘이 훤히 보이는 곳이다. 건너편에도 같은 이름의 승천부(개풍군)가 있다. 이 승천부는 강화를 출입하기 위한 주요 포구였음을 이름을 통해 알 수 있다.

왕과 귀족, 그들의 가족, 이들을 따라 들어온 백성들까지 순식간에 사람들로 넘쳐났다. 궁궐은 북쪽에 있었고, 남쪽으로 민가가 들어서기 시작했다. 이규보의 글에 의하면 '천도한 새 도읍에 집이 늘어서니, 수천의 누에가 다투어 고치를 짓는 듯'이라고 했다. 강화 천도 2년 뒤 화재가 발생했는데 '수천 집이 불탔다'라고 하였으니 집들이 다닥다닥 지어졌음을 알 수 있다. 당시의 강화도는 지금과 달리 그리 큰 섬이 아니었다. 작은 섬에 인구가 늘었으니 더 좁게 여겨졌을 것이다. 당시 강화도 인구는 10만 정도였다고 한다.

'안팎에 1만 가(家)가 들어섰다'

'1천 집 푸른 기와 즐비하고, 1만 부엌에서 아침저녁 연기 이어서 나네'

'복숭아꽃 향기 속에 몇 천의 집들인가, 비단 휘장같은 봄기운 10리에 빗겨 있네'

당시의 기록이다. 1만 가(家), 1천 집, 1만 부엌 등은 실제 숫자를 말하기도 하지만 '많다'라는 뜻의 문학적, 관념적 표현이기도 하다. 실제 인구는 정확하게 알 수 없지만 단편적인 기록을 통해 볼 때 10만

정도였다는 것이다. 지금의 강화도 인구보다 많았다.

최우는 강화도 수비에 힘을 쏟았다. 내성(內城), 중성(中城), 외성(外城)을 쌓아 개경과 같은 방어선을 갖추었다. 사병이나 다름없는 삼별초를 확대하고, 강화도 주변을 방어토록 했다. 이 삼별초는 고려의 최정예, 주력군으로 성장하였다.

강화로 도읍을 옮긴 조정은 전국에 명령을 내려 적들이 쳐들어오면 살던 곳을 깨끗이 정리하고 섬(島)이나 산성(山城)으로 도피하도록 하였다. 이는 적들이 침략해 와도 가져갈 것 없도록 하는 청야전술이었다. 그러나 실상은 조정이 백성을 보호할 능력이 없었던 이유가 더 컸다. 이유야 무엇이든 이 전술은 몽골침략 30여 년 동안 지속적으로 사용되었다. 이런 조치를 내린 최씨정권은 강화도에서 어떻게 지냈을까?

전쟁의 혼란 속에서도 최우는 새로 집을 지었다. 군사들이 개경으로 가서 집 지을 재목과 정원에 심을 소나무, 잣나무까지 실어 날랐다. 이것들을 실어 오는 도중에 많은 군사들이 물에 빠져 죽었다. 그의 집 동산의 숲은 끝이 보이지 않았고, 화려하기가 개경의 집보다 더하였다. 팔관회, 연등회를 열 때 물자를 동원하는 정도도 개경에서 거행할 때와 다름없었고, 집 주위의 인가 수백 호를 헐어내고 격구장을 지었다.

『한국사이야기, 이이화』

이규보의 『동국이상국집』에 의하면 '비단으로 장막을 두르고, 기생들을 불러다 풍악을 울리며 잔치 열기를 자주하니 멀리서도 그 모습을 바라볼 수 있었다'고 하였다. 이런 단편적인 사실들만 모아 보아도 강화천도의 목적이 어디에 있었는지 알 수 있다. 오로지 자신들의 안위과 권력유지에 있었음을 말해주는 것이다. 진정으로 국가와 백성을 위해 천도를 단행했다면, 근검하여 나라의 부강에 힘을 쏟아야 했다. 백성은 몽골군에 의해 도륙되고, 농사를 짓지 못해 버려진 땅들이 늘어나고 있었다. 그럼에도 저들의 호화로운 생활은 개경에 있을 때보다 더하면 더했지 덜하지 않았던 것이다. 국가의 주력군인 삼별초는 이따금 육지로 나가 소규모의 전투를 치렀을 뿐, 정작 몽골군과 싸운 이들은 버려진 백성과 천민 그리고 승려들이었다.

무신정권의 몰락과 개경환도

1249년 최우가 죽고 최항이 그 뒤를 이었다. 그는 포악했고 사람을 함부로 죽였다. 포악했던 최항이 죽고 그의 아들 최의가 뒤를 잇자 무신정권 사이에 틈이 보이기 시작했다. 최충헌-최우-최항-최의로 이어지던 최씨 정권은 최의 때에 와서 종말을 맞았다. 실로 60년 만이었다. 이후 무신들 간에 권력 쟁탈이 심화되었고 권력의 중심은 서서히 왕에게로 옮겨지게 되었다.

강도시기 몽골은 끊임없이 고려왕의 입조(入朝: 몽골에 와서 인사하라는 것)와 개경 환도를 요구했다. 그러면 침략하지 않겠다는 것이다. 입조는 곧 항복을 말하는 것이었다. 그랬기에 고려는 이런저런 핑계를 대며 입조를 거부하였다. 고종이 개경으로 나가 사신을 맞이해 저들을 물리기도 했으나, 사신이 돌아가면 약속을 지키지 않았다. 저들과 약조를 하고 돌아와도 실권자인 최항의 거부가 있었기 때문이다. 1257년엔 저들에게 바치는 공물도 중단해버렸다. 바쳐도 해마다 침범하니 소용없다는 구실이었다. 그러나 1258년에 최씨정권이 몰락하자 고려조정은 몽골의 모든 요구를 수용하기로 결정했다. 그동안 최씨들이 항거를 주동했다고 둘러댔다. 그리고 왕의 입조가 아닌 태자의 입조와 개경환도를 약속했다. 1259년 태자와 사절단이 몽골로 향했다. 이해에 비운의 군주 고종이 승하했다. 태자가 사신단으로 가 있는 기간이었다. 몽골에서는 쿠빌라이가 황제가 되면서 나라 이름도 원(元)으로 바꾸었다. 태자는 돌아와 왕위에 올랐는데 그가 원종(元宗)이다. 태자가 몽골에 입조한 다음부터 태자를 '세자'라 부르게 되었다.

개경환도는 무신정권 잔당들에 의해 쉽게 성사되지 못했다. 김준, 임연 등이 격렬하게 저항하면서 원종과 맞섰다. 원종은 위기의 때마다 원(元)의 후원을 받으며 무신세력을 이겨나갔다. 드디어 100년 가까이 지속되던 무신정권은 무너지고, 40년 가까이 머무르던 강도시대도 막을 내렸다. 원종은 개경으로 환도하고, 강화도에서는 배중손이 이끄는 삼별초가 이에 반발하여 진도로 향했다.

강도 39년의 평가

몽골의 침략은 전국토를 황폐하게 했다. 그들이 지나간 곳에는 '살아있는 것이라곤 풀밖에 없다' 할 정도였다. 생명과 재산의 막대한 피해뿐 아니라 수많은 문화재도 사라졌다. 나라의 안녕과 평안을 빌던 호국 사찰 황룡사가 소실되었고, 국력을 모아 조판했던 초조대장경이 불탔다. 부처의 가호(加護)를 바라고 기도했던, 또 그렇게 되리라 믿었던 고려인들에겐 엄청난 충격으로 다가왔을 것이다. 빠른 시일내에 이것을 재건해야 했다. 백성들에게 부처의 가호는 여전하다는 희망의 메시지를 던져야 했기 때문이다. 전쟁 중임에도 불구하고 국력을 소진시킬 수 있는 대장경 조판사업을 시작한 이유다. 이렇게 해서 완성된 것이 팔만대장경이었다.

강화도에서의 39년은 어떤 의미를 지닐까? 역사는 훗날에 재평가된다. 재평가되지 않는 역사는 역사가 아니라는 말도 있다. 과거라고 해서 모두 역사가 되는 것은 아니라는 말이다. '역사란 무엇인가?'라는 질문에 여러 답변이 있으니 이에 대한 것은 각자의 생각에 맡긴다.

군사정권 시절 한때는 무신정권의 항쟁을 높이 평가하는 때가 있었다. 세계제국 몽골에 맞서 싸웠던 무신들의 기개를 높이 치켜올리고 기념사업들을 추진했다. 무력으로 정권을 찬탈한 군사정권 입장에서는 자신들의 행위를 정당화시켜 주는 알맞은 소재였다. 무기는 백성을 지키라고 준 것이다. 그랬더니 그것으로 정권을 찬탈해 백성을 협박하고 지배했다. 이 행위는 어떤 논리로도 정당화될 수 없다. 정당하지 못하다는 것을 알기에 '나라가 안정되면 제자리로 돌아가겠다'고 스스로 약속한다. 그러나 권력의 단맛을 보고 나면 그 약속을 버린다. 아니면 처음부터 그 약속을 지킬 생각이 없으면서 거짓말했던 것이다. 그들이 말하는 구국의 결단이 좋은 평가를 받으려면 그들의 행위가 나라와 백성을 위한 것이어야 한다. 무신정권의 강화천도를 평가하려면 강화천도의 목적이 무엇이며, 그 후 그들의 행위가 어떠했는지를 보아야 한다. 그들은 강화도에 들어가 숨었다. 적들에 의해 점령되지 않았을 뿐이지 그들이 몽골에 맞서 싸운 것은 아니다. 그들이 취했던 대책은 백성에게 산성이나 섬으로 피신하라는 명령뿐이었다. 이것은 알아서 살아남으라는 뜻이다. 얼마나 무책임한 것인가. 가장 강력한 중앙군인 삼별초는 정작 몽골군과 제대로 싸워본 적이 없다. 무신정권 자신들의 안위를 위한 호위군일 뿐이었다. 죽주산성, 처인성, 충주성 등지에서 몽골군과 싸워 승리한 이들은 이들이 버린 백성들이었다.

그러면 무신정권의 대몽항쟁은 이렇게 저평가로만 끝날 수 있는 것일까? 몽골군의 연속된 침략에도 항복하지 않고 맞섰던 고려는 훗날 국체(國體)를 인정받았다. 원의 쿠빌라이는 태자(원종)가 입조했을 때 이렇게 말했다.

고려는 만 리 바깥에 있는 나라이다. 일찍이 당나라 태종이 몸소 공격하였어도 항복받지 못하였다. 지금 그 나라의 세자가 나에게 돌아왔으니 하늘의 뜻이다.

먼 옛날 고구려의 강력했던 역사가 유목민족들에게 강하게 인식되어 있었다. 그렇다. 몽골에 대항해 치열하게 싸웠던 고려는 주변국에게 강한 인식을 심어 주었다. 훗날 병자호란 때 청태종이 이렇게 말했다.

조선은 정복할 수는 있어도 통치할 수 없는 나라다.

병자호란 후에도 조선은 국체를 인정받았다. 그들은 조선을 직접 지배하려 하지 않았다. 원나라처럼 말이다. 직접 지배하려 한다면 조선은 끝까지 싸울 것이라는 인식이 있었기 때문이다. 그들에게 조선에 대한 역사적 경험이 축적되어 있었던 것이다. 몽골은 당나라를 물리친 고구려의 기억이, 청나라에겐 거기에 더해서 몽골과 맞서 싸운 39년의 기억이 있었던 것이다. 강도 39년은 우리 민족의 저항정신을 역사에 누적시킨 강렬한 의미가 있다. 우리가 일제강점기에도 독립을 향한 열망을 잊지 않고 가열차게 독립운동을 전개했던 것도 마찬가지다. 한국은 결코 쉽게 무너지는 나라가 아니며, 침략하면 큰 댓가를 치러야 한다는 것을 알려주었다. 여러 차례 누적된 저항의 역사는 미래의 보험이 된다. 그렇기 때문에 강도 39년은 비난만 할 수 없는 역사가 된다.

좁게 지정된 고려궁터

고려궁터에서 고려의 흔적은 눈 씻고 찾아봐야 한다. 누가 설명해주지 않는다면 어디가, 무엇이 고려궁터인지 알기도 어렵다. 고려궁터라고 해서 왔는데 조선시대 것만 있어서 고려를 잊고 조선을 둘러보다가게 된다.

이곳에 남은 고려의 흔적은 여러 층으로 이루어진 대지(垈地)다. 말 그대로 옛터다. 이곳을 사적(史蹟)으로 지정하면서 원래 영역의 7분의 1 규모만 했기 때문에 매우 좁다. 그렇기 때문에 고려 왕궁터라는

실감이 나지 않는 것이다. 고려궁터 앞에 있는 초등학교, 성당 등으로까지 영역을 확장해야 원래의 모습이지 않을까 싶다. 물론 좌우로도 더 확장해야 한다. 그러나 역사적 상상은 제한되지 않으니, 그 터에서서 원래의 모습을 그려보는 것도 좋은 방법이 되겠다.

대몽항쟁의 상징이었던 궁궐이 사라진 것은 원(元)의 요구 때문이었다. 화친의 조건으로 강화도 내에 있는 군사시설을 파괴하고 궁궐을 불태워야 했다. 39년간 강화도를 노려보면서도 점령할 수 없었던 그들은 고려 조정이 여차하면 강화도로 다시 천도하는 것을 막아야 했기 때문이다.

12 외규장각이 있는 조선행궁

고려 조정이 비록 개경으로 환도했지만 강화도는 지속적으로 국가 중요 터전으로 인식되었다. 그러다가 역사의 공간으로 재등장한 시기는 조선 인조 때였다. 1626년 인조는 강화부를 강화유수부(江華留守府)로 승격시켰다. 고을의 격을 승격할 때는 무언가 중요한 일이 있기 때문이다. 유수부가 된다는 것은 어떤 의미가 있을까? 유수부가 되면 고위관료가 파견된다. 정2품 정도의 품계를 가진 수령이 파견된다. 정2품이면 중앙의 6조 판서와 동급이다. 지금의 서울시장인 한성판윤과도 동급이다. 따라서 강화유수부의 유수(留守)는 강화도와 관련된 사무를 왕에게 직접 보고할 수 있다. 이는 강화도의 사무를 왕이 직접 챙기겠다는 의미가 된다.

1626년에 무슨 일이 있었을까? 유수부로 승격된 1626년은 정묘호란 한 해 전이다. 북방의 후금(後金)이 조선을 노리고 있었다. 언제 벌어질지 알 수 없는 전쟁의 상황에서 강화도는 조정의 피난처로 지정되었다. 실제로 정묘호란(1627)이 일어나자 인조는 강화도로 피난을 왔다.

1631년, 인조는 강화유수부에 행궁(行宮)을 건립하게 한다. 장소는 고려 왕궁이 있던 곳이었다. 행궁이란 '임금이 궁궐을 떠나 외부로

▲ 강화부궁전도(국립중앙박물관)

행차할 때 머물 수 있는 곳'이다. 왕은 전쟁, 왕릉참배, 온천욕 등 여러 이유로 궁궐을 벗어나야 할 때가 있다. 이럴 때는 어딘가에서 숙식을 해결해야 했다. 왕은 아무 곳에나 머물 수 없었다. 안전 때문이었다. 그래서 필요한 장소마다 왕의 처소인 행궁을 미리 건립해 두었다. 북한산성과 남한산성, 강화도, 수원화성, 온양 등지에 행궁이 있었다.

정조가 수원에 있는 사도세자의 무덤인 '현륭원' 참배를 갈 때에 여러 행궁을 사용했다. 창덕궁에서 출발해서 노량진에서 한강을 건너는데 노량진 나루 부근에 '용양봉저정'이라는 행궁이 있었다. 이곳에서 점심을 먹었다. 그리고 다시 출발하여 과천행궁에 이르면 날이 저물어 하루를 유숙하였다. 다음날 출발하면 사근참행궁에서 점심을 먹고, 화성유수부에 도착하는데 화성에는 화성행궁이 있었다.

강화도의 경우는 전쟁을 대비한 행궁(行宮)이었다. 왕이 머물며 국가를 통치할 수 있는 여러 건물이 있어야 했기에 규모도 상당히 컸다.

전쟁이 없는 평시에는 비워두는 것이 아니라, 강화 유수가 근무하는 관아로 사용되었다. 물론 이때에도 왕의 처소는 비워두고 나머지 건물을 사용하였다. 유수가 평시에 근무하던 동헌은 전시(戰時)가 되면 왕과 신료들의 회의공간이 된다.

강화행궁은 당시의 모습이 '강화부궁전도 江華府宮殿圖'라는 그림으로 남아 있다. 왼쪽부터 행궁–장령전–외규장각–만령전–봉선전 등이 순서대로 묘사되었다. 그림에는 나타나 있지 않지만 유부수 관아와 객사, 이방청 등도 있었다.

인조가 이곳에 행궁을 건립하도록 한 것은 정묘호란의 경험 때문이었다. 정묘호란 때 준비되지 않은 상태로 강화도에 왔었기 때문에 관아를 행궁 삼아 지내야 했다. 이때 불편함을 경험했던 왕은 행궁을 미리 지어 대피처로 삼고자 한 것이다. 청나라에 대해 적대적 태도를 취한 조선으로서는 전쟁은 피할 수 없는 상황이었다. 언제든지 강화로 파천(播遷: 왕이 궁궐을 떠나 다른 곳으로 피난하는 일)하여 종사(宗社)의 안녕을 도모해야 했다.

고려궁터 위에 지은 조선행궁

매표소를 지나 층계를 올라가면 삼문(三門)이 나온다. 승평문(昇平門)이라는 이름이 붙었다. 개경의 고려 궁성 남문 이름과 같다고 한다. 고려의 흔적은 이 이름에서나 찾을 수 있다. 이 또한 설명이 없으면 알 수 없다. 이곳은 고려궁터이자 조선시대 행궁터 또 강화유수부였

다. 그런데 문(門)은 관아문이 아니라 사당으로 들어가는 문의 형식을 하고 있다. 무심(無心)하게 만들지 않았나 싶다. 관아문 또는 행궁의 문으로 고쳐 짓는 것이 옳지 않을까 한다. 원래 모습을 알 수 없다면 화성행궁을 참고하면 되지 않을까? 그래도 사당문은 아닌 듯하다.

승평문을 들어서면 넓은 터가 나타난다. 산기슭을 따라 여러 개의 층으로 터를 닦고 그 위에 건물을 세웠음을 알 수 있다. 개경 송악산 기슭의 만월대도 이와 비슷한 층단 대지를 갖고 있다. 강화도의 고려궁은 개경 궁궐을 축소한 모습이었다. 모양과 규모 뿐만 아니라 궁궐이 들어선 터도 비슷했던 것이다. 39년간의 치열했던 시간을 보내고 개경으로 돌아갔다. 그리고 이곳의 궁궐은 몽골의 요구대로 불태워졌다. 시간이 흘러 고려궁의 터전 위에 조선의 관아와 행궁이 들어섰다. 조선시대에는 특별히 터 닦기에 공력을 쏟지 않아도 되었다. 고려시대의 터 위에 새건물을 앉히기만 하면 되었기 때문이다. 그 터는 넉넉하였을 것이다.

강화유수부의 동헌 명위헌

승평문을 들어서면 정면에 보이는 건물이 명위헌(明威軒)이다. 강화유수부의 동헌이다. 강화유수(사또)가 근무하던 공간이다. 임금이 행궁에 오면 명위헌은 왕의 근무처(편전)가 된다. 강화유수는 지방관이자 강화도 방어에 만전(萬全)을 기해야 하는 군사령관의 막중한 임무도 있었다.

조선시대 지방관이라면 반드시 7가지를 해야 했다. 그것은 '① 농업을 일으켜야 하고 ② 인구(호구)를 늘려야 하고 ③ 학교를 일으키고(교육담당) ④ 군정(국방)을 튼튼케 하고 ⑤ 부역(세금)을 공평하게 매기고 ⑥ 재판을 간결하게 해야 하며 ⑦ 교활한 아전을 없애야 한다'는 것이다. 이것을 수령칠사(七事)라 했다.

명위헌은 높은 기단 위에 건축되었다. 마루에 앉은 강화유수는 저 아래 뜰을 내려다보며 위엄 있게 명령을 내렸다. 그는 왕으로부터 위임받은 행정권, 사법권, 군사권 모두 가지고 있었다. 위임받은 권력이었다. 강화도의 모든 것은 그의 책임 아래에 있었다.

동헌(명위헌)은 사법공간이기도 했다. 재판도 이곳에서 행해졌다. 마루와 뜰은 법정에 해당한다. 동헌 마루에 수령이 앉는다. 마루와 뜰 사이에 있는 섬돌에는 수령의 명령을 받아서 길게 복창하는 급창이나 수행비서 격인 비장이 섰다. 뜰에는 머리를 조아린 주민의 호소가 있었다. 수령의 명을 집행할 형리도 뜰에 있었다. 드라마에서 흔하게 보던 곤장을 치던 장면이 이곳에서 있었던 것이다.

명위헌이라는 현판은 백하 윤순의 글씨다. 그는 중국풍이 아닌 우리나라 글씨체인 동국진체를 발전시킨 인물이었다. 동국진체(東國眞體)는 원교 이광사에게 이르러 완성되었다. 백하 윤순과 원교 이광사는 강화학파의 영향을 받은 인물이다.(강화학파 참조)

외규장각 문서로 유명한 외규장각

외규장각은 정조 6년(1782)에 강화도에 설치한 규장각의 부속 도서관이다. 규장각은 숙종 때 처음 설치되었는데, 왕에게 바친 귀한 책을 보관하는 건물의 이름이었다. 조선시대에는 국가에서 새로운 책을 출간하면 한 권은 왕께 올렸다. 왕에게 올리는 것이기에 정성을 다해 만들었다. 화려한 색상, 깨끗한 글씨, 최상질의 종이, 표지 또한 최상급이었다. 이렇게 바쳐진 책들이 점차 많아지자 특별 공간을 만들어 보관할 필요가 있었다. 이렇게 해서 건축된 곳이 규장각이다.

정조는 즉위한 해에 창덕궁 후원에 규장각을 새롭게 짓고, 젊은 학자들로 하여금 이곳에 머물며 연구하도록 했다. 신진세력을 교육시켜 통치에 도움을 받고자 했던 것이다. 엄청난 장서를 소장한 규장각은 연구 장소로서 충분했던 것이다.

선왕(先王)들이 남겨 준 많은 책과 유산들은 국가적 보물이기에 나누어 보관할 필요가 있었다. 언제나 화재 위험이 있었기 때문이다. 그래서 국난으로부터 안전한 장소로 여겨지던 강화도에 외규장각을 설치한 것이다.

그러나 국난으로부터 안전하다고 여겨졌던 보장지처 강화도가 가장 위험한 곳이 된 것은 이양선이 출몰하면서부터다. 육지에서 쳐들어오던 적이 이제는 바다로 오기 시작한 것이다.

고종 3년(1866) 병인양요 때 프랑스군이 강화를 점령하고, 외규장각에 보관된 책들을 약탈해 갔다. 약탈이 확인된 책은 모두 297권이다. 그밖에 5,000여 권이나 되는 서적들은 저들에 의해 불탔다. 함께 보관 중이던 수많은 국가 보물(금보, 옥책, 은궤 등)은 어디로 갔는지 확인할 길이 없다. 145년 만에 297권을 돌려받기는 했으나, 불탄 서적에 대한 아쉬움은 달랠 수 없다.

문화유산은 만드는 창조의 능력도 중요하지만 귀중한 문화재를 보존하는 것 또한 국가의 능력이다. 우리가 보존의 능력을 상실했기에 제국주의의 침략에 속수무책으로 당할 수밖에 없었던 것이다. 우리가 보존의 능력을 다시 갖추게 되자 프랑스로부터 약탈문화재를 환수받을 수 있었다. 더 큰 능력을 갖추게 되면 세계 각지로 약탈된 우리 문화재를 다시 환수받을 기회가 있을 것이다.

고려궁터에 복원된 외규장각은 의궤 전시관으로 사용되고 있다. 세계 기록문화유산인 '의궤(儀軌)'는 조선시대 국가 중요행사가 끝난 후 그 전말을 상세히 기록한 책이다. 왕과 왕비의 장례식(국장도감의궤), 세자 책봉례(세자책례도감의궤), 왕실의 각종 경사, 국가적 건축사업 등과 관련된 내용을 기록한 많은 의궤가 남아 있다. 매년 또는 주기적으로 반복되는 국가행사에 모범으로 삼기 위해 기록을 남겼다. 조선은 수많은 기록물을 남겨서 '기록의 나라'라 불릴 정도다. 그중에 의궤는 '기록 중의 기록'이라 한다. 의궤는 같은 내용으로 보통 5~6부가 만들어졌다. 한 부는 왕에게 바치고, 나머지는 해당 부서에 배치해 두었다. 왕에게 바치는 어람용 의궤는 특별히 제작되었는데, 그것이 외규장각에 있다가 약탈당하거나 불태워졌던 것이다.

아전들의 근무처 이방청

이방청은 질청이라고도 하는데, 아전들의 근무장소다. 아전은 다른 말로 향리라고도 하는데, 신분으로 보자면 중인에 속했다. 이들은 강화유수(수령)를 도와서 강화의 다양한 행정을 실질적으로 처리하는 역할을 했다. 유수는 어명을 받고 강화에 온 외지인(外地人)이다. 그는 강화도에 대해서는 잘 모른다. 그러므로 강화도 사정을 속속들이 아는 이들의 도움을 받아야 했다. 이때 수령을 도와 고을을 다스리는데 협력하는 이들이 있었는데, 향반들과 아전이었다. 향반은 그 고을 양반들이었다. 양반들은 서로 협력하여 고을 수령을 도와주기도 하고, 수령의 잘못을 지적하기도 하였다. 향반들의 모임 장소를 향청이라 하였다. 지금으로 치면 '지방의회'에 해당되었다. 아전은 맡은 역할에 따라 이방(吏房), 호방(戶房), 예방(禮房), 병방(兵房), 형방(刑房), 공방(工房)으로 나누었는데 6방이라 불렀다. 이들은 대대로 그 신분을 세습하면서 역할을 감당했기 때문에 눈 감고도 일할 수 있을 정도였다. 매우 전문적인 수준과 식견을 갖고 있었다. 이들이 고을 백성을 위한 바른 행정을 펼친다면 백성의 형편은 나아질 것이고, 이들이 수령과 짬짬이 하여 부정부패를 일삼는다면 걷잡을 수 없이 어려워졌다. 그래서 수령은 아전을 잘 관리할 의무가 있었던 것이다.

TV 사극을 보면 아전들은 간교한 모습으로 등장한다. 이방의 간드러지는 목소리는 마치 원래 그런 것처럼 연출된다. 이런 것들로 인해 아전에 대한 편견이 만들어졌다. 그러나 아전들은 탐욕스러운 수령의 요구를 눌러야 했고, 백성들의 원망을 받아내 순화시켜야 했다. 물론 윗물이 썩으면 아랫물도 흐려지기 마련이다. 조선후기가 되면 탐관오리들과 한통속인 간교한 아전들이 넘쳐났다. 그래서 흥선대원군은 조선의 3대 골칫거리의 하나로 아전들을 꼽았을 정도였다.

아전들의 근무처는 이방청 하나만 있었던 것은 아니다. 강화도 내 필요한 곳에 있었고, 이들은 흩어져 근무했다. 현재 강화유수부에는 이방청만 남았다.

강화동종

이방청으로 내려가는 한쪽에 동종(銅鐘)이 보관된 작은 건물이 있다. 이 종은 조선 숙종 때 제작되었는데, 강화도 사람들에게 시간을 알리는 목적으로 사용되었다. 강화읍내 중심(지금의 김상용선생 순절비 자리)에 종각이 있었다. 1866년 병인양요 때에 프랑스군이 로마교황청에 '조선정벌기념물'로 보내려 하다가

▲ 강화역사박물관에 전시된 동종

너무 무거워 가져가지 못했다. 오랫동안 고려궁터에 보관되어 오다가 지금은 강화역사박물관으로 옮겨 전시하고 있다. 고려궁터 내에 있는 종은 똑같은 모양으로 만든 복제품이다. 복제품이면 관람하기 좋게 전시하면 될 텐데 여전히 진품을 전시하듯이 나무 창살로 막아 놓았으니 답답하다.

TIP

고려궁터 주차장은 협소하다. 고려궁터 아래 용흥궁공원에 주차하고 도보로 이동하는 것이 좋다. 도보 5분이면 도착한다. 관광버스도 용흥궁 공원 주변에 주차할 수 있다. 관광버스는 강화문학관 앞 도로변에 주차공간이 있다. 용흥궁공원 주차장에서 도보로 이동 가능한 곳은 고려궁터, 용흥궁, 강화성공성당, 김상용순절비가 있다.

13 강화산성(내성)

도성 역할을 했던 강화산성

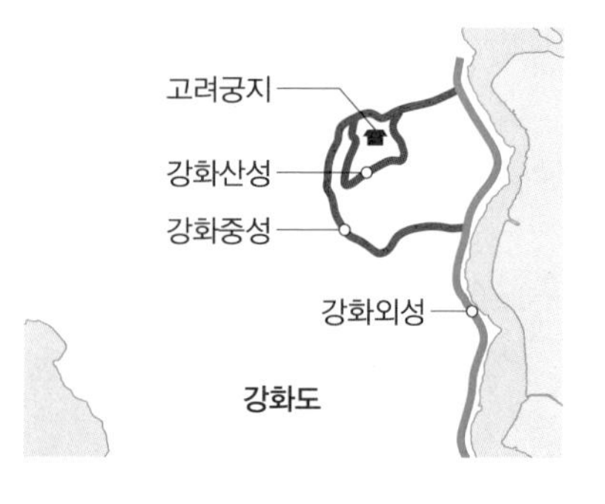

강화 읍내를 둘러싸고 있는 성을 강화산성이라 한다. 사적 제132호인 강화산성은 몽골의 침략에 맞서기 위해 1234년에 축성되었다. 고려가 강화천도를 단행한 것이 1232년이니 성 쌓기는 천도와 동시에 진행되었다. 고려시대엔 내성(內城) · 중성(中城) · 외성(外城)을 쌓았는데 내성의 규모가 강화산성과 같았다.

총길이 7.2km로 남산(해발 222m)과 북산(해발 126m), 동쪽의 견자산(해발 75m)을 연결하는 제법 큰 규모였다. 강도(江都) 시절 도성(都城)의 역할을 했다. 강화산성은 처음 축조했을 때는 토성(土城)이었으나 조선시대에 석성(石城)으로 바뀌었다. 북산(北山)을 송악산으로 이름을 바꾸고 그 아래 새궁궐을 지었다. 동서남북의 성문(城門)들도 모두 개경의 성문 이름을 따서 붙였다. 성내에는 궁궐과 관아, 민가가 즐비하게 들어섰다. 도성 내에는 피란 온 귀족들과 백성이 뒤섞여 10만의 인구를 헤아렸다.

도성의 가운데에는 동락천이 흐른다. 이 냇물은 고려산에서 발원하여 서문 옆 수문(水門)으로 들어 와 남문으로 빠져 나간다. 서쪽에서 발원하여 동쪽으로 흐르는 내수가 된다. 서울의 청계천과 같이 명당수 역할을 했다.

허물어지는 도성

몽골의 침략에 대항해 고려 조정을 지키던 성곽은 몽골과 화친을 추진하면서 허물어졌다. 화친의 조건 중 하나가 강화도의 방어진지를 허무는 것이었다. 『고려사 高麗史』는 다음과 같이 기록되었다.

성이 무너지는 소리가 큰 우레 같아서 여자들과 아이들 모두 슬피 울었다. 성곽을 허물던 병사들은 괴로움을 이기지 못해 '이럴 줄 알았으면 당초에 성을 쌓지 않았던 것만 못하리라'며 울부짖었다. 몽골군은 모든 성을 무너뜨리고 난 후 곡식과 민가를 불태워 그 흔적이 성안에 헤아릴 수 없었다.

몽골군의 잔혹성은 세계적으로 잘 알려진 사실이다. 그들의 잔혹성을 직접 경험했던 고려인들은 더 잘 알았을 것이다. 고려의 국체를 인정받고 개경으로 돌아간다고는 하지만 '저들을 어찌 믿겠는가'라는 불안감이 있었을 것이다. 강도의 성(城)이 무너진다는 것은 이제 더이상

기댈 곳이 없다는 뜻이기도 했다. 환도 후 저들이 약속을 어기기라도 한다면 고려가 무너지는 것은 불 보듯 뻔한 것이기 때문이다. 그 불안감이 커서 성곽이 무너지는 소리가 우뢰처럼 들렸을 것이다. 그것이 가슴을 때려 서러운 울음으로 터진 것이다. 그렇게 허물어진 강화도성은 세월을 따라 서서히 잊혀졌다.

조선이 다시 쌓다

강화도에서 국난을 극복했던 고려의 경험은 조선으로 이어졌다. 조선시대에도 국난을 극복할 수 있는 최후의 '보장지처(保藏之處)'로 여겼다. 태종 13년(1413) 도호부(都護府)로 승격되었으니 국가로부터 주목받는 곳이 되었다는 뜻이다. 정묘호란(1627) 한 해 전에 유수부(留守府)로 승격되었다. 그만큼 군사적으로 중요한 곳이었기 때문이다. 강화도에 딸린 섬인 교동도에 삼도수군통어영(삼도수군 사령부)까지 설치하여 해군력을 이곳에 집중시켰다. 강화도 곳곳에 방어진지를 보수하고, 부족한 부분은 새로 쌓거나 확장했다.

파괴된 채 남아 있던 내성(고려 도성)은 조선 초에 고쳐 쌓아서 읍성 기능을 하고 있었다. 허물어진 토성(土城)터 위에 석성을 건설한 것이다. 밖으로는 돌을 이용하여 견고하게 쌓고 안으로는 흙과 자갈을 채우는 내탁식으로 축성되었다. 우리나라는 산에 의지해 성을 쌓기 때문에 내탁식으로 축조한 산성이 많다. 강화산성 역시 익숙한 방법인 내탁식으로 쌓았다. 세 개의 산과 하나의 냇물을 포함한 복합식산성으로 상당히 큰 읍성이었다.

정묘호란 때에 강화도의 중요성을 인식한 인조가 해안으로 방어성을 쌓고 강화산성도 고쳤다. 그러나 아무리 강력한 요새라 하더라도 지키는 자가 태만하다면 소용없다. 병자호란 때 검찰사 김경징의 오만과 무능으로 제 기능을 다하지 못하고 속수무책으로 산성은 함락되었다. (병자호란과 강화도 참고)

병자호란 후 청나라는 조선이 군사시설을 정비하는 것을 막았다. 그래서 오랫동안 성곽들을 손볼 수 없었다. 숙종 때가 되면 청의 간섭과 감시가 줄어 수리와 축성이 가능해졌다. 그래서 숙종 3년(1677)에 강화산성은 보축, 개축되었다.

강화산성은 남산, 북산, 견자산 구간은 비교적 잘 남았거나 흔적을 확인할 수 있다. 그러나 평지구간이거나 주택가가 형성된 동문(東門) 좌우, 견자산을 내려와 남문(南門)으로 이어지는 일부 구간은 성벽의 흔적을 찾기 어렵게 되었다.

강화산성에는 대문(大門) 4개, 비밀 통로인 암문(暗門) 4개, 수문(水門) 2개, 지휘소 역할을 하던 남장대(南將臺), 북장대(北將臺)가 있었다. 북장대는 사라지고 없으나, 남장대는 복원되었다. 장인대(丈人臺)라고도 불린 남장대는 영조 21년(1745) 강화유수 황경원이 세웠다. 훼손되었다가 2010년에 복원되었다. 남장대는 남산 정상에 우뚝하여 멀리서도 볼 수 있다. 강화산성은 차츰 옛모습을 찾아가고 있다.

남문 안파루(晏波樓)

남문(南門)은 숙종 37년에 건립되었다. 문밖에 옹성(항아리처럼 둥글게 쌓는 성)을 건립하지는 않았으나 성문이 좌우 성벽보다 안쪽으로 들어와 있어서 자연스럽게 옹성의 역할을 하고 있다. 2층 문루에 강도남문(江都南門)이라는 현판이 걸려 있고, 문루 안쪽에는 안파루(晏波樓)라는 현판도 있다. 저 강화해협의 물결이 잔잔하기를 바라는 소망을 담은 이름이다. 강화해협의 편안하면 나라가 편안했기 때문이다. 1955년에 문루가 무너졌는데 1975년에 복원되었고, 당시 국무총리였던 김종필이 '江都南門','晏波樓' 편액을 썼다. 이 문은 병자호란 때에 김상용선생이 문루에 폭약을 쌓아 놓고 폭사한 장소였다. 청군에게 항복하느니 스스로 목숨을 끊은 것이다. 이것을 기념하여 남문 곁에 '김상용순의비'가 있었지만 고려궁터 가는 길 옆으로 옮겨 놓았다. 서포 김만중의 부친인 김익겸도 김상용과 함께 폭사했다고 한다. 병인양요(1866) 때는 프랑스군이 도끼로 남문을 부수고 들어와 강화읍을 마음대로 약탈하였다. 남문은 적들에 의해 두 번 부서지고 열렸다.

서문 첨화루(瞻華樓)

서문(西門)은 숙종 37년(1711) 강화 유수 민진원이 문루를 세우고 첨화루(瞻華樓)라 하였다. '화(華)를 바라본다'라는 뜻이다. '華'는 중국 즉 중화(中華)를 말한다. 서쪽은 중국 방향이기 때문에 그와 같은 이름을 붙였다. 청나라는 오랑캐, 명나라는 중화라는 조선 사대부의 인식이 문의 이름에서도 확인된다. 정조 20년(1796)에 유수 김이익이 수리했고 그 후로도 여러 번 수리가 있었다. 서문 밖으로는 낮은 언덕이 이어진다. 문(門)이 언덕보다 낮다. 고려궁터 뒷산인 북산에서 고려산으로 이어지는 능선이다. 성 밖에 성벽보다 높은 언덕이 있다는 것은 성을 방어하는데 어려움이 따른다. 그렇기 때문에 서문은 방어하는데 특별히 신경써야 할 곳인 듯하다. 그러나 침략자들은 동쪽인 강화해협으로 들어왔기에 서문에서는 큰 싸움이 없었다.

문안에는 군사들이 훈련하던 연무당(鍊武堂)이 있었다. 연무당은 강화도조약을 체결한 곳이다. 이곳에 연무당이 있는 이유는 동락천 주변으로 넓은 공터가 있어서 군사들이 훈련하기 좋았기 때문이다. 고려산에서 흘러오는 동락천이 서문 옆 수문을 통해 성내로 들어간다. 3개의 홍예로 된 이 수문(水門)은 숙종 35년에 설치되었다.

서문 안으로 들어가면 골목이 이어진다. 남문에서 서문으로 이어지는 중심도로의 흔적인데 지금은 작은 골목이 되었다. 길 양쪽으로 주막집이 많았다고 한다. 그만큼 통행량이 많았다는 뜻이다.

북문 진송루(鎭松樓)

북문(北門)은 고려궁터를 오른쪽에 두고 벚꽃길을 따라 걸어가면 만날 수 있다. 북문의 누각에는 진송루(鎭松樓)라는 현판이 걸려 있다. 북문에는 원래 누각이 없었는데 정조 7년(1783) 강화유수 김노진이 누각을 올려 온전한 형태를 갖췄다. 문을 보호하기 위한 옹성은 없으나 성문을 성벽 안쪽으로 들여쌓았기 때문에 양쪽 성벽이 자연스럽게 옹성의 역할을 하고 있다.

북문에 오르면 북녘이 보인다. 고려시대에는 떠나온 개경을 바라보며 애타던 곳이었다. 지금은 통일을 염원하면서 같은 북쪽을 하염없이 바라보게 된다.

동문 망한루(望漢樓)

동문(東門)은 근래에 완전히 복원되었다. 밖에는 강화동문(江華東門)이라는 현판이 있고 안에는 망한루(望漢樓)라는 현판이 있다. 동쪽에 있는 한양을 바라본다는 뜻이 되겠다. 동문 구간은 완전히 파괴되고 흔적만 남았었는데, 2003년에 다시 복원되었다. 동문에서 남문으로 이어지는 성벽구간은 견자산을 지나는데 그중 일부가 복원되었다. 견자산에서 내려와 남문으로 이어지는 구간은 평지 구간인데 읍내를 지나기 때문에 성벽이 사라졌다. 견자산은 개경에 있던 산 이름이었는데, 강화도에 그 이름을 옮겨 놓았다. 견자산 아래에 당대 최고 권력자 최우의 사저가 있었다고 한다.

14 연무당과 강화도조약

무예를 수련하던 연무당

강화성 서문 안에는 연무당(鍊武堂)터가 있다. 연무당은 조선군이 무예를 수련하던 훈련장이었다. 이곳 연무당에서 그 유명한 '강화도 조약'이 체결되었다. 1876년 2월 26일 조선은 일본과 조약을 체결하게 되었는데, 흔히 '강화도조약'이라 불리는 '조·일수호조규', '병자수호조약'

▲ 강화행렬도 일부(강화역사박물관)

이다.

흥선대원군의 폐쇄적인 집권이 끝나고 고종이 직접 나라를 다스리던 때였다. 여전히 쇄국정책을 고집하고 있었다. 양반들의 드센 반발이 있었고, 왕은 개화 의지가 부족했다.

흥선대원군이나 고종은 병인양요와 신미양요를 통해 서양의 힘을 절실히 체험했다. 그러나 처절한 패배를 시인하는 순간 정권이 무너질 수 있다고 생각해서인지 저들을 물리쳤다고 충동질하고 척화비를 세우는 답답한 정책을 펼치고 있었다. 우물 안 개구리 신세를 면치 못했을 뿐만 아니라 우물 안도 제대로 몰랐다. 나라 안이 썩어서 백성이 살 수 없을 지경이었음에도 썩은 부분을 도려낼 능력조차 없었다.

운요호 사건과 강화도조약

일본은 메이지 유신을 통해 서구화를 추진하였다. 어느 정도 자신감이 생기자 새로운 외교관계를 맺을 것을 노골적으로 요구해 왔다. 그러나 조선은 기존에 유지해오던 외교관계가 있으니 새로운 관계정립은 필요없다는 입장이었다.

1875년 일본 군함들이 일장기를 휘날리며 우리 바다를 드나들기 시작했다. 부산항에 허락도 없이 들어오더니 동해안을 따라 올라가며 조선을 염탐하였다. 8월에는 운요호가 인천 월미도 앞바다에 나타나

더니, 반응이 없자 강화해협을 따라 들어왔다. 그러자 초지진의 조선군이 대포를 쏘았다. 그들은 기다렸다는 듯이 초지진에 포격을 퍼부었고, 황산도와 영종도에 상륙하여 관아와 민가를 약탈하고 물러났다. 조선은 저들이 누구인지도 몰랐다. 흥선대원군 때보다 기강이 해이해져 있었던 것이다.

일본은 운요호 사건을 빌미로 조선에 조약체결을 요구하고 나섰다. 서양제국주의 국가들이 써먹던 방법을 그대로 조선에 사용한 것이다. 조선의 반응은 예전과 다름없었다. 그러자 일본은 군함 7척, 군인 800명을 이끌고 강화도에 나타났다. '조선에서 응하지 않으면 곧바로 한양까지 쳐들어갈 것'이라고 위협하였다. 이미 여러 번 서양의 힘을 확인한 조선은 전쟁을 막으려면 그들의 요구를 들어줘야 한다고 결정하였다.

신헌(申櫶)을 대표로 한 협상단은 강화도에 보냈다. 일본 대표는 중무장한 군인 400명을 이끌고 강화도로 들어왔다. 국제조약을 체결하러 오면서 중무장한 군대를 이끌고 온 것은 무슨 경우인지 모르겠다. 힘을 앞세운 조약체결 강요는 깡패들이나 하는 짓이다. 국제관계는 약육강식이다. 힘이 없으면 당하는 것이다.

연무당에 마주 앉은 두 나라 대표는 지난 운요호 사건의 책임을 주고받으면서 협상을 시작했다. 우리나라가 국제정세에 어두운 것을 적극 활용한 일본은 저들이 원하는 바대로 조약을 이끌었다. 조선에는 국제정세에 밝은 사람이 없었는지, 아니면 일본을 가볍게 생각했는지 모르지만 신헌은 근대적 조약에 관해 아무것도 모르는 상태였다.

조선에서는 굳이 새 조약을 체결할 필요가 없음을 강조하자, 일본은 만국공법이라 우기며 전쟁도 불사하겠다는 뜻을 보였다. 군함 80척을 동원해 조선을 정벌할 것이라고 위협하였다. 협박으로 맺어진 조약은 무효임을 그들이 몰랐을 리 없지만, 조선은 전혀 모르고 있었다. 일본이 아니더라도 당시 제국주의 국가들은 모두 같은 방법을 쓰고 있었으니 만국공법은 아무 의미가 없었다.

강화도 연무당에서 논의된 내용은 어전회의를 통해서 받아들여졌다. 모두 12조항으로 되어 있는데, 일본의 속내가 이 조약 안에 모두 있었다.

* 조선은 자주의 나라로 일본과 더불어 동등한 평등의 권리를 보유한다. → 청나라의 간섭을 배제하여 조선을 마음껏 휘둘러 보겠다는 뜻
* 조선의 항구를 개항한다. 일본 배들이 조선 연해에서 왕래할 때 모든 편의를 제공한다. 일본 배들의 조선 연해 측량과 수심 측정 등 해도 작성을 자유롭게 보장한다. → 안방을 마음대로 내어 달라는 요구. 침략에 필요한 해양 정보를 수집하겠다는 의도
* 두 나라 사람들은 임의로 무역에 종사하되 조금도 간섭하지 않는다. 두 나라 사람들이 범죄를 저지르면 모두 본국으로 돌려보내 심판한다. → 조선의 법을 무력화시키고, 불법적으로 활동하기 위한 조치

조선에서는 그들의 요구 조건을 들어주되, 우리의 요구 조건 또한 합의해 줄 것을 요구했다.

첫째, 상평전(상평통보)의 사용을 금지한다.

둘째, 미곡(쌀)의 무역을 금지한다.

셋째, 무역은 물물교환의 방법으로 하되 되걸이 고리대금업을 금지한다.

넷째, 일본과만 수호관계를 맺되 다른 나라를 끌어들여서는 안 된다.

다섯째, 아편이나 성서(聖書)를 끌어들여서는 안 된다.

여섯째, 망명을 목적으로 표류한 자들은 서로 적발하여 돌려보내야 한다.

일본은 조선의 요구를 구두로 합의해주고, 자신들의 요구는 조약문을 통해 체결했다. 구두 합의는 부인하면 그만인데 조선은 순진하게도 그것을 수용하였다. 힘이 없으면 일방적으로 당할 수밖에 없는 것이 국제질서다.

여러 불합리적인 내용에도 불구하고 강화도조약은 조선이 세계를 향해 문을 열었다는데 의미가 있다. 조약의 내용은 조선에게 일방적으로 불리한 내용이었지만, 개항을 계기로 근대화를 속도감 있게 추진한다면 국가 발전을 도모할 수 있었다. 일본 역시 개항된 지 오래지 않았기 때문에 충분히 맞대응할 국력을 갖출 기회가 있었다. 그러나 국내 정치의 불안과 부정부패의 만연, 여전히 대의명분에 의존하는 유교정치의 한계가 번번이 발목을 잡았다.

엄혹한 국제관계에서 우방은 없으며 자국의 이익만 존재할 뿐이었다. 일본의 위협으로 개항되었지만, 그리고 일본보다 늦었지만 기회는 얼마든지 있었다. 10년이면 강산이 변한다고 했다. 1876년에서 1910년까지면 강산이 몇 번 바뀔 시간이다. 그러나 수백 년 습성을 버리지 못하고 안주한 결과 망국의 아픔과 식민지의 냉혹한 현실을 받아들여야 했다. 연무당은 우리에게 말한다. '늦었다는 것보다 멈추어 있는 것이 더 위험하다'

우연히 시작된 태극기

강화도 연무당에서 진행된 일본과의 회담은 우리에게 몇 가지 사실을 알게 하였다. 회담을 어떻게 열어 가는지, 또 세상이 어떻게 변했는지 알게 되었다. 세계가 공통으로 갖는 공법이 있다는 사실(만국공법), 나라마다 국기가 있어서 표식으로 삼는다는 것이다. 운요호가 강화도 앞에 나타났을 때 조선군이 대포를 쏜 것을 일본이 항의하였다.

일본 "우리 배 운요호에 대포를 쏜 이유는 무엇이오?"
조선 "어느 나라 배인지 알지 못했고, 무슨 일로 왔는지 알리지 않았기 때문에 군사들이 발포한 것이오"
일본 "우리 군함들은 국기를 달고 있는데 어느 나라 배인지 모르다니요?"

조선 "변방을 지키는 군인들이 그 국기가 일본 국기인 줄 알겠소?"
일본 "당신들에겐 국기가 없소?"

이때 오경석이 강화부 연무당에 태극문양이 그려져 있는 것을 보고 태극을 나라의 상징으로 삼는다고 대답하여, 훗날 나라의 상징으로 삼는 계기가 되었다고 한다. 『한국사이야기, 이이화』

15 해안을 지키던 외성

강화 외성(外城)은 강도의 1차 방어선으로 동쪽 해안을 따라 24km에 달하는 긴 성(城)이었다. 북동쪽 승천포에서 남쪽 초지대교가 있는 초지리까지 이어진 장성(長城)이었다. 『고려사 高麗史』의 기록에 의하면 외성은 고종 24년(1237)에 축조되었다. 39년간 세계제국 몽골을 막아냈던 외성은 개경으로 환도할 때 몽골(원)의 요구로 무너졌다. 그래서 성벽은 당시에 사라졌다. 그러나 심혈을 기울여 쌓은 토성이었고 30년이 넘는 세월 동안 방어력을 높여 왔기 때문에 그 터전을 완전히 없애지는 못했다. 또 외성이면서 동시에 간척지 둑의 역할을 겸하고 있었기 때문에 바닥을 드러낼 정도로 허물지는 못했다. 그래서 조선시대엔 고려 외성 기단부를 기초로 그 위에 성벽을 건설할 수 있었다. 이 외성은 병자호란 때 큰 손실이 있었고 숙종 때 다시 수축하고 방어력을 높였다. 이때 축조된 해안방어시설이 병인양요, 신미양요, 운양호사건 때 중요한 역할을 해낸다.

고려시대 외성이 건설되면서 리아스식 동쪽 해안은 자연스럽게 간척이 진행되었다. 성벽이 제방 역할을 겸하고 있었기 때문이다. 성벽이 건설되면서 안쪽은 농사를 지을 수 있는 농경지로 변했고, 강도(江都)에 늘어난 인구를 먹여 살리는 중요한 역할도 하였다. 강화대교를 건너면 강화 읍내 방향으로 넓은 농경지가 있는데, 외성으로 인해 만들어진 평야다. 강도 시절 이전에는 강화 읍내 근처까지 바닷물이 출렁거렸다는 것이다.

고려시대 외성이자 조선시대 해안방어선은 조금씩 복원되고 있다. 그러나 완벽하게 복원하기는 어려울 듯하다. 해안도로가 고려 외성 위에 건설되었기 때문이다. 외성이 궁금하다면 염하를 따라 난 해안도로를 이용하면 알게 된다. 강화외성은 그 역사적 중요성을 인정받아 2003년에 사적 제452호로 지정되었다.

왕족의 눈물 강화도

1 철종이 살던 집 용흥궁

철종이 강화도에 살게 된 이유

강화읍내에는 철종이 살던 집이 있다. 임금이 살았던 집이기에 궁(宮)이라 부르는데 정식 명칭은 '용흥궁(龍興宮)'이다. 용흥궁은 동네 뒷골목에 숨어 있는 듯한데 강화성공회 성당 입구에서 용흥궁으로 들어가는 출입로를 내면서 한결 접근하기 쉬워졌다. 왕실의 권위가 추상같았을 때면 임금이 살았던 집 위에 성공회성당을 짓도록 허락하지 않았을 것이다. 19세기 말 서울 명동성당을 건축할 때 성당이 궁궐보다 높다고 하여 허락하지 않았다. 몇 년의 실랑이 끝에 결국 허락하고 말았던 시절이었다. 궁궐과 제법 거리가 있음에도 허락하지 않았던 조정이었다. 하물며 임금이 살았던 집의 근거리에 짓는다면 허락할 리가 없다. 그러나 왕조가 저물어가던 때에는 이곳까지 신경 쓸 여력이 없었다.

철종은 왜 강화도에서 살았을까? 기구했던 그의 삶을 더듬어 보면 '안동김씨'를 만나게 되는데, 그들은 철종의 인생 전체에 드리운 짙은 그늘이었다. 철종의 이름은 '이원범'이다. 아버지는 전계군, 할아버지는 은언군, 증조할아버지는 사도세자다. 잘 알려져 있다시피 사도세자는

정조의 아버지이자, 영조의 아들이다. 철종의 할아버지 은언군은 영조 때에 빚 문제로 제주도로 유배 다녀온 적이 있었다. 정조 때에는 은언군의 아들 상계군이 역모를 계획했다 하여 죽임을 당했다. 이때 정조의 각별한 보호로 상계군의 아버지이자 정조의 이복동생인 은언군은 강화로 유배되었다.

1801년 보호막이던 정조가 승하하자 천주교도라는 이유로 은언군과 그의 부인 그리고 며느리가 죽임을 당했다. 이때 은언군의 서자였던 전계군과 가족들은 교동도로 보내져 가난한 농사꾼 생활을 하였다. 그 후 강화 본섬으로 옮겨져 고초를 겪다가 1830년 순조의 특명으로 방면되어 한양으로 돌아왔다. 이때 이원범이 태어났다(1831).

철종은 아버지 전계군과 어머니 염씨 사이에서 셋째아들로 태어났다. 어머니 염씨는 전계군이 강화도 유배시절에 만난 여인이었다. 그러니 철종의 고향은 한양이고 외가는 강화도인 셈이다. 철종의 나이 11살(1841)에 아버지 전계군이 원인 모를 병에 걸려 세상을 떠났다.

권력을 탐하는 자들은 힘을 잃은 왕실을 가만두지 않았다. 헌종 10년(1844) 중인 출신 민진용이 역모를 꾀하다 발각되어 능지처참 되었다. 전계군의 장남 이원경을 왕으로 추대하려 했다는 것이다. 이 때문에 철종의 형 이원경은 사사되었다. 전계군의 둘째아들 이경응, 셋째아들 이원범은 살아남아 강화도로 유배되었다. 이때 이원범의 나이는 15살이었다. 강화도에서 형과 동생은 역적의 집안이라는 멸시 속에 아버지가 그랬던 것처럼 가난한 농사꾼으로 살았다. 왕족이라는 지위를 내려놓고 고된 삶을 짊어지고 살아야 했다. 그리고 4년 뒤 19살(1848) 되던 해, 그를 왕으로 모시려는 봉영 행렬이 강화도에 도착하였다.

철종은 정말 일자무식인가?

철종을 강화도령이라 불렀다. '강화도령'이라는 말에는 멸시의 뜻이 담겼다. 안동김씨 세상에서 왕실은 멸시의 대상이었다. 고종이 왕위에 오르기 전에 그의 아버지 흥선군은 '궁도령'이라 불렀다.

철종은 강화도에서 농사꾼이자 나무꾼이었으며, 아는 것이라곤 전혀 없는 '일자무식'이었다는 이야기가 있다. 이는 그의 삶 자체가 드라마보다 더 드라마 같기 때문이 아닌가 한다. 소설이나 드라마의 소재가 되기 좋았고, 말하기 좋아하는 사람들의 입방아에 오르내리기 좋았기 때문이다.

그러나 철종의 강화도 생활은 4년밖에 되지 않았다. 한양에서의 삶이 대부분이었기 때문에 일자무식이라는 것은 옳지 않다. 그는 왕실의 일원이라는 인식이 진작부터 있었고, 또 그리 살았다. 큰형이었던 이원경이 왕위에 추대되려 했던 것도 세상 사람들로부터 주목받는 집안이었다는 것이다. 철종은 한양에서 태어나 한양에서 살다가 역모에 연루되어 유배된 지 4년 만에 왕이 되었다. 임금이 되어 한양으로 돌아갔으니, 강화도에서의 생활은 그의 삶에서 큰 지분을 차지하지 않는다. 단, 자기 정체성이 확립되어 가는 나이에 강화에 유배되어 백성처럼 살아야 했던 경험은 왕이 된 후에 어떤 모습으로든지 나타났을 것이다.

권위를 상실한 왕실의 일원이긴 했어도 여전히 왕실의 친족으로서 주목받는 집안이었다. 그런 집안이 아이들에게 글을 가르치지 않는다는 것은 상상할 수 없는 일이다. 앞으로의 삶이 어떻게 전개되던지 왕실의 일원으로서 기본적인 것은 갖추는 것이 왕실을 위해서도 옳은 일이었다. 철종이 일자무식이었다는 이야기는 우리가 다시 한번 되짚어봐야 할 대목이 아닌가 한다.

백성의 편에 서고자

헌종이 갑자기 승하하자 대왕대비 순원왕후는 강화도에 조용히 살고 있던 '이원범'을 왕위계승자로 발표했다. 물론 안동김씨의 의도가 숨어 있는 발표였다. 새로운 왕을 모시기 위한 행렬은 당시 영의정이었던 정원용(1783~1873)이 이끌었다. 그는 왕위에 오를 이가 누구인지, 나이는 몇 살인지, 어떻게 생겼는지 전혀 몰랐다. 갑곶나루에 내려 강화유수 조현복의 안내로 강화읍 관청리 조그마한 초가에 도착해서야 이원범을 보았다 한다.

철종이 왕위에 오를 수 있었던 것은 제왕의 능력이 있어서가 아니다. 세도가였던 안동김씨들이 다루기에 제일 만만해 보였기 때문이다. 다른 왕위계승 후보들도 있었다. 그러나 다른 사람들은 나이가 많거나, 총명하여 다루기 쉽지 않았기 때문에 제외된 것이다.

왕이 된 철종은 백성의 삶을 개선하려는 노력을 하였다. 그가 강화도에서 경험했던 고단한 삶이 백성들의 마음을 어루만지는 군왕이 되도록 했던 것이다. 세금제도의 핵심인 삼정의 폐단을 바로잡으려고 새로운 기구인 '삼정이정청(三政釐整廳)'을 설치했다. 그러나 안동김씨들의 반대로 곧 폐지되었다. 세도가들은 이를 통해서 막대한 이익을 얻고 있었기 때문이다. 반대 명분으로 이런저런 이유를 들었다. 백성들의 삶을 도탄에 빠뜨린다는 둥, 국가의 질서가 무너진다는 둥. 민주주의 사회인 요즘에도 국민에게 이익이 되는 민생법안을 반대하는 자들의 속내는 하나다. 그 법안이 기득권의 이익을 양보해야 하는 것이기 때문이다. 입으로는 국민을 떠벌리지만 그들에게 오로지 기득권자만 국민일 뿐이다. 선거철에만 필요한 국민, 그 국민은 자신의 이익을 합리화시켜 줄 명분인 것이다.

철종은 왕실의 위엄을 되찾기 위해 증조할아버지 사도세자를 높이고자 했다. 정조가 사도세자의 무덤을 옮기고 현륭원이라 했으나 왕으로 추존하는 것은 이루지 못했다. 사도세자의 후손이었던 철종은 증조할아버지를 높이고 싶었다. 등극한 왕은 조상을 높이는 사업을 추진한다. 새로운 것은 아니었다. 그러나 이 역시 그들의 반대로 무산되었다.

의지를 갖고 어떤 일을 추진했으나 번번이 무산되었을 때, 실패한 사람은 두 가지 길 중에서 하나를 선택하게 된다. 가능한 다른 길을 찾기 위해 잠시 관망하거나, 아니면 모든 것을 내려놓고 유흥에 빠지는 것이다. 자신의 무기력함을 절감한 철종은 국정에서 멀어졌다. 안동 김씨들이 원했던 시나리오였다. 술과 여색에 빠져 자신을 망가뜨렸다. 결국 술로 인해 33살(1863)의 젊은 나이로 승하하고 말았다. 그의 재위는 14년 6개월이었다. 짧다고 할 수 없는 시기였다. 그러나 역사에서 그를 기억하는 것이라곤 '강화도령', '안동김씨 세도정치'와 '삼정의 문란', '민란' 정도다.

철종은 8명의 여인에게서 5남 6녀를 두었으나, 모두 일찍 죽었고 영혜옹주만 살아 개화파였던 박영효와 혼인하였다. 그러나 그녀도 단명해 후사가 없다. 그러니 철종의 후손은 이 땅에 아무도 없는 셈이다.

용흥궁 앞 송덕비 두 개

현재의 용흥궁은 철종이 왕위에 오른 후 강화유수에 의해 새롭게 지어진 집이다. 철종이 살던 때는 초가집이었다. 그러나 왕이 살았던 집을 초가집으로 그냥 둘 수 없었기 때문에 새로 지은 것이다. 기와집으로 바꾸고 이름도 용흥궁이라 하였다. 대개 왕은 궁궐에서 태어나 국가 최고의 교육을 받은 후 왕위에 오르게 된다. 그러나 궁궐에서 태어나지 않은 왕들도 있었다. 이 경우 그들이 살던 궁궐 밖의 집을 '잠저(潛邸)'라 부른다. 대표적인 잠저는 영조의 '창의궁', 고종의 '운현궁'이다.

용흥궁 문 앞에 있는 두 기의 비석은 아버지와 아들의 것이다. 이원범을 모시러 왔던 영의정 정원용, 그의 아들 정기세의 비석이다. 정원용은 철종을 모시러 왔던 공로를 기려 비가 세워졌으며, 정기세는 강화유수로 있으면서 초가집이었던 용흥궁을 기와집으로 고쳐 지었기 때문이다. 왕조시대였기에 가능한 일이다. 군왕과 관계된 일을 한 자들은 그것을 인정받기 때문이다.

철종의 외가와 사기꾼 염종수

철종의 외가(外家)는 강화도에 있다. 철종의 아버지 전계군이 강화도에 있을 때 염씨와 재혼하였기 때문이다. 외가는 원래 초가집이었는데 철종이 왕이 된 후 강화유수 정기세에게 명하여 기와집으로 고쳐 짓게 했다. 철종 4년의 일이다. 철종이 살았던 용흥궁도 같은 시기에 기와집으로 바뀌었다.

외가의 본채는 ㄷ자형 건물이다. 낮은 담장이 마당 가운데를 가로질러 ㄷ자형 건물의 가운데에 닿아 안채와 사랑채를 나누었다. 때문에 ㄷ자형에서 ㅌ자형이 되었다. 누마루가 있는 곳(왼쪽)이 사랑채, 오른쪽이 안채가 된다. 대문을 들어서면 사랑채가 정면에 보이고, 안채로 들어가는 문은 오른쪽에 있다.

철종의 외삼촌이 거주하였는데 원범이 어렸을 때 외삼촌의 지극한 보살핌을 받았다고 한다. 한양에서 살았지만 강화를 자주 왕래한 듯하다. 또 강화 유배생활 4년도 외가의 돌봄을 받았을 것으로 보인다. 왕이 된 원범은 외숙이 그리웠다. 그래서 외숙을 백방으로 찾게 되었는데 10년이 지난 어느 날 염종수라는 자가 족보를 가져와 자신이 외숙

이라 주장했다. 철종은 외숙을 찾았다는 기쁨에 염종수에게 벼슬이 내렸다. 충청 병마절도사, 황해 병사를 거쳐 1년 만에 전라우도 수군절도사로 승진시켰다. 하지만 그가 가짜 외숙이라는 사실을 아는 데는 오래 걸리지 않았다. 강화도 사람들이 강화유수에게 그가 임금의 외숙이 아니라는 민원을 제기하였다. 강화유수는 소문의 진상을 조사했고, 결국 가짜라는 사실이 드러나게 되었다.

염종수는 왕이 외숙을 찾고 있는데 10년이 되도록 나타나지 않자 진짜 외숙부는 없다고 판단했다. 그리고 철종의 외가인 용담 염씨의 족보를 구해 조작했다. 염종수는 파평 염씨였기 때문이다. 외가의 무덤 비석까지 조작하여 이를 사실화하였다. 외가 좌측으로 50m 떨어진 길가에는 외숙의 무덤 3기가 있다. 철종이 왕위에 오르자 외가 5대의 벼슬이 추증되었으며 많은 땅이 하사되었다. 염종수는 이미 죽은 외숙들의 묘비에서 '용담(龍潭)'이란 글씨를 파내고, 자신의 본관인 '파평(坡平)'을 새겨 넣었다. 모든 진상이 드러나자 염종수는 한양으로 잡혀와 친국을 받았다. 이 믿을 수 없는 이야기를 조선왕조실록은 자세히 기록해두었다.

강화 유수(江華留守) 이명적(李明迪)이 장계(狀啓)하기를,

"…. 염종수(廉宗秀)의 허다한 흉도(凶圖)가 절절(節節)이 파탄(破綻)되었습니다. 그 한 조각 정신(精神)이 온통 관향(貫鄕)을 변환(變幻)하려는 데에 있어, 그의 본관(本貫)을 변치 않으려는 의도에서 용담(龍潭)을 긁어 버리고 저 파평(坡平)의 관향으로 옮겼던 것인데, 곳곳

에 칼로 긁어 낸 형상은 담도(膽掉)함을 깨닫지 못하고, 하늘도 속일 수 있으며 세상도 속일 수 있다고 여겨 요행과 참람, 거리낌이 없는 흉장(凶腸)으로써 천고(千古)에 없는 변(變)을 빚어내어, 스스로 용서할 수 없는 큰 죄과(罪科)에 빠졌는데, 다행하게도 천리(天理)가 심히 소소(昭昭)하여 반핵(盤覈: 세밀하게 캐물음) 하라는 명(命)이 있었으니, 간특한 형상과 비밀한 계책은 조금도 어긋남이 없었습니다."

하니, 전교하기를,

"윤상(倫常)의 변(變)이 옛부터 어찌 한정이 있으랴마는, 어찌 이와 같은 지극히 흉악하고 지극히 패려한 자가 있었겠는가? 마땅히 처분(處分)하는 바가 있을 것이다."

하였다. –철종실록 12년 11월 6일(1861)

죄인(罪人) 염종수(廉宗秀)를 참수(斬首)하였으니, 임금을 기만하고 부도(不道)한 짓을 한 때문이었다.

–철종실록 12년 11월 7일(1861)

외숙들의 묘비에는 다시 용담이란 글씨가 새겨졌다. 묘비를 새로 세우지 않고 염종수가 조작한 비에서 파평이란 글씨를 파내고 또 새겼기 때문에 파낸 자리가 움푹하다. 이 사기의 전말은 왕실의 무기력함을 말해주는 것 같아 씁쓸하기만 하다.

▲ '용담' 두 글자가 패여 있다

2 왕족들의 유배지, 강화도

강화도는 왕족(王族)들의 유배지였다. 수많은 왕족이 강화도로 유배되었다. 많은 유배지를 두고 하필 강화도로 보내졌을까? 강화도는 고려의 도읍 개경, 조선의 도읍 한양에서 가깝기 때문이다. 비록 유배형이지만 왕족이기에 예우해야 했다. 또 감시하기도 수월해야 했다. 먼 곳에 보내져 풍토병으로 시달리다가 죽는 것은 왕실의 체통에도 좋지 않았다. 도읍과 가까운 강화도는 기후환경이나 음식 등이 왕족들이 살던 곳과 크게 다르지 않았다. 풍토가 다름으로써 시달리는 어려움은 없었던 것이다. 그럼에도 수많은 왕과 왕족이 강화도로 유배되어 한 많은 삶을 살다가 죽거나 유배가 풀려 돌아갔다. 어떤 왕과 왕족들이 강화에 유배되었을까?

최충헌을 제거하려 했던 희종(熙宗)

고려 21대 왕 희종(熙宗 1181~1237, 재위: 1204~1211)의 이름은 영(韺), 그는 신종(神宗)의 아들로 부왕(父王)이 병석에 눕자 선위를 받아 왕위에 올랐다. 부왕이었던 신종은 무신정권의 최고 권력자 최충헌에 의해 왕위에 올랐기 때문에 권력이 없는 왕이었다. 시간이 흐를수록 최충헌의 권력은 더 단단해졌다. 사회는 혼란스러워졌고 무기력한 왕은 마음의 병이 생기고 말았다. 왕은 등창이 나 눕게 되었는데 이때 아들에게 선위하였다.

희종은 최충헌에 의해 왕이 된 아버지와는 달리 부왕으로부터 왕위를 물려받은 정통성을 지닌 왕이었다. 최충헌에게 빚이 없다는 뜻이다. 그러므로 최충헌을 제거하기 위한 세력들은 희종의 명을 기다릴 뿐이었다. 희종은 서두르지 않았다. 최충헌 세력의 틈을 찾으며 기회를 엿보는 시간을 보냈다. 곳곳에서 최충헌을 제거하기 위한 일들이 발생했으나, 그때마다 밀고자들에 의해 실패하였다. 1211년 숨죽이며 지켜보던 희종은 드디어 거사를 단행하였다. 최충헌이 왕을 배알하러 왔을 때 내전으로 안내하여 그곳에서 최충헌과 측근들을 없애려 하였다. 그러나 최충헌은 용케 몸을 숨겼고 그를 구하러 달려온 부하들에 의해 무사할 수 있었다. 모든 일의 배후에 희종이 있음을 안 최충헌은 희종을 폐위시키고, 강화로 유배를 보냈다. 최충헌의 측근들은 희종을 죽이려 했으나 민심 악화를 두려워해 유배로 매듭지었다. 이때 희종의 나이가 31세였다. 유배지에서 머물던 희종은 노년에 법천정사로 옮겼고, 1237년(고종 24)에 57세로 생을 마감하였다. 강화천도 시기에 희종이 죽었기 때문에 그의 능은 강화도에 있다.

공민왕에 의해 죽은 충정왕(忠定王)

충정왕(재위: 1349~1351)은 고려 제30대 왕으로 2년 3개월간 재위했다. 그는 충목왕이 죽자 원나라에 의해 책봉되어 1349년 7월, 12세의 나이로 왕위에 올랐다. 어린 왕이 보위에 오르자 왕실의 세력다툼은 심해졌는데, 이로 인해 왜구가 난동을 부려도 막아낼 여력이 없었다. 원나라에서는 충정왕을 폐위시키고 공민왕을 즉위시켰다. 폐위된 충정왕은 강화로 유배되었고 다음 해 공민왕에 의해 독살되었다. 강화도 국화리에 있었던 용장사가 그가 유배되었던 곳이라고 전해진다.

이성계에 의해 폐위된 우왕(禑王)

우왕(재위: 1374~1388)은 고려 제32대 왕으로 13년 9개월을 왕위에 있었다. 그는 공민왕의 아들로 공민왕에 이어 왕위에 올랐는데, 이성계와 조민수가 위화도 회군을 단행하여 폐위시켰다. 폐위 후 강화도로 유배 보내졌다가 강원도 강릉으로 옮겨졌다. 고려의 마지막 왕이었던 공양왕이 즉위한 후 이성계 일파의 압력에 의해 죽임을 당했는데, 왕의 나이 25세였다.

폐가입진의 희생양 창왕(昌王)

창왕(재위: 1388~1389)은 고려 제33대 왕으로 1년 5개월을 왕위에 있었다. 그는 이성계 일파와 대립하였던 조민수와 이색에 의해 옹립되어 9살의 나이로 왕이 되었다. 그는 우왕의 아들이었기 때문에 최고 권력자였던 이성계 일파에 의해 '폐가입진(廢假立眞. 가짜를 폐하고 진짜를 세움)'의 명분으로 폐위되었다. 우왕은 공민왕의 아들이 아니라 신돈의 아들이기 때문에 가짜 왕이라 주장했다. 그렇다면 우왕의 아들인 창왕 또한 왕이 될 수 없다는 논리였다. 창왕은 폐위 후 강화도로 보내졌다. 창왕의 나이 10살이었다. 이성계 일파는 그를 유배 보낸 후 곧 살해하였다.

형에게 죽임당한 안평대군(安平大君)

안평대군(1418~1453)은 세종의 셋째 아들로 학문과 예술에서 뛰어난 재능을 보였다. 특히 글씨에 뛰어났는데 명의 황제조차도 그의 글씨를 갖고 싶어 사신(使臣)을 통해서 받아 갔다고 한다. 그는 많은 서화(書畫)를 수장했고 안견이라는 출중한 화가를 곁에 두고 그림을 그리게 했는데 '몽유도원도'가 지금도 전하고 있다.

▲ 서울 부암동에 있는 안평대군의 무계정사터

세종시대는 유교문화가 익어가는 시기였다. 이러한 유교적 분위기에 충실한 인재들이 많이 배출되고 있었다. 그랬기에 안평대군의 사랑채에는 당대 뛰어난 인물들이 드나들며 시서화(詩書畵)를 주고받았다. 안평대군의 안목이 뛰어났기에 그들과 어울릴 수 있었던 것이다.

어린 임금 단종의 즉위는 야망이 큰 왕자들에게 권력을 탐할 좋은 기회이기도 했다. 단종은 불행하게도 수렴청정을 맡을 어머니도 할머니도 없었다. 김종서, 황보인 등 원로대신들이 그 역할을 맡아야 했다. 삼촌이었던 수양대군은 이를 못마땅하게 여기고 그들을 제거하는 계유정난(1453)을 일으켜 순식간에 모든 권력을 쥐었다. 대신(大臣)들을 명분도 없이 제거하는 것은 위험한 일, 그 명분은 김종서가 안평대군을 추대해 반역을 도모했다는 것이었다. 권력은 부자(父子)간에도 나누지 않는다고 했다. 하물며 형제간에는 말할 것도 없었다. 수양대군은 자신의 야망을 이루기 위해 동생 안평대군을 반역의 수괴로 몰아 강화도로 유배 보냈다. 그것도 안심이 되지 않았던지 8일 만에 사사시켰다. 이때 안평대군의 나이 36세였다. 뛰어난 재능을 지녔던 안평대군은 형에 의해 안타까운 죽임을 당하고 말았다.

폐륜의 군주 연산군(燕山君)

교동도에는 연산군(재위: 1494~1506) 유배지가 있다. 유배되었던 당시의 모습을 재현해 놓아서 그 대략의 모습을 알 수 있게 되어 있다. 전시관에 들어가면 교동에 유배된 연산군의 이야기가 상세하게 설명되어 있다.

유교정치를 완성했다고 평가받는 성종에게서 역사적으로 가장 패악한 군주인 연산군이라는 아들이 나왔다는 사실이 놀랍다. 자식 농사만큼은 뜻대로 되지 않는다는 것을 성종이 보여주었다. 또 많은 왕비를 둔 왕은 반드시 그 아들이 불행했다. 왕비가 3명이었던 성종은 연산군, 3명의 왕비가 있었던 중종은 단명한 인종과 후사가 없었던 명종, 4명의 왕비를 두었던 숙종 역시 단명한 경종이 있었다. 왕비가 죽어 재혼하거나 교체되는 과정에는 반드시 권력다툼이 발생하였다. 신구세력의 다툼이라 할 수 있다. 그런 틈바구니에서 왕자들은 제대로 된 삶을 영위할 수 없었다. 불안한 나날의 연속이었던 것이다. 그러니 미완성 인격체로 왕이 되어 연산군처럼 되거나, 죽음의 문턱을 넘나들다 왕이 되면 긴장이 풀려 단명하고 말았던 것이다.

중종반정(1506년 9월 2일)으로 폐위된 연산군은 창경궁 선인문을 나와 강화도로 향했다. 첫날 돈의문(敦義門)을 나와 연희궁에서 유숙하였다. 연희궁은 지금의 연세대학교 정문 근처에 있었던 별궁이다. 둘째 날에는 김포, 셋째 날에는 통진에서 유숙한 뒤 넷째 날 강화도에 도착했다. 그리고 다섯째 날인 9월 6일 유배지인 교동에 도착하였다. 강화도에서 배를 타고 교동도로 건너간 것이다.

『소문쇄록』이라는 기록을 보면 "연산군이 강화에서 교동으로 갈 때 큰바람이 불어 배가 뒤집힐 뻔했으며, 장수와 군사들이 에워싸 교동현에 들어가니 땅에 엎드려 진땀을 흘리면서 감히 쳐다보지 못했다"라고 하였다. 또 다른 기록에는 바람이 불어 배가 뒤집히려 하자 폐주는 하늘이 무섭다고 떨었고, 호송대장인 심순경은 '하늘 무서운지 이제 알았냐'고 꾸짖었다고 한다. 그 후 교동을 건너오는 사람 가운데 연산군과 관계있는 일로 오는 이가 있으면 반드시 풍파가 일었다고 한다. 섬사람들은 그 바람을 '연산작풍(燕山作風)'이라 불렀다. 교동사람들은 '연산이 화가 났다'라고 표현하기도 한다. 물론 폐위된 연산군에 대해서 좋게 기록했을 리 없다. 연산군이 바람을 무서워했다는 기록을 액면 그대로 받아들 순 없다. 하지만 당시 사람들에겐 연산군의 패륜을 하늘이 벌했다는 이야기만큼 시원한 것도 없었을 것이다.

그가 안치된 곳은 울타리가 좁고 높아 해가 잘 들지 않았다고 하며, 집 안으로 들어가는 작은 문 하나가 있어 간신히 음식을 넣을 수 있었다고 한다. 연산군은 유배된 후 역질에 걸려 물도 마시지 못하고, 눈도 뜨지 못했다. 그는 그렇게 고통에 시달리다 그해 11월 8일에 세상을 떠났다. 그가 죽인 수많은 원혼의 환상에 시달리다 '부인이 보고 싶다'는 말을 남기고 죽었다. 그의 나이 31살이었다. 연산군의 유해는 유배지 교동에 매장되었는데, 부인인 신씨의 부탁으로 1513년 3월에 지금의 도봉구 방학동으로 이장할 수 있었다. 부인인 신씨는 왕비로 있을 때 어진 품성과 덕을 쌓았다는 이유로 정청궁에서 성종의 후궁들과 함께 지내다가 친정집을 수리해 옮겨 지냈다.

대의명분의 희생양 광해군(光海君)

광해군(재위: 1608~1623)은 조선 15대 왕. 그의 인생은 참으로 고단했다. 선조의 차남이었지만 임진왜란이 터지자 급작스럽게 세자로 책봉되었다. 임진왜란 중 부왕(父王)인 선조의 우유부단함과 대비되며 출중한 능력을 보여서 신하들의 신임을 얻었다. 임진왜란 후 부왕의 계비(두 번째 왕비)에게서 아들(영창대군)이 태어나자 폐세자의 위협에 시달렸다. 세자를 내려놓는다는 것은 죽음이 기다린다는 뜻과 같았으니 광해군에게는 생존의 문제였다. 기분에 따라 던져버릴 수 있는 자리가 아니었다. 당쟁이 격화되던 시기였기에 권력을 잡는 것이 자신의 안위를 보장하는 최고의 방편이었다. 폐세자를 눈앞에 둔 절체절명의 순간 선조가 갑자기 승하했고, 광해군은 극적으로 즉위할 수 있었다.

그는 임란으로 피폐해진 조선을 일으켜야 하는 무거운 짐을 안고 있었다. 정치적으로 자신을 반대했던 자들과 싸워야 하는 힘든 여정도 있었다. 또한 북쪽에서 세력을 확장해 가고 있던 신흥 강국 후금(後金)과 오랫동안 섬겨오던 명(明)과의 관계도 원만히 풀어 가야 했다. 임진왜란으로 소실된 궁궐을 중건하고, 피폐해진 백성들의 삶을 일으킬 대동법 실시, 동의보감 편찬 등을 통해 무너진 국가 재건을 서둘렀다. 명과 후금 사이의 문제는 실리외교를 택해 해결하였다. 명나라에는 성의를 보이면서, 후금에게도 저들을 적대시하지 않는다는 것을 보여 주었다. 그러나 내부 정치는 혼란의 연속이었다. 끊임없이 왕권을 위협하던 형 임해군과 이복동생 영창대군을 강화도로 유배 보내 죽였다. 계모였던 인목대비는 배후 인물로 지목받아 서궁(지금의 덕수궁)에 유폐시켰다. 결국 이 사건으로 인해 광해군은 폐위되었다. 폐모살제(어머니를 폐하고, 형제를 죽임)가 광해군 폐위의 직접적인 명분이 되었다. 호시탐탐 광해군의 폐위를 노리는 이들에게 적절한 명분을 제공한 셈이었다. 조선은 유교(儒教)를 국가이념으로 건국되었다. 유교(儒教)에서 예(禮)는 지상명령이다. 예(禮)의 근본은 효(孝)에서 찾을 수 있는데, 어머니를 폐했다는 것은 '근본이 무너진 것과 같다'는 것이다. 근본이 무너진 왕은 유교를 수호할 의지가 없는 것이고 이는 곧 폐위의 명분이 되는 것이다.

연산군과 광해군은 동일한 폐군이지만 광해군은 억울한 측면이 있다. 연산군은 부정할 수 없는 폭군이었고, 광해군은 반정을 일으킨 무리들과 이념이 달랐기 때문이다. 명(明)에 대한 사대(事大)를 원했던 반정의 무리들은 실리외교를 택한 그를 인정하고 싶지 않았다. 명분을 바로 세우지 못했다는 것이다. 임금은 임금다워야 하고 신하는 신하다워야 하는데, 그렇지 못하다는 것이다. 명에 대해 신하의 입장에 서야 하는데 명을 배신했다는 것이다. 그러나 그것을 폐위의 명분으로 삼기에는 낯 간지러운 것이었다. 그러던 중에 폐모살제의 사건이 발생한 것이다. 그러니 광해군의 결정적 실책은 계모인 인목대비를 서궁에 유폐한 것이다. 저들에게 폐위의 명분을 안겨 준 실책이었던 것이다.

그렇다면 인조반정의 무리들이 광해군보다 더 나은 정책으로 국가를 발전시켰을까? 반정의 주축세력인 서인(西人)이 채택한 친명배금(親明拜金) 정책은 결국 후금(청)과의 전쟁을 불사하겠다는 것을 대내외에 발표한 것과 같았다. 광해군을 폐한 그들은 후금과의 전쟁을 어떻게 치렀을까? 그들이 취한 정책의 결과 정묘호란, 병자호란이 일어났다. 물론 쳐들어온 것은 청이었지만 인조 정권은 외교적으로 해결할 의지와 능력이 없었다. 정묘호란 때에는 강화도로 도망치기에 바빴다. 병자호란 때에는 오랑캐에게 어이없이 굴복해 버렸다. 광해군을 폐위시키고 호가호위했던 무리들은 남한산성에 숨은 인조를 구하러 달려오지 않았다. 훗날 책망당할 것을 염려해 구하러 달려가는 시늉만 했다. 언제든지 사세에 따라 행동을 달리할 수 있었던 자들이었다.

광해군과 부인 유씨, 폐세자된 아들과 며느리 박씨 등 네 사람은 강화도에 위리안치되었다. 광해군과 부인 유씨는 강화부 동문 쪽에, 아들 부부는 서문 쪽에 안치되었다. 아들은 부모의 안부가 궁금했다. 그러나 어찌해볼 도리가 없었다. 어느 날 아들은 담 밑으로 구멍을 뚫어 빠져나갔다. 그러나 길을 헤매다 발각되었다. 그의 손에는 은덩어리와 쌀밥, 그리고 황해도 감사에게 보내는 편지가 있었다고 한다. 그러나 이것은 어이없는 모함이었다. 위리안치된 자에게 은덩어리가 어디 있으며, 하물며 편지를 써서 황해 감사에게 전달하려 했다는 어설픈 설정은 더욱 신빙성이 떨어진다. 반정을 도모하는 자가 증거가 명백한 편지를 들고 나간다? 그것도 강화도 지리를 전혀 모르는 사람이? 아들은 부모의 안부가 궁금했을 뿐이다. 그러나 어떻게 해서든지 광해군을 죽이려 했던 자들은 아들의 탈출극을 반역의 행위로 만들어야 했던 것이다. 빗발치는 요구에 폐세자는 죽임을 당했고 그의 부인 역시 스스로 목숨을 끊었다. 아들과 며느리를 잃은 슬픔에 광해군의 부인 유씨도 죽었다. 광해군은 초연한 자세로 유배생활을 이어갔다. 이 과정에서도 몇 번이나 죽을 고비가 있었지만 살아남았다. 병자호란 때에 청나라는 광해군의 원수를 갚겠다고 호언했다. 조선은 광해군을 숨기기 위해 그를 교동으로 보냈다. 그리고 전쟁이 끝나자 제주로 보냈다. 그는 묵묵하게 자신에게 주어진 삶을 살았는데 그 세월이 18년이었다. 자신을 폐위시킨 세력들이 조선을 지켜내지 못해 청태종에게 굴욕적인 항복하는 사태도 지켜보았다. 1641년, 광해군은 67년의 한 많은 생을 마감했다. 왕이었을 적에 폐모살제의 고통을 토로하며 '한적한 바닷가에서 낚시나 하며 살고 싶다'했던 광해군. 그는 어머니 곁에 묻어달라는 유언을 남겼다. 광해군묘는 남양주 사릉(思陵) 옆 골짜기에 있는데, 그의 소원대로 어머니에게서 멀지 않은 곳에 무덤이 마련되었다.

8살에 역적의 수괴가 된 영창대군(永昌大君)

영창대군(1606~1614)은 선조(宣祖)의 아들 14남(男) 중 유일하게 왕비에게서 났다. 부왕이었던 선조는 조선 왕 중에서 최초로 왕비의 아들이 아니었다. 중종은 장경왕후에게서 인종을 얻었고, 계비 문정왕후에게서 명종을 두었다. 중종이 승하하자 인종이 왕위에 올랐으나 단명했고, 동생인 명종이 즉위하였다. 명종 또한 아들을 두지 못했기 때문에 왕위 계승자가 없는 상황이 되었다. 명종이 승하했을 때 누구라도 세자로 책봉된 상황이었다면 모르겠지만, 아무도 없었기 때문에 명종의 비였던

인순왕후가 후계자를 지명할 수밖에 없었다. 그래서 평상시 명종에게 총애받았던 덕흥군의 아들 하성군(河城君)이 지명되었던 것이다. 그가 선조였다.

덕흥군은 중종의 아들인데 덕흥군의 어머니는 중종의 후궁이었던 창빈 안씨였다. 선조는 할머니가 후궁이었던 셈이다. 또 선왕이 후계자를 정해놓지 않고 승하했기 때문에 택함을 받아 왕이 되었다. 재위 왕의 아들로 태어나 세자에 책봉된 후 등극하는 것이 유교적 정통성이다. 그러나 선조는 택군(擇君)되었기 때문에 왕권이 약할 수밖에 없었다. 신하들은 공공연히 당(黨)을 만들었고 이로 인해 왕권은 더 약화되었다. 그랬기에 선조는 왕비에게서 아들이 태어나기를 간절히 기다렸다. 그러나 의인왕후 박씨는 아이를 낳지 못했다. 후궁들에게서 많은 아들과 딸이 태어났지만 유독 왕비만 아이를 낳지 못했다.

그러던 중에 임진왜란이 발발하자 어쩔 수 없이 후궁 소생이었던 광해군을 세자로 책봉해야 했다. 임란 후 의인왕후 박씨가 세상을 떠나고 계비(인목왕후)를 맞아들였는데 계비에게서 기다리던 왕자가 태어났다. 이 왕자가 영창대군이었다. 선조는 무척 기뻐하였고 내친김에 세자를 교체하기로 마음먹었다. 그러나 이미 책봉된 세자를 폐할

명분이 없었다. 왕비 소생이 아니라는 이유로, 마음에 들지 않는다는 이유로 폐할 수는 없었다. 신하들 또한 정국의 파란을 불러올 폐세자에 대한 것은 입에 담지 않았다. 그럼에도 선조의 의중을 파악한 몇몇 신료들에 의해 광해군을 폐하고 영창대군을 책봉하기 위한 음모가 진행되고 있었다. 정치판에서 이유는 만들면 되는 것. 평시에는 그리도 명분을 따지던 자들이 자당(自黨)의 유불리(有不利)에 따라 명분을 만들기도 하고, 없애기도 한다.

그러나 선조가 급사(急死)하였고, 이미 세자였던 광해군이 왕위에 오르게 되었다. 광해군을 폐하려 했던 세력들은 그를 왕으로 인정하지 않으려 선조의 유서조차 조작하려 했다. 치열한 권력다툼이 있었던 것이다. 반대로 광해군을 지켜야 하는 세력들은 그대로 있을 수 없었다. 이이첨을 비롯한 광해군 옹호세력들은 반대파를 제거하기 위해 수많은 역모사건을 조작해냈다. 이로 인해 많은 사람이 죽임을 당했다. 이 모든 사건의 목표는 영창대군과 그의 어머니 인목대비를 제거하는 것이었다. 이제 공격과 수비가 바뀐 셈이다. 영창대군은 이이첨 무리의 모함을 받아 강화도에 유배당했다. 반역의 수괴라는 누명을 쓴 것이다. 반역의 수괴를 낳은 어머니 또한 대비가 될 수 없다 하여 서궁(지금의 덕수궁)에 유폐시켰다.

영창대군이 강화도에 유배될 때가 8살이었다. 이이첨 무리는 그를 구원하기 위한 상소가 끊이지 않자 후환을 없애기로 한다. 이이첨은 강화부사를 시켜 유배된 영창대군을 살해하라 지시했다. 『광해군일기』에 의하면 영창대군에게 죽음을 내리라는 백관들의 요구가 있었으나,

그때마다 윤허하지 않았다고 한다. 그 무리는 이이첨이 사주한 자들이었다. 영창대군의 죽음에 대해서 『광해군일기』를 들추어 보자.

강화 부사(江華府使) 정항(鄭沆)이 영창대군(永昌大君) 이의(李㼁)를 살해하였다.【정항이 고을에 도착하여 위리(圍籬) 주변에 사람을 엄중히 금하고, 음식물을 넣어주지 않았다. 침상에 불을 때서 눕지 못하게 하였는데, 의가 창살을 부여잡고 서서 밤낮으로 울부짖다가 기력이 다하여 죽었다. 의는 사람됨이 영리하였다. 비록 나이는 어렸지만 대비의 마음을 아프게 할까 염려하여 괴로움을 말하지 않았으며, 스스로 죄인이라 하여 상복을 입지도 않았다. 그의 죽음을 듣고 불쌍하게 여기지 않는 사람이 없었다.】

『광해군일기』 광해 6년 2월 10일 임진

8살 영창대군을 가두고 굶기고 불을 때서 죽인 그곳을 살챙(殺昌)이라 불렀다. 강화 민요에 '살챙이 묻거덜랑 대답을 마오'라는 구절이 있고, '살챙이는 묻는 거 아니오'라는 말이 있다. 강화도 사람들조차도 그 사연은 잊었겠지만 옛기록의 파편에서 속내를 짐작해 볼 수 있다. 동계 정온이라는 분이 있었다. 강화도에 몰래 와서는 영창대군이 돌아가신 곳을 찾았다. 그리고 어떻게 죽었는지 염탐한 후 상소(上疏)를 올렸는데 그것이 화근이 된 것이다. 이로 인해 정치적으로 파란이 있었다. 강화도 사람들에겐 입 밖에 꺼내서는 안 된다는 무언(無言)의 압력이었다. 관(官)에서는 '살챙이 묻거든 알리지 말라'고 금령을 내렸다. 그러나 숨긴다고 숨겨지는 것이 아니다. 모두가 공감하는 안타까운 사연은 어떤 방식으로든 전해진다. 영창대군이 죽은 음력 2월 9일에 내리는 비를 '살창우(殺昌雨)'라고 하여 그의 죽음에 무언의 애도를 보내는 곳이 강화도이기 때문이다.

그밖에 강화도에 유배되었던 왕족들은 기록상으로 23명이다. 그중 14명이 유배지에서 살해되거나 사사 또는 자결로 생을 마감한 것으로 되어 있다.

- 임해군(1574~1609): 선조의 장남. 동생 광해군에 의해 유배
- 능창군(1599~1615): 인조의 동생. 광해군 때 역모에 연루되어 유배, 자결
- 경안군(1644~1665): 소현세자의 셋째 아들
- 숭선군(1639~1690): 인조의 아들. 효종 3년 역모에 가담했다는 이유로 유배
- 낙선군(1641~1695): 인조의 아들. 숭선군과 함께 유배
- 임창군(미상~1724): 소현세자의 손자. 아버지 경안군과 함께 유배
- 임성군(1665~1690): 소현세지의 손자. 임창군과 함께 유배
- 복평군(1648~1682): 인조의 손자. 인평대군의 아들. 숙종 6년 복창군, 복선군, 복평군 형제들이 반역을 꾀한다는 무고를 받고 각각 유배

- 은언군(1754~1801): 사도세자의 아들. 정조 10년 홍국영과 역모를 꾀하였다 하여 유배. 은언군의 동생 은신군, 은전군 역시 강화도에 유배
- 영선군(1870~1917): 흥선대원군의 손자. 청(淸)과 대원군이 고종을 폐위시키고 영선군을 옹립하려 했으나 실패

3 고려 왕이 잠든 강화도

고려왕릉은 모두 60기인데 개경과 장단, 강화도에 분포하고 있다. 개경과 장단은 북한에 있으며, 남한에서는 유일하게 강화도에 있는데 확인된 왕릉은 모두 4기다. 고려산에 홍릉이 있고, 진강산 동남쪽에 석릉과 곤릉이 있으며 서남쪽으로 가릉이 있다.

4기의 능은 나름대로 좋은 곳을 선택했다고 하는데, 조선왕릉을 보는데 익숙한 눈으로 살피면 어딘지 부족해 보인다. 풍수적으로 따져서 좋은 곳인지 아닌지 판단하기 어려우나, 규모에서 너무 조촐하여 안쓰럽기까지 하다. 강화도는 어떤 이에게는 유배지였고, 어떤 이에게는 몽골의 침략을 피해 천도했던 장소이기도 해서 격식을 갖추어서 조성하기는 어려웠을 것이다. 무신정권기 왕권은 한없이 실추된 상황이었기 때문에 제대로 격식을 갖추는 것 또한 어려웠을 것이다. 한편으로 고려왕릉은 규모 자체가 크지 않았기 때문에 전례에 따라 크게 조성하지 않았던 것으로도 보인다. 세월이 흘러 봉분과 정자각은 쓰러지고, 일제강점기 도굴꾼들이 구멍을 파 고려청자를 비롯한 유물들을 훔쳐 가는 바람에 심각한 훼손이 있었다. 현실은 안쓰럽지만 고려왕릉을 볼 수 있다는 것만으로도 답사할 가치가 충분하다 하겠다.

TIP

고려의 마지막 왕인 공양왕의 무덤은 고양시와 삼척에 있는데, 이 무덤은 왕릉으로 조성된 것이 아니다. 역성혁명으로 폐위된 왕이었기에 왕릉의 격을 갖출 수 없었다. 그래서 고려왕릉으로 치지 않는다.

희종의 석릉(碩陵)

사적 제369호로 지정된 석릉은 고려 21대 희종의 능으로 강화 진강산 동남쪽 해발 120m 능선에 있다. 능역은 앞쪽(남쪽)으로 32m, 좌우폭(동서)이 20m 정도로 그리 크지 않다. 산기슭을 5단으로 만들고 각 단마다 낮은 축대를 쌓아 경계를 만들었다. 제일 윗단(1단)에는 봉분과 봉분을 둘러싼 담을 조성하였다. 일제강점기 때만 하더라도 봉분을 둘러싼 난간석의 일부가 있었으나 지금은 흔적을 찾을 수 없다. 봉분을 둘러싼 담장 서쪽 끝에는 부러진 문인석 한 기가 서 있다. 나머지 한 기는 2단의 동쪽에 있다. 다른 고려왕릉 제도를 참고하여 보면 2단에 있는 문인석이 원래의 자리라 할 수 있다. 두 기의 문인석은 서로 마주보며 서 있었을 것이다. 언제 1단으로 옮겨졌는지 알 수 없다. 2단의 중앙에는 조선 고종

4년(1867)에 세운 표석이 있다. 나머지 단에는 특별한 시설이 없다.

석릉 주변에 깨어진 기와들을 많이 볼 수 있다. 이는 기와를 얹은 건물이 있었다는 뜻이다. 다른 고려왕릉과 마찬가지로 원래는 정자각이 있었으나 사라졌다는 것을 알 수 있다.

고려 멸망 후 관리가 되지 않았던 것을 조선 현종 5년(1664)에 강화유수로 부임한 조복양이 찾아내어 무덤의 형태를 다시 갖추었다. 일제강점기에 도굴되었으며 1972년에 정비했다.

2001년 국립문화재연구소에서 정식으로 발굴 조사했다. 무덤방은 긴 네모꼴(장방형)이며 벽은 불규칙하게 생긴 돌을 쌓아 올렸고, 천장은 납작한 돌 3매로 덮은 구조였다. 무덤방의 길이는 3.3m, 폭은 2.2m이며 높이 2.3m로 조사되었다. 무덤방의 남쪽 입구는 1장의 넓은 돌을 문으로 사용하였다. 바닥에는 관 받침의 용도로 테두리 석을 설치한 것이 확인되었다.

석릉 인근에도 고려 고분 확인

석릉 주변에도 강화천도 시대의 고분 9기가 확인되었다. 발굴 과정에 중국 송나라의 화폐, 동물 모양 철제 향로 다리, 다양한 도기항아리, 양과 호랑이 형태로 조각된 석양과 석호 등이 확인되었다. 건물을 짓기 전 안전을 빌기 위해 지하에 봉안했던 '지진구'도 발굴되었다. 철제향로다리와 항아리는 지진구로 묻은 것으로 추측하고 있다.

40호 돌덧널무덤(석곽묘) 뒷쪽에서 동물모양 '석수(石獸)'도 출토되었다. 조사 결과 석양(石羊)과 석호(石虎)가 각각 1구씩 세워진 것으로 밝혀졌다. 인근 52호 묘에서는 사람 모양의 석인상이 확인되었다. 무덤에 문인석을 세우고 봉분 주위에는 양과 호랑이상을 세우는 형태였던 것으로 보인다.

어두고인돌

석릉을 찾아 오르는 길가에 '어두고인돌'이 있다. 아랫마을 이름이 어두마을이기 때문에 '어두고인돌'이라 부른다. 고인돌 주변에 잡석이 흩어져 있는 가운데 큰 덮개돌이 놓여 있다. 덮개돌은 네모난 형태로 윗면이 평평하다. 덮개돌 아래에는 받침돌로 보이는 것이 있고, 넓게 흩어진 잡석들은 고인돌을 만들 당시 아랫부분에 넓게 깔았던 것으로 보인다. 시간이 흐르면서 고인돌이 쓰러지고 덮개돌의 한쪽 부분이 떨어졌다. 산 위에서 흙이 쓸려와 고인돌의 아랫부분을 덮었고 그 위로 작은 돌들이 덮이기도 했다. 지금은 고인돌 주변에 울타리를 쳐서 보존하고 있어서 '고인돌이구나!'하고 짐작할 수 있지만, 울타리가 없었다면 평범한 바위처럼 보였을 것이다.

원덕태후의 곤릉(坤陵)

사적 제371호인 곤릉은 고려 22대 강종의 비 원덕태후 유씨의 무덤이다. 23대왕 고종이 원덕태후 유씨의 아들이다. 태후는 강화 천도시기였던 1239년에 생을 마감했다. 무덤은 진강산 동쪽에 있는데 무덤 양쪽으로 계곡이 있다. 경사진 곳에 몇 개의 단을 마련하고 제일 윗단(1단)에 봉분을 조성하였다. 1단과 2단의 경계는 명확하지는 않으나 아랫부분에 장대석을 길게 놓아 경계를 표시하였다. 2단과 3단의 경계는 잘 다듬은 장대석 쌓았다. 장대석 끝에는 자연석을 쌓아 축대를 마무리하였다. 가운데에는 층계를 마련하여 2단으로 올라갈 수 있게 하였다. 2단에는 원래 문인석이 있었다고 하나 전하지 않는다. 제일 아랫단에는 주춧돌 2개가 깊이 박혀 있는데, 정자각이 있었던 흔적으로 보인다.

순경태후의 가릉(嘉陵)

사적 제370호인 가릉은 고려 제24대 원종의 비인 순경태후의 무덤이다. 순경태후는 고려 고종 22년(1235) 남편인 원종이 태자가 되자 태자비가 되었고, 훗날 충렬왕이 되는 심(諶)을 낳았다. 그러나 심을 낳은 후 곧 생을 마감했기 때문에 남편이 왕위에 오르는 것을 보지 못했다. 원종 3년

(1262)에 정순왕후로 추봉되었고, 아들 심이 충렬왕이 되자 순경태후로 추존되었다. 순경태후는 고려왕조가 강화도에 있던 시절에 생을 마감했기 때문에 무덤 또한 강화도에 있게 된 것이다.

이 능은 나지막한 지형을 이용하여 조성했다. 강화도에 있는 다른 능인 홍릉, 석릉, 곤릉은 가파른 경사지에 조성해서 여러 단의 축대가 확연히 드러나는데 비해, 가릉은 완만한 경사지여서 3단으로 조성한 것 같으나 확실히 드러나지는 않는다.

이 능은 발굴(2004년) 후 무덤방 내부를 볼 수 있도록 유리문을 설치하여 노출하였다. 무덤방(석실)은 직사각형 모양이다. 벽체는 길고 네모나게 다듬은 화강암을 5단으로 쌓아 만들었다. 그리고 그 위에 회칠하고 벽화를 그린 것처럼 보이나 훼손이 심하여 벽화 내용을 알 수 없다. 바닥은 흙바닥이고 가운데에 관대(관받침)를 마련했다.

발굴을 통하여 확인된 무덤 조성 방법은 대략 다음과 같다.

1) 잘 다듬은 돌을 쌓아 직사각형의 무덤방 만들기

2) 완성된 무덤방 바깥을 돌로 덮기

3) 돌무더기 위에 흙으로 덮어 마감하기

4) 흙을 덮은 후 그 위에 작은 봉분 만들기

비스듬한 경사지를 그대로 이용했기 때문에 정면에서 보면 무덤이 높으나 뒤에서 보면 평지에 조그만 봉분만 보인다. 무덤의 아랫부분은 병풍석처럼 돌을 약간 쌓았는데 그 넓이만큼 내부에는 돌이 덮여 있다. 무덤의 뒤에는 바깥을 바라보는 석수(석호)가 있다. 이 석수의 아랫부분은 돌무더기에 고정되어 있는데 발굴 결과 석수는 그냥 놓여 있는 것이 아니라 아래로 길게 꽂혀 있었다.

봉분 앞 2번째 단에는 문인석 2기가 마주 보고 있다. 정면에서 보아 오른쪽 문인석 뒤에는 조선 고종 4년(1867)에 세운 묘비가 있다. 제일 아랫단인 3단에는 벽돌이 깔린 네모난 곳이 있는데, 정자각이 있었던 자리로 추정된다.

2004년 발굴할 당시 이미 도굴이 되어 많은 유물을 수습하지 못했으나, 새가 횃대 위에 앉아 있는 모습의 옥 장식품, 당초문을 역상감한 병뚜껑 등의 유물을 찾아내었습니다.

TIP 역상감

고려청자를 제작할 때 문양을 넣는 방법 중 하나가 상감기법이다. 상감은 무늬부분을 파내고 다른 색의 흙을 넣어 문양을 만드는데 비해, 역상감은 문양은 두고 바탕을 파내어 다른 색의 흙을 넣는 경우를 말한다.

능내리석실분(돌방무덤)

능내리석실분은 가릉에서 오른쪽 길을 따라 조금 더 올라가면 있다. 이 석실분은 오래전에 도굴되었고 전해오는 기록이 없어 누구의 무덤인지 알 수 없다. 도굴 당시의 흔적인지는 알 수 없으나 석실(무덤방)이 오랫동안 노출되어 있었다. 그냥 두면 훼손이 더 심해지기 때문에 보존의 필요성이 인정되어 2006년 정밀 조사와 발굴이 진행되었다. 발굴을 통해 봉분과 무덤을 장식했던 구조물들이 대략 확인되어 왕릉급 무덤으로 추정하고 있다.

경사진 지형을 이용하여 3단의 평지를 마련하였다. 제일 윗단(1단)에 봉분, 2단은 비어 있으며 제일 아랫단에는 정자각이 있었던 흔적이 확인되었다.

무덤을 수호하던 석호(石虎)도 있다. 석호는 봉분 뒤 좌우에서 바깥을 바라보며 앉아 있다. 바깥을 바라본다는 것은 지키는 임무를 맡았음을 말해준다. 무덤을 둘러싼 난간을 설치했는데 난간을 끼우기 위한 난간석에는 손오공 머리띠 모양의 조각이 있어서 꽤 수준 높은 무덤이었음을 짐작할 수 있다. 발굴을 통하여 확인된 석수(돌짐승)와 난간의 모습은 강화도에 있는 다른 왕릉들의 원래 모습을 추정하는 데도 큰 도움이 되었다. 무덤의 주인공이 누구였는지 알 수 없으나 강화천도

시기 세상을 떠난 고려 왕실의 일원이었음은 틀림없다.

고종의 홍릉(洪陵)

사적 제224호로 지정된 홍릉은 고려 23대 고종(高宗: 1192~1259, 재위 1213~1259)의 무덤이다. 고종은 강종의 장남이며 어머니는 원덕태후 유씨다. 고종의 재위기간은 무려 46년이었는데 최씨 무신정권이 절정의 힘을 과시하던 때였다. 재위 3년에 몽골에게 쫓긴 거란이 고려로 침략해왔으며, 고려는 몽골과 협격하여 거란을 물리쳤다. 이 때문에 몽골의 노골적인 간섭에 직면해야 했으며, 결국 강화천도(1232)를 단행하여 몽골의 침략에 맞서야 했다. 물론 모든 것을 주도한 이는 무신정권의 실권자 최우였다.

고종의 재위 기간은 빈번한 몽골의 침략으로 수많은 백성이 살육되었고, 황룡사와 초조대장경 등 민족의 유산이 불타버리는 국가적 피해가 극심했다. 막강했던 최씨 무신정권도 시간이 흐르면서 틈이 생겼고, 무신들끼리의 다툼에 결국 무너져버렸다. 무신들의 힘이 약화되자 몽골과의 화의가 본격적으로 추진되었다. 몽골은 태자의 입조(황제를 직접 뵙는 것)와 개경 환도를 요구하였다. 1259년 태자가 몽골에 입조함으로써 몽골의 침략에서 벗어날 수 있었고 개경환도가 추진될 수 있었다. 고종은 무신정권이 무너지고 몽골의 침략이 마감된 1259년 6월 68세의 일기로 강화도에서 생을 마감했다. 그의 재위 45년 10개월은 참으로 고단한 시간이었다. 그러나 역설적으로 고려왕 중에서 가장 오랜 기간 재위했다. 가장 힘겨운 시간에 가장 오래 재위한 아이러니를 갖고 있는 셈이다.

고종의 무덤은 고려산 남쪽 국화리에 있다. 양쪽으로 계곡을 낀 가파른 능선에 무덤을 조성했다. 경사지에 축대를 3단으로 쌓고 각 단 위에 평지를 마련하였다. 제일 윗단에 봉분이 있으며, 두 번째 단에는 문인석이 2기씩 좌우에서 마주 보고 있다. 왕릉 조성 때부터 무덤을 지키던 것이다. 가운데 네모난 석상은 최근에 설치된 것이다. 석상 뒤에는 조선 고종 4년(1867)에 세운 묘표석이 있다. 제일 아랫단인 3단에는 별다른 흔적은 없으나 다른 왕릉과 비교해보면 정자각이 있었을 가능성이 있다.

1919년 일본학자 이마니시 류(今西龍)에 의해 조사되었는데, 봉분은 직경이 4m 정도 되는 작은 규모였다. 봉분의 아랫부분에는 병풍석이 3판 정도가 남아 있었다고 한다. 봉분 주위로는 난간을 둘렀고 난간을 구성했던 돌 일부가 남아 있었다고 기록하였다. 봉분 주위 네 모퉁이에는 석사자가 1마리씩 배치되어 있었다고도 하는데 지금은 없다. 봉분 뒤로는 돌담을 둘러놓았었는데 지금은 흙으로 둘러놓았다.

묘하게도 조선 고종의 능도 홍릉(洪陵)이다. 조선의 고종도 재위 기간이 44년이나 되었다. 안동김씨 세도정치를 끝냈지만 아버지 흥선대원군의 간섭을 받아야 했다. 흥선대원군을 탄핵한 명성황후는 자신의 친정인 민씨를 끌어들여 여흥민씨 세도를 열었다. 외부적으로는 이양선을 앞세운 서구열강의 침략에 시달려야 했다. 말년에는 강제퇴위와 일제강점기를 겪어야 했던 왕이었다. 두 명의 고종이 마주했던 역사는 실로 파란만장했다고 하겠다.

기록에만 존재하는 고려왕릉

확인된 왕릉 외에도 성평왕후의 소릉(紹陵), 강종의 후릉(厚陵) 등이 있었다고 한다. 앞서 언급되었던 능내리석실분 뿐만 아니라 왕릉급 무덤으로 추정되는 흔적이 발견되는 것으로 보아 더 있었다는 것은 확실한 듯하다.

성평왕후는 21대 희종의 왕비였다. 왕후는 4남 5녀를 낳았고 고려 고종 34년(1247)에 생을 마감했다. 강도시기에 생을 마감했기 때문에 왕릉은 강화에 있었다. 능호는 소릉(紹陵)이라 했다.

후릉(厚陵)은 22대 강종(재위: 1211~1213)의 능으로 명종의 장남이고 부인은 곤릉의 주인인 원덕태후다. 1197년 명종이 최충헌에 의해 폐위되자 부왕과 함께 강화도로 유배되었다. 13년 만에 유배에서 풀려 개경에 돌아왔는데 최충헌이 희종을 폐위시키자 왕위에 올랐다. 이때 강종의 나이는 이미 60세였다. 재위 2년 만인 62세로 승하했는데 강화도에 안장되었다. 개경에서 재위 왕으로서 승하했는데 능을 강화도에 조성한 이유가 무엇인지 알 수 없다. 강종의 아들이 강화로 천도한 고종이다. 고종은 부왕의 시신이 몽골군의 수중에 들어가는 것을 막기 위해 강화로 천장(왕의 무덤을 옮김)했을 가능성이 있다.

강종은 1213년 병상에 누웠으며 태자에게 왕위를 물려주고 승하했다. 그는 생을 마감하기 전에 조서를 내렸는데 내용은 아래와 같았다.

내가 변변치 못한 사람으로 임금의 자리에 오른 지가 이제 몇 년째 되었는데, 박덕하여 중한 책임을 다하지 못하고 병으로 위독하게 되었다. 임금의 자리는 잠시도 비울 수 없기에 태자 진의 덕행이 인방의 동의를 얻을 만하고 그의 총명은 아랫사람들을 능히 통솔할 만하므로 그에게 왕위를 주어 중애하고 어려운 일을 맡기노니 여러 백관들은 각기 직무를 수행함에 있어서 새 임금에게 복종하라. 나의 죽음 후 능묘 제도는 검박과 절약을 앞세우도록 하며 한 달 입을 상복을 3일 후에 벗게 하라.

강화도-준엄한 배움의 길

세계문화유산 고인돌

1 고인돌 기본 상식

우리나라의 고인돌은 2,000년에 세계문화유산으로 등재되었다. 그 가치를 인정받은 것이다. 우리나라 고인돌은 전국적으로 분포되어 있다. 그중에서 다양성, 역사성 등을 따져서 '강화도 · 고창 · 화순'의 것이 세계문화유산으로 등재되었다.

우리나라에는 전세계 고인돌의 40%(약 4만 기)가 있다고 한다. 고인돌 왕국이라고도 해도 과언이 아니다. 그렇다면 고인돌 왕국인 우리는 고인돌에 대해 얼마나 알고 있을까? 자신할 수 없다. 전세계 고인돌의 40%가 우리나라에 있다면 고인돌에 대해 제대로 알아야 하지 않겠는가? 고인돌이 우리나라의 대표적인 문화유산이라 할 수 있는데 아무것도 모른 채 살 수는 없다. 어쩌면 이 땅을 살아가는 한국인으로서 당연한 것이라 하겠다. 내가 나를 사랑하지 않으면 누가 나를 사랑할 수 있을까?

고인돌이란?

고인돌이라는 이름은 괸돌, 고임돌 즉 '고임 + 돌'에서 왔다. 돌 받침대를 써서 거대한 지붕돌을 받친 형태라는 것이다. 고인돌은 순우리

말이다. 한자로는 지석묘(支石墓: 돌을 지탱하다), 석붕(石棚: 돌로 된 선반), 대석개묘(大石蓋墓: 큰 돌덮개의 묘)로 표현한다. 영어로는 '돌멘(Dolmen)'이라 하는데 '탁자(dol)' + '돌(men)'의 합성어다. 우리말이나 한자, 영어 모두 생긴 모습에 따라 이름을 붙었다는 것을 알 수 있다.

고인돌은 청동기시대 사람들의 무덤이다. 대다수의 고인돌이 무덤이기에 고인돌을 소개할 때 무덤이라고 표현한다. 고인돌은 무덤으로 사용된 것이 대부분이며, 무덤이 아닌 경우는 '경계의 표시'나 '묘표', '제단(祭壇)'으로도 사용되었다.

제단용 고인돌은 집단의 결속을 다지기 위한 장소에 만들어졌다. 청동기시대에는 구릉지에 마을이 있었는데, 마을에서도 잘 보이는 위치인 고개나 산 능선부에 만들었다. 듬직하게 보이는 지붕돌과 튼튼한 받침돌로 구성되어 있어 시각적으로 상징화하기 좋았다. 제단용 고인돌은 웅장해 보이는 탁자식 고인돌과 두툼한 지붕돌을 가진 바둑판식 고인돌이 주를 이룬다.

묘표석은 무덤의 영역을 표시하거나 집단의 권위와 위용을 드러내기 위해 축조되었다. 고인돌떼가 있는 곳에서도 높은 지대에 위치한다. 공동 묘역을 만들기 전에 묘역을 상징하는 고인돌을 먼저 만든 것으로 보고 있다. 인공구조물이 분명한데 시신 매장부가 없는 경우다.

제사터로도 사용되었는데 고인돌떼 한가운데 있거나 한쪽에 치우쳐 있다. 이 경우 시신을 매장하기 위한 무덤방이 없다. 현대에서도 무덤 앞에 음식을 차리는 상석을 두는데, 상석 자체가 고인돌처럼 생겼다. 제사터에 사용된 고인돌의 경우 무덤의 상석 역할을 했던 것이다.

이밖에도 농경사회의 기념물, 교통로의 표지석, 마을의 경계 등으로도 사용되었다고 한다. 고인돌에 대해 '무덤이었다'라고 설명하는 것을 제외하고는 경계의 표시, 묘표, 제단 등의 주장은 확정할 수 있는 이론은 아니다. 짐작일 뿐이다.

고인돌의 종류와 구조

고인돌은 생긴 형태에 따라 구분한다. 탁자식(북방식), 바둑판식 또는 기반식(남방식), 개석식 고인돌로 나눌 수 있다.

탁자식 고인돌은 받침돌을 높이 세우고 그 위에 지붕돌을 얹는 방식이다. 지붕돌은 얇고 넓게 생겼다. 탁자식 고인돌은 한강 이북 지역에서 주로 발견되어 '북방식 고인돌'이라 불리기도 한다.

탁자식 고인돌을 만드는 방법은 이미 널리 알려져 있다. ① 땅을 깊이 파고 받침돌(고임돌) 두 개를 튼튼하게 세운다. ② 받침돌 높이만큼 흙을 쌓아서 비스듬한 언덕을 만든다. ③ 비스듬한 경사지로 크고 넓은 지붕돌을 옮겨 받침돌 위에 얹는다. ④ 흙을 제거한다.

▲ 탁자식 고인돌

⑤ 시신을 받침돌 사이에 넣고 마무리로 양쪽에 넓적한 돌로 막는다.

탁자식 고인돌은 시신을 매장하는 무덤방이 지하에 있지 않고 지상에 있는 형태다. 탁자식 고인돌은 고인돌 자체가 커다란 돌상자이며 돌널인 셈이다, 뚜껑이 큰 상자라고 생각하면 된다. 두 개의 받침돌은 땅에 박혀 있고 지붕돌이 묵직하게 눌러 주기 때문에 고인돌이 넘어지지 않는 한 빠지지 않는다. 그러나 시신을 매장 한 후 양쪽에 마무리로 막은 돌은 깊이 박은 돌이 아니다. 또 지붕돌이 묵직하게 눌러주지도 못한다. 그렇기 때문에 시간이 지남에 따라 자연스럽게 사라진 경우가 많다. 그래서 고인돌이란 이미지가 '두 개의 받침돌과 그 위에 큰 지붕돌'이 있는 모양으로 굳어지게 된 것이다.

바둑판식(기반식) 고인돌은 무덤방을 지하에 만든다. 땅을 관(棺: 널)모양으로 파고, 크고 납작한 돌로 바닥과 벽을 만든다. 시신을 매장한 후 납작한 돌 여러 개를 이어 돌관 위를 덮는다. 그리고 흙을 약간 덮은 후 주위에 크고 넓적한 돌들을 쫙 깔아준다. 바닥에 깐 돌 몇 개는 큰 것이 있는데 이것이 고인돌의 받침돌이 된다. 바둑판식 고인돌은 지붕이 두꺼운 것이 특징이다. 받침돌은 작고 낮은 반면 지붕돌은 크고 두껍다. 그렇기 때문에 멀리서도 고인돌인 것을 알아볼 수 있다. 주로 남쪽 지방에서 많이 발견되기 때문에 남방식 고인돌이라 부른다.

개석식 고인돌은 바둑판식 고인돌과 마찬가지로 지하에 무덤방를 만든다. 바둑판식 고인돌과 다른 점은 받침돌 없이 지붕돌을 돌관 위에 바로 얹어버리는 방식이다. 축조 방식에서 가장 간단한 방법이다. 개석식 고인돌은 겉으로 봐서 고인돌 여부를 구분하기 어려운 경우가 많다. 발굴을 통해서 고인돌 여부를 확인하게 된다.

고인돌의 모양과 만드는 방식에 의해 크게 세 가지로 나누기는 하나, 세부적으로 보면 더 다양한 모습들이 있다. 무덤방을 만드는 방식이나 무덤 주위로 돌을 까는 방식 등에서 조금씩 차이가 있기도 하다.

▲ 개석식고인돌

▲ 고인돌하부 돌널모습

청동기시대에 국가 탄생

우리나라 청동기시대는 언제부터 시작되었는지 정확한 시기를 알 수 없다. 고조선이 청동기시대의 국가인데 기원전 2333년에 건국되었다고 단군신화는 말한다. 물론 이 기록을 그대로 믿기는 어렵다. 기원전 1200년이라고도 하고, 더 올라가 기원전 2000년이라고도 한

▲ 청동기시대 마을인 부여 송국리 유적

다. 이렇게 시간차가 많은 것은 기록과 고고학적 성과가 확실하지 않기 때문이다. 또 고조선의 영토가 한반도 보다는 중국 요녕성 일대에 있어서 연구에 한계가 있기 때문이다.

우리나라의 청동기는 구리와 아연을 합금하여 만들어졌다. 이는 북방 시베리아 계열로서 한반도로 전해진 또는 이주한 청동기인들은 시베리아에 뿌리로 두고 있음을 알려준다.

청동기시대에 벼농사가 시작되었다. 벼농사는 남방 농경문화의 특징이다. 그렇다면 한반도의 청동기인들은 북방에서 온 것일까? 아니면 남방에서 온 것일까? 아니면 북방계와 남방계가 한반도에서 만난 것일까? 청동기인들과 함께 한반도로 왔던 고인돌은 북방에서 온 것일까? 아니면 남방에서 온 것일까? 우리나라 건국신화에 천생(天生)과 난생(卵生)이 하나의 신화에 등장하는 것도 이 때문이 아닐까? 난생

설화는 남방계열, 천생설화는 북방계열로 보고 있는 것이 통설이다. 청동기인들이 우리 민족의 직접적인 조상이라고 하는데, 그 뿌리가 어딘지 궁금할 뿐이다. 물론 청동기인들이 몰려들었다 하더라도 기존의 신석기인들이 사라진 건 아니니까 서로 섞였을 것이다.

신석기시대까지는 주로 자연이 허락하는 식량을 채집하는 경제에 의존했다. 청동기시대가 되면 수렵과 채집보다는 식량을 직접 생산하는 경제로 변화된다. 신석기시대부터 농경이 시작되었지만 농경이 경제의 주축은 아니었다. 그러나 청동기시대가 되면서 농경이 주력 경제로 바뀌게 된다. 불확실한 수렵채집보다는 예상 가능한 농업이 생존에 더 유리하였기 때문이다. 또 수확량이 많고 영양이 풍부한 벼농사는 사람들로 하여금 농경에 의존하도록 하였다.

농경은 기후와 노동력에 의해 수확량이 결정된다. 기후야 인간의 힘으로 어쩔 수 없는 것이라 하더라도 노동력은 조절 가능한 것이다. 논밭을 일구고, 씨를 뿌리고, 가꾸고, 거두는 모든 일에는 노동력이 절대적으로 중요하다. 사람들은 대규모 마을을 이루고 살면서 노동력을 집중투입해 농경을 확장해 갔다.

농경은 투입된 노동력에 비례해서 수확량이 결정된다. 부지런한 사람은 많은 결실 거두고 게으른 사람은 적은 것을 수확했다. 이는 사유재산이라는 새로운 소유구조를 발생시켰다. 사유재산은 공동체 내에서 또는 공동체와 공동체 사이에서 문제를 일으켰다. 넉넉한 사람과 부족한 사람 사이에 재산권 분쟁뿐만 아니라 빼앗고 지키기 위한 싸움이 있게 되었다. 이러한 문제를 힘의 논리에 맡겨 둔다면 공동체는 부서지고 만다. 짐승과 다를 바 없는 약육강식의 사회가 되는 것이다. 이를 합리적으로 해결해야 했다. 공동체 구성원 전체가 동의하는 방법으로 말이다. 마을 내에서 연장자나 지혜가 출중한 사람이 나서서 해결안을 제시하고 공동체가 이를 받아들이는 방법으로 해결했다. 이러한 과정에서 지배층과 피지배층이 생겨났다. 피해를 준 사람이 그것을 해결할 능력이 없으면 신분이 격하되는 일이 발생한 것이다. 이로 인해 신분이 생겨난 것이다. 합리적으로 해결한 지도자는 그 공을 인정받아 그의 말에 권위가 생겼고, 지도자가 지배자로 서서히 변신하게 된다.

마을 공동체 내부의 분란도 있었겠지만, 외부 공동체와 다툼도 발생하였다. 싸움에는 승리자와 패배자가 있게 된다. 이로 인해 두 공동체가 하나로 합쳐지는 결과를 가져왔다. 공동체와 공동체가 통합되면서 단위가 큰 국가가 생겨났다.

다시 청동기마을로 돌아가 보자. 마을은 언덕 위에 있고 마을 밖으로는 높고 튼튼한 울타리를 둘렀다. 한 울타리 내에 사는 사람들은 공동체를 '우리'라 하였다. 울타리는 외부의 침입으로부터 마을을 방어하는 기능을 한다. 울타리 밖은 깊은 웅덩이를 파서 물을 담아 두었다. 울타리를 따라 곳곳에 망대를 세워 적들의 침입을 감시하였다.

집(家)들은 사각형의 평면에 지붕과 벽이 분리되기 시작하였다. 신석기시대 집들은 원뿔형으로 벽과 지붕이 하나였다. 조금씩 생활하기 편리한 모습으로 변하기 시작한 것이다.

마을 내에는 직업이 분업화되기 시작했다. 인구가 많아지고 사회가 복잡해지기 시작한 것이다. 제사를 주관하는 사람, 도구를 만드는 사람,

청동기를 제작하는 사람, 농사를 짓는 사람 등이 있었다. 직업의 분화뿐만 아니라 신분의 차별도 생겼다. 신분의 차이가 생긴 이유는 앞에서 언급했다.

마을 사람이 죽으면 고인돌을 만든다. 마을의 최고 지배자의 지휘에 따라 장례의식이 진행되었다. 그는 마을의 장례를 집정할 뿐만 아니라 마을 제사도 주도하였다. 정치지도자이자 제사장이었다. 제정일치(祭政一致) 사회였다. 마을의 대소사를 신(神)의 힘을 빌려 주도하는 힘, 즉 신령스러운 제사의 힘으로 마을 사람을 통제한 것이다. 그의 권위와 권력은 자신에게서 나오는 것이 아니라 알 수 없는 신령에게서 나온다고 주장하였다. 힘과 권위를 지니게 되면 사람들은 절대복종하게 된다.

1000년 동안 사용한 고인돌

청동기시대의 무덤이 고인돌이다. 그렇다고 청동기시대 무덤이 고인돌만 있었던 것은 아니다. 고인돌 외에도 움무덤(흙구덩이), 돌널무덤(구덩이를 파고 돌로 관모양을 만듬), 독무덤(항아리) 등 다양한 무덤이 확인되었다. 그중에서 가장 많고, 눈에 띄는 것이 고인돌일 뿐이다. 다른 형태의 무덤이 지하에 만들어졌다면 고인돌은 지상에 노출되기 있기 때문이다.

고인돌은 언제부터 사용되었는지 분명하게 확인되지 않았지만 대체로 기원전 1200년경에 시작되어 기원전 200년경까지 사용된 것

2406

으로 보고 있다. 약 1000년 동안 사용된 무덤인 셈이다. 연대 측정이 라는 것이 정확한 것은 아니어서 더 오래된 것이라는 주장도 있다. 세계적으로 보면 고인돌의 시작은 신석기시대로 거슬러 올라간다. 그런데 우리나라의 고인돌은 청동기시대에 시작된 것으로 보고 있다. 청동기의 시작을 언제부터로 인식하느냐에 따라 고인돌의 연대도 출렁거릴 수밖에 없다. 기원전 2000년경부터 청동기시대가 시작되었다고도 한다. 그러나 시작 시기는 다양한 주장이 있지만 고인돌의 마지막 사용 시기는 거의 일치한다. 기원전 200년 무렵 철기시대가 시작되면서 더 이상 사용되지 않았다는 것이 정설이다. 철기시대가 시작되면서 고인돌이 사라졌다고 했는데 그 이유는 무엇일까?

첫째는 사회 주도층의 변화다. 무덤은 상당히 보수적인 문화에 속한다. 무덤 양식의 변화는 내부적 요인으로는 일어나기 힘들다. 사후세계에 대한 확신이 없기 때문이다. 누구도 사후세계에 대한 확신에 찬 주장을 할 수 없기 때문에 기존의 것을 지키려는 습성이 있다. 그래서 무덤은 외부에서 가해지는 충격이 있어야 변화한다. 신석기에서 청동기로의 변화, 청동기에서 철기로의 변화는 무덤양식의 변화를 동반하였다. 새롭고 앞선 문화를 지닌 세력들이 유입되면 기존의 질서를 무너뜨린다. 새지배세력이 가지고 온 문화가 토착문화를 밀어낸다. 새지배세력은 자신들이 사용해오던 전통의 무덤양식을 고집하기 때문에 토착세력의 무덤 양식을 받아들이지 않는다. 토착세력은 자신들의 무덤양식을 고집하다가 선진문물을 가져온 이주세력의 무덤양식을 서서히 받아들인다.

둘째는 수준이 뛰어난 문화의 유입이 기존 문화에 충격을 가하고 그것이 무덤 양식의 변화를 이끌기도 한다. 학문, 종교, 문물 등 다양한 것들이 사회의 변화를 유도한다. 이런 것들은 실생활의 변화뿐만 아니라 사후세계에 대한 생각도 바꾼다. 사후 세계에 대한 인식이 달라지면 장례법과 무덤의 양식도 변화를 일으킨다. 불교와 유교, 기독교의 유입이 장례방법에 많은 변화를 가져왔던 것은 역사적 사실이다.

우리나라에서 고인돌이 사라진 경우는 사회주도층의 변화라기보다는 문화충격에 의한 영향이라고 할 수 있다. 철기를 가진 무리들이 집단으로 이동해 온 것이 아니라, 빈번한 교류를 통해 새로운 것을 수용한 결과에 속한다. 고조선 후기부터 철기가 유입되기 시작했는데, 그 흐름의 시작은 중국이었다. 청동기는 북방계열이었지만 철기는 중국으로부터의 영향이었다. 실생활에 유리한 철기는 받아들였지만 정치적으로는 중국과 경쟁하고 부딪쳤다. 철기로 대표되는 중국문화의 유입은 새로운 시대변화를 끌어내면서 고인돌과 청동기의 시대는 함께 저물어갔다.

문화는 물과 같아서 높은 곳에서 낮은 곳으로 흐른다. 철기문화는 청동기문화보다 더 앞선 문화였다. 그렇기 때문에 철기가 청동기를 밀어낸 것은 당연한 것이다. 우리나라는 근현대에 들어서 서구의 문화를 일방적으로 받아들이며 국가발전을 이루어 왔다. 그것을 충분히 흡수하여 소화하면서 내적 발전을 이루었다. 그래서 지금은 한국문화가 해외로 흘러나가 세계에 영향을 주고 있다. 그만큼 우리나라의 문화적 수준이 높아졌다는 것을 의미한다. 높으니 흘러나가는 것이다.

고인돌은 족장만의 무덤인가?

오랫동안 고인돌은 족장의 무덤이라고 의심없이 말해 왔다. 그러나 과연 그럴까? 고인돌에서 발견된 인골만 확인해도 족장만의 무덤은 아

니라는 것이 쉽게 확인된다. 어린아이와 여자의 인골도 많이 발견되기 때문이다. 족장이라고 말하기 힘든 경우라 하겠다. 무덤의 숫자를 봐도 그렇다. 한 곳에 수백 기의 고인돌이 밀집되어 있는데, 족장의 숫자로만 보기엔 너무 많다. '족장과 그 가족들이 아니냐?'라고 하는데 이는 왕조시대를 그대로 대입한 것으로 시대적 상황과 맞지않다 하겠다. 사라져버린 고인돌 또한 헤아릴 수 없이 많다. 농경지를 개간하거나 경작하면서 방해물로 취급되어 치워졌다. 고인돌이 무덤인 줄 몰랐던 시대의 이야기다. 고인돌이 무덤인 줄 아는 현대에 들어와서도 댐, 도로, 주택 등을 건설하면서 파괴되거나 없애버린 것도 만만찮게 많다. 발굴조차 못하고 사라진 고인돌, 발굴 후 다른 장소로 옮겨진 고인돌도 매우 많다.

현대에 와서 사라진 것은 그렇다 치더라도, 아주 오랫동안 서서히 사라진 것들을 생각해보자. 규모가 큰 것부터 없어졌을까? 아니면 작은 것부터 사라졌을까? 당연히 작은 것부터 사라졌을 것이다. 큰 것은 인력으로 어찌해볼 도리가 없어서 그냥 두었을 것이고, 작은 것은 적은 인력으로도 옮기거나 없앨 수 있기 때문에 사라진 것이다. 사람

들의 거주지 주변, 농경지에 있는 고인돌은 큰 것만 남게 된 것이다. 이렇게 남겨진 큰 고인돌을 보면서 '월등한 힘을 가진 족장의 무덤이 틀림없다'라고 생각하게 된 것이다.

고인돌에 대한 체계적인 조사가 진행되면서 고인돌은 족장만의 무덤이 아니라 청동기시대에 사람들의 무덤이었다는 것이 밝혀졌다. 적은 인력으로도 만들 수 있는 작은 고인돌도 얼마든지 있기 때문이다. 물론 무덤을 만들 때 동원할 수 있는 인력이 곧 무덤 주인공의 힘이라는 사실은 간과할 수 없다. 큰 규모의 고인돌은 막강한 힘을 가진 족장의 것으로 보아도 틀림없다. 지배자는 무덤을 만드는 과정에 많은 인력을 동원한다. 무덤을 만드는 과정을 통해 자신의 힘을 과시한다. 고대로 올라갈수록 무덤이 큰 이유다. 고대는 지배이념을 뒷받침해줄 교육제도가 없었고, 고등화된 종교도 없었다. 그래서 힘의 지배를 앞세울 수밖에 없었다. 무덤을 만드는 과정은 그 힘을 확인하는 순간이었고 이를 통해 지배질서를 더 단단하게 다질 수 있었다. 삼국시대에도 초기일수록 거대한 무덤이 많다. 그 후 유학과 불교가 들어오면서 힘이 아닌 정교한 정치 논리, 교리로 피지배자들을 설득을 할 수 있게 되었다. 불교가 들어오면서 화장을 했고 무덤은 작아졌다. 유교는 절대충성을 강조한다. 이제 무덤을 크게 만들지 않아도 백성의 충성을 이끌어 낼 수 있었다.

덮개돌의 무게로 인구 계산

▲ 화순군 팽매바위 고인돌

고인돌 덮개돌(지붕돌)의 무게를 이용해서 당시 인구를 계산할 수도 있다. 고인돌은 덮개돌이 가장 크다. 덮개돌의 무게를 계산하면 몇 명의 사람이 동원되었고, 해당 지역의 당시 최대 인구가 어느 정도였는지 알 수 있다.

32톤의 돌을 통나무와 밧줄을 이용해 옮기는데 대략 200명 정도의 사람이 필요하다고 한다. 물론 연구마다 조금씩의 차이는 있다. 감안하고 대략적인 계산을 해보자. 화순에서 가장 큰 고인돌인 팽매바위 고인돌의 경우 280톤이다. 이 고인돌을 만들려면 성인 남자 약 1,700명 정도가 동원되어야 한다. 이때 동원된 성인 남자 1명의 가족을 평균 5명으로 계산한다. 그러면 8,500명이 된다. 즉 팽매바위 고인돌을 만들 당시 주변지역 최대 인구는 8,500명이라는 계산이 나온다. 물론 추측에 불과하다. 그러나 가장 근접한 계산이기도 하다.

우리나라에서 가장 큰 고인돌은 김해 구산동에 있는 고인돌이다. 개석식 고인돌로 무덤방 위에 큰 덮개돌을 얹은 형식이다. 놀라운 것은 덮개돌의 무게가 무려 350톤이라는 사실이다. 현대의 기중기로도 들기 힘들어 발굴하는데 어려움이 많았다. 워낙 큰 것이기 때문에 제단이라는 설이 있었으나 발굴했더니 하부에서 시신을 매장했던 흔적이 발견되었다.

고인돌에서 발견되는 유물

고인돌 내에서 인골이 발견되는 경우가 많다. 충북 제천 황석리 고인돌은 키가 174cm의 남자가 매장되었는데, 당시로서는 상당히 큰 사람이었다. 북유럽인의 체형과 비슷한 것으로 밝혀졌다. 정선 아우리라지 고인돌 인골은 키가 170cm였는데, DNA 염기서열이 영국인에 가까웠다고 한다. 이밖에도 다양한 인골이 출토되었다.

묻히는 방법도 다양했다. 가지런히 누워 있는 경우, 모로 누워 있는 경우, 엎어서 눕힌 경우, 몸을 반으로 접어 매장한 경우 등 지역과 시기에 따라 다르게 나타났다.

청동기시대임에도 불구하고 발굴되는 유물 중에는 청동제품이 많지 않다. 청동기시대의 무덤이기에 청동제품이 주로 발견될 것 같지만 석기가 주로 발견된다. 청동제품은 청동기시대 유물 중에서도 절대적으로 적은 수를 보여준다. 청동제품을 부장하기에는 그 양이 풍족하지 않았기 때문으로 보인다. 우리나라의 청동기는 실생활용이라기보다는 지배자의 권위를 나타내기 위한 것들이 대부분이다. 제사장의 신적능력을 보여주기 위한 비파형동검, 거울, 방울 등이 주종을 이루어 종류와 양이 많지 않다. 청동기시대 후기에 와서 실용적인 제품들이 조금씩 등장하지만 시기적으로 매우 짧았다.

고인돌 출토 청동제품으로는 비파형동검(요녕식동검), 세형동검(한국식동검), 청동도끼, 청동화살촉 등이 있다. 고인돌 출토 석기로는 돌칼, 돌화살촉, 돌도끼 등이 있는데, 재료만 돌일 뿐 금속기와 모양이 같다. 또 돌의 재질이 매우 약하여 실용으로는 도저히 사용할 수 없는 돌칼들도 있다. 대단히 과장된 모양의 돌칼 또는 청동기를 닮은 돌칼도 있다. 이는 금속기 대신 석기를 부장했기 때문이라 하겠다. 붉은간토기, 가지무늬토기, 검은간토기 등 그릇 종류도 많이 발견되었다. 실생활용 그릇도 부장되어 있지만 붉은간토기, 검은간토기와 같이 무덤에 껴묻기 위해 특별 제작한 그릇도 있다. 몸을 장식했던 곱은옥, 대롱옥, 둥근옥 등 장신구도 함께 발견되었다.

고인돌에 새겨진 신비한 문양

일부의 고인돌에는 알 수 없는 무늬가 덮개돌에 새겨져 있다. 단단한 것으로 바위를 쪼아서 새긴 것도 있고, 반복해서 비비고 갈아서 둥글고 얕은 홈을 파는 경우(성혈)도 있다. 이러한 문화는 물감으로 그림을 그리는 중국과는 다른 시베리아 계통으로 확인된다. 대부분은 추상적 문양이지만 간혹 사람, 성기, 간돌검, 둥근원이 반복된 동심원 등도 나타난다. 내용은 풍요로운 수확과 후손 번창을 위한 기원의 내용이라고 짐작된다. 청동기시대는 농경이 본격화되었다. 그래서 농사에 필요한 에너지 즉 태양, 비, 바람 등을 표현하거나, 그들의 소망을 추상적으로 표현한 것으로 보인다.

성혈의 경우는 때로 별자리로 해석되기도 하지만 대부분은 어떤 규칙을 발견하기 어렵다. 성혈은 청동기시대 사람들만의 작품은 아니다. 사찰에 세워지는 탑의 기단부에도 성혈이 새겨진 경우가 많기 때문이다. 성혈은 아주 오랫동안 지속적으로 민간 신앙화하면서 전해졌다고 볼 수 있다. 성혈은 민간신앙에서 기도의 흔적이다. 고인돌에 새겨진 성혈이 반드시 고인돌 제작 시기에 만들어졌다고 볼 수 없는 것도 이 때문이다. 후대에 와서 신성해 보이는 바위에 성혈을 뚫고 기도를 했던 흔적으로도 볼 수 있기 때문이다. 삼척 죽서루 옆 바위에도 성혈이 있다. 고인돌이 아닌 일반 바위다. 풍요와 다산을 상징했던 곳이라 하는데, 조선시대 칠월칠석날 자정에 부녀자들이 성혈을 찾았다. 일곱 구멍에 좁쌀을 담고 치성을 드렸다. 그런 다음 좁쌀을 한지에 싸서 치마폭에 감추어 가면 아들을 낳는다는 믿음이 있었다.

옛 사람들이 보았던 고인돌

바둑판식 고인돌과 개석식 고인돌이 경우 자세히 보거나, 시신 매장부를 확인하지 않으면 고인돌로 확신하기 어려운 경우가 많다. 받침돌이 작거나 없는 경우엔 구분이 어렵다는 뜻이다. 탁자식 또는 바둑판식 중에서 그 모양이 뚜렷한 고인돌의 경우는 보는 이로 하여금 신비감을 불러일으킨다. 과학의 시대를 살고 있는 현대인의 시각으로 보아도 신비로운데 고인돌에 대한 정보가 없었던 옛날에는 어땠을까? 고인돌에 관한 가장 오래된 우리나라 기록은 고려 이규보의 『동국이상국집』

이다. 이 책에는 이규보가 32살 되던 때부터 1년 4개월 동안 전주지방을 기행하면서 남긴 글이 있는데 고인돌에 대해 묘사하고 있다.

다음날 금마군(익산)으로 향하려 할 때 이른바 '지석 支石'이란 것을 보았다. 지석이란 것은 세상에서 전하기를, 옛날 성인이 고여 놓은 것이라 하는데, 과연 기이한 흔적으로서 이상한 것이 있었다.

당대 최고의 지식인조차 고인돌에 대한 정확한 정보가 없어 기이한 것이라 하였다. 그러니 일반 백성들이야 더더욱 몰랐을 것이다. 사람들은 그 신비로운 모양에 이끌려, 거대한 고인돌에 압도되어 기도 장소로 택했다. 거대한 존재 앞에 서면 압도되는 느낌을 받는다. 기(氣)가 눌린다고 한다. 촛불을 켜놓고 정화수를 올리며 가족이 무탈하기만을 바라고 기도했다. 고인돌의 모습 또한 무언가를 받치고 있는 모습이다. 하늘을 떠받치는 모양이기도 하고 제물을 올려놓는 제단처럼 보이기도 한다. 고인돌의 모양 자체가 신비롭기에 후대의 사람들은 그곳을 기도 장소로 선택했던 것이다.

무덤으로 재사용된 예도 간혹 발견된다. 춘천 천전리고인돌 2호의 경우 무덤방 내부에서 통일신라시대 유물이 출토되기도 했다. 굽다리

접시, 잔 등이 다량으로 부장되어 있었다. 안성 만정리 고인돌의 경우는 분청자기가 발견되기도 했다. 시대를 넘어 두 사람이 고인돌에 안장된 것이다.

고인돌과 농경지가 공존했고, 마을과 고인돌이 어울려 지냈다. 뒷마당과 앞마당에 고인돌이 있었고, 마을 당수나무 아래에도 고인돌이 있었다. 사람들은 고인돌 위에 고추를 널어 말렸고, 장 담근 항아리를 올려놓기도 했다. 예부터 지금까지 수많은 고인돌이 그렇게 사람들과 어울려 살았다.

2 강화도의 고인돌

강화도 고인돌은 강화도의 북쪽인 고려산과 봉천산, 진강산 주변에 분포하고 있다. 산 능선, 낮은 언덕, 논과 밭 등 분포방식, 위치도 다양하다. 탁자식(북방식)이 많고 바둑판식(남방식)과 개석식도 있다.

강화도 내에는 150여 기 정도의 고인돌이 확인되었다. 고인돌을 만들기 위한 채석의 흔적도 주변에서 확인되었다. 채석장은 고인돌 제작 과정을 확인하는 중요한 유적이다. 강화 고인돌은 고인돌의 수(數), 형태의 다양성, 선사 인류의 생활상 연구에 중요한 자료를 제공해주기 때문에 유네스코 세계문화유산으로 등재되었다.

부근리고인돌

사적 제137호로 지정된 이 고인돌은 우리나라 고인돌을 대표하는 것으로 고인돌의 표지 사진으로 사용될 정도로 유명하다. 대표적인 탁자식 고인돌로 받침돌 2개와 거대한 지붕돌로 되어 있는데 그 모습이 듬직하고

멋있다. 현재까지 발견된 강화도 내 고인돌 중 가장 큰 것이다. 이 고인돌에 묻힌 주인공은 당대 최고의 힘을 지닌 족장이었음을 그 크기로 짐작해 볼 수 있다. 마감했던 돌은 사라져버리고 받침돌(고임돌) 2개만 남아 지붕돌을 고이고 있다. 이 고인돌은 발굴조사를 하지 않아 유물의 출토 사항은 알 수 없다. 그러나 주변 고인돌의 발굴 결과를 종합해보면 간돌칼, 돌화살촉, 돌가락바퀴, 민무늬토기 등이 주로 부장되었을 것으로 추측해볼 수 있다.

이 고인돌은 보는 방향에 따라 그 모양을 달리하기 때문에 천천히 돌면서 그 모양을 감상할 필요가 있다. 지붕돌과 받침돌의 모양이 불규칙하고 고인돌의 뒷배경이 다르기 때문에 보는 방향에 따라 느낌이 다를 수밖에 없다. 받침돌이 옆으로 기울어 있어 위태로워 보이는데, 아주 오랫동안 그 모양이었다고 한다. 예전에는 이 고인돌 사이를 왕래하면 무병장수한다고 하여 사람들이 드나들곤 했다.

부근리 고인돌 사적공원 내에 탁자식 고인돌의 받침돌로 생각되는 큰 돌 하나가 비스듬히 서 있다. 이것이 받침돌이라면 실제 고인돌의 규모는 상당했을 것이라 짐작된다. 만약 이 고인돌도 제모습으로 있었다면 이곳에 있는 두 기의 고인돌은 압도적 풍광을 보여주었을 것이다.

부근리 고인돌 사적공원은 고인돌을 돋보이게 한다고 주변을 잔디밭으로 만드는 바람에 너무 휑하게 되었다. 고인돌이 품었던 수천 년의 시간을 빼앗아간 느낌이다. 고인돌이 설치 미술품처럼 되어 버렸기 때문이다. 고인돌은 수천 년의 세월을 품고 있다. 이것은 헤아릴 수 없는 가치다. 그 시간을 되살리는 방법을 고민했으면 좋겠다. 주변 환경 또한 자연스러운 것이 좋겠다. 나무와 억새가 자라고 그 사이로 난 오솔길을 걸어 수천 년의 세월을 품은 고인돌이 만난다면 더 감격스럽지 않을까 생각해본다. 강화도 내 쓰러진 채로 그 모습을 그대로 보여주는 고인돌이 더 감동스러운 것은 그런 이유 때문이 아닐까?

부근리에는 해발 50m 내외의 낮은 구릉과 평지에 모두 16기의 고인돌이 분포되어 있다. 이곳을 찾는 대부분의 관광객은 공원처럼 꾸며진 넓은 공터에 홀로 서 있는 고인돌 한 기를 보고 돌아간다. 주변에 몇 기의 고인돌이 더 있음을 알리는 표지가 있으니, 여유 있다면 산책 삼아 찾아보는 것도 답사의 묘미가 될 것이다. 북동쪽으로 약 300m 떨어진 솔밭에 고임돌이 없는 고인돌인 개석식 고인돌 3기가 있으며, 동쪽 낮은 구릉에는 탁자식 4기와 개석식 고인돌 4기가 더 있다. 밀집되어 있다기보다는 점점이 흩어져 있다.

TIP

부근리고인돌 옆에는 강화역사박물관이 있다. 강화도의 선사 시대부터 근현대에 이르는 역사가 상세하게 설명되어 있다. 특별히 이곳에는 고인돌을 만드는 방법이 자세하게 설명되어 있으니 반드시 답사할 필요가 있다. 또 강화도의 간척에 대한 역사가 지도로 설명되어 있어 강화도의 지형적 변화를 이해하는 데 참고가 될 것이다.

오상리고인돌

내가면 고려산 자락에 있는 오상리고인돌은 그 모양이 아기자기하다. 아이들이 소풍 와서 가볍게 뛰어놀다 돌아가도 좋을 것 같은 분위기를 지니고 있다. 물론 귀중한 문화재가 있는 곳에서 뛰어놀면 안되겠지만 말이다. 잘 가꾸어진 잔디밭 공원에 12기의 고인돌이 오손도손 모여 있는데 설치 미술품 같기도 하다. 이곳에 잠든 청동기인들과 조용히 대화를 나누어 보는 것도 답사의 묘미가 되겠다.

대부분 탁자식 고인돌로 받침돌이나 지붕돌의 규모가 크지 않다. 고인돌 원래의 모습을 유지하고 있는 것도 있고, 매장부(묘실)를 막았던 돌은 사라지고 받침돌 2개만 남은 것도 있다. 또 지붕돌이 사라져 받침돌만 남은 경우도 있다. 완벽한 모습으로 남은 탁자식 고인돌이 있어서 탁자식 고인돌의 원래 모습을 볼 수 있는 좋은 장소라 하겠다.

이곳을 발굴한 결과 간돌칼, 돌화살촉, 바퀴날도끼, 반달돌칼, 돌자귀 등 석기류와 청동기시대의 대표 그릇인 민무늬토기, 장례용으로 제작된 붉은간토기, 그리고 팽이모양토기편 등이 출토되었다.

교산리고인돌

교산리고인돌은 봉천산(340m) 서북쪽 능선 아래에 있다. 이곳에는 모두 11기의 고인돌이 있는데 대체로 원형을 유지하고 있다. 원형을 유지하고 있다는 것은 덮개돌과 받침돌, 마감돌이 제자리에 있다는 뜻이다. 고인돌을 구성하던 돌들이 모두 있다면 복원하는 것은 어렵지 않다. 탁자식 고인돌이 많으며 간혹 바둑판식과 받침돌이 확인되지 않는 개석식도 있다.

고인돌의 위치로 보아서 의도적인 훼손보다는 세월에 의해 자연스럽게 무너진 것으로 볼 수 있다. 주택가나 농경지가 아니라 산 능선에 있기 때문이다. 큰비가 내릴 때마다 산 위에서 토사가 쓸려 내려오거나, 고인돌 아랫부분이 깎이면서 쓰러졌을 것이다. 땅을 평평하게 다진 후에 만들었을 고인돌이 지금은 비스듬한 경사지에 넘어져 있는 것처럼 보이는 것은 고인돌 아랫부분이 깎이면서 생긴 현상이다.

지금은 우거진 숲속에 있지만 이것을 조성할 당시에는 그들이 살던 삶의 터전을 내려다보는 그런 위치설정이었다. 죽은 이들의 삶의 터전이던 마을과 농경지를 내려다보는 곳에 무덤을 마련한 것은 교산리고인돌 뿐만 아니라 대부분의 고인돌이 비슷하다. 사후 세상에서도 후손들을 지켜보며 복을 빌어 주었을 위치, 후손들은 조상을 올려다보며 명복을 빌 수 있는 곳을 선택한 것이다.

점골고인돌

부근리 고인돌에서 멀지 않은 삼거1리 마을 입구에 '점골고인돌' 한 기가 우뚝 솟아 있다. 오랫동안 농경지에 넘어져 있었는데 발굴 후 다시 세워놓았다. 농사를 짓다가 나오는 돌들을 고인돌 주변으로 던져놓아서 고인돌 내부에 자갈이 수북하게 쌓여 있었다. 깨끗하게 치우고 다시 세워놓으니 듬직하고 멋진 고인돌의 품위를 되찾게 되었다. 고인돌 주변도 공원처럼 가꾸어 놓아 고인돌을 시원하게 보여준다.

전형적인 탁자식고인돌로 지붕돌이 받침돌(고임돌)에 비해 그리 크지 않다. 받침돌과 그 크기가 비슷해서 완형이었을 때는 그 모양이 돌상자처럼 보였을 것이다. 북쪽 부분에 마감돌이 남아 있으나 완전히 막아놓지 않고 펼쳐 놓았다. 그래서 지붕돌과 두 개의 받침돌만 남아 있는 것처럼 보인다. 부근리 고인돌에서 멀지 않으니 부근리 고인돌을 답사한다면 이곳까지 꼭 찾아봤으면 한다.

고천리고인돌

고려산(436m) 정상에서 서쪽 능선 아래 해발 350m 지점에 흩어져 있다. 모두 18기의 고인돌이 확인되었는데 강화도 고인돌 중에서 가장 높은 곳에 있다. 대체로 탁자식 고인돌이며 원형 그대로 보존된 것은 없다. 넘어지거나, 일부가 묻히거나 하면서 용케도 그 자리를 지켜왔다. 18기의 고인돌은 세 무리를 이루고 있으며 그중에서 69호 고인돌은 비교적 원형을 유지하고 있는 편이다.

마을에서 고인돌이 있는 능선으로 오르다 보면 길 주변으로 바위들이 흩어져 있는 것을 볼 수 있는데, 고인돌을 만들기 위한 채석의 흔적으로 확인되었다.

삼거리고인돌

삼거리 진촌마을 앞산인 고려산 서쪽 능선에 탁자식 고인돌 9기가 흩어져 있다. 제모습을 온전하게 갖춘 것은 없으나, 다시 세운다면 멋진 고인돌의 모습

을 갖출 수 있는 것도 있다. 옆으로 기울어진 고인돌, 땅에 묻혀 지붕돌만 보이는 것, 지붕돌이 반으로 깨진 것 등 다양한 흔적을 보여주고 있다. 고인돌이 있는 능선으로 올라가는 길가에도 여러 기가 있는데, 작은 표지를 세워놓아 고인돌이라는 사실을 알려준다.

덮개돌에는 성혈이 표시된 것도 있다. 어느 시대에 만든 것인지 알 수 없지만 성혈로 인해서 고인돌이 더 신비롭게 느껴진다. 또 주변에는 돌을 떼어낸 흔적이 있는 채석장도 발견되어서 고인돌 연구에 도움을 주었다.

강화도－준엄한 배움의 길

5 강화도의 기독교유적

1 건축으로 만난 동서(東西) 성공회성당

백두산 목재로 지은 강화읍 성공회성당

고려궁터 가는 길 오른쪽 언덕 위에 한옥으로 된 성당이 노아의 방주처럼 앉아 있다. 강화성공회성당이라 한다. 성당이라는 사실을 모르고 봤을 때는 사찰 건축이나 유교 건축으로 착각할 정도로 생소한 한옥성당이다. 성당 건축에 대한 선입견이 한옥과 연결되지 않기에 더욱 놀랍다. 민가(民家)에서는 사용할 수 없는 단청까지 했으니 사찰이거나 관아라는 생각을 더 굳혀 주는 것 같다.

강화 성공회는 1893년 갑곶나루에서 시작되었다. 몇 차례 그 위치를 옮겨 신앙을 지켜오다가 3대 주교인 조마가 신부와 김희준 교우가 새로운 자리에 건축한 것이 지금의 성당이다. 이때가 1900년 11월 15일이었다.

건축을 위한 목재는 금강송으로 백두산에서 가져왔다고 한다. 튼실한 성당을 건축하기 위해 압록강을 따라 신의주까지 내려온 목재를 조마가 신부가 직접 구입해 뗏목으로 만들어 운반해 왔다고 한다. 좋은 목재가 준비되었으니 수준 있는 도편수에게 맡겨야 한다. 그래서 경복궁 중건에 참여했던 도편수를 불렀다. 석재와 기와는 강화도 내에서 조달했고, 붉은 벽돌은 중국인 기술자의 도움을 빌렸다. 성당 문짝은 영국에서 가져와 달았다. 정면 4칸, 측면 10칸의 성당은 250명을 수용할 수 있는 규모다. 조마가 신부는 강화성당 준공 6년 후인 1906년 길상면 온수리에도 한옥으로 성당을 건축하였다. 이때의 경험이 큰 도움이 되었을 것이다.

언덕 위에 자리한 것은 세상을 구원할 방주의 역할을 강조하기 위함이다. 방주는 드러나야 한다. 숨어 있다면 어찌 멸망으로부터 구원할 수 있겠는가? 한옥으로 건축한 것은 성공회가 가진 독특한 선교전략 중 하나라고 한다. 각 나라의 문화를 존중하고 할 수 있으면 각 나라의 문화를 수용하는 선교 방식 때문이다.

가파른 층계를 올라가면 외삼문(外三門)이 나온다. 문도 우리나라 전통양식이다. 문에는 '聖公會江華聖堂(성공회강화성당)'이라는 현판을 달았는데, 전통방식대로 오른쪽에서 왼쪽으로 썼다.

외삼문을 들어가 약간의 층계를 오르면 내삼문(內三門)이 나온다. 내 · 외삼문이라고 했지만 삼문 형식만 취했다. 좌우칸은 막혀 있고 가운데 칸만 출입이 가능하다. 좌우칸은 벽돌로 마감해서 내부를 다른 용도로 사용하고 있다. 내삼문의 좌우칸은 종각 역할을 한다. 일반적으로 교회의 종은 높이 매달아 사용한다. 하늘에서 들리는 소리처럼 한 곳도 빠짐없이 전달하고자 하는 의미가 있다. 그런데 강화성공회 성당 내삼문에 있는 종은 사찰의 종처럼 낮게 달았다. 매다는 방식뿐만 아니라 모양 또한 '한국종'의 모양과 동일하다. 종의 표면에는 기독교의 문양을 새겼다. 처음 종을 만들 때 영국에 있는 성공회 본부에 우리나라 범종의 도면을 보내서 제작해왔다고 한다. 이때가 1914년이었다. 그러나 이때의 종은 1944년에 일제의 전쟁물자로 징발당하고 말았다. 평화의 소리를 전하던 종이 살육을 위한 전쟁 무기 재료로 징발된 것이다. 지금의 종은 1989년 교우들의 봉헌으로 다시 제작되었다.

내삼문을 통과하면 성당이 바투 서 있는데, 내삼문과 성당 본전 사이에 마당이 없기에 답답한 감이 있다. 한국 건축에서 마당은 매우 중요한 역할을 하는데, 아무래도 서양 건축에 익숙했던 당시 성공회 신부들은 이것을 미처 헤아리지 못했던 것 같다.

성당은 2층으로 된 건물로 1층과 2층 모두 팔작지붕으로 마감했다. 용마루와 내림마루를 삼화토로 마감하여 궁궐 건축 외에는 사용할 수 없었던 건축 재료를 사용했다. 물론 이 성당이 건축될 당시에는 이런 규정이 적용되지 않았던 시대였기 때문에 문제 될 것은 없다.

2층에는 '天主聖殿(천주성전)'이라 현판을 걸었고 용마루 끝에는 십자가를 세웠다. 정면은 4칸이고 측면 10칸이다. 우리나라 전통 건축은 정면이 넓고 측면이 좁다. 서양의 성당은 정면이 좁고 측면이 긴 건축 구조를 갖는다. 사찰 건축에서 대웅전을 상상해 보면 정면이 넓고 측면이 좁다는 것을 알 수 있다. 그래서 내부로 들어가면 정면에 부처가 있고 신도들은 좌우로 길게 늘어서 앉게 되어 있다. 반대로 성당은 깊이를 강조한다. 내부로 들어가면 저 멀리 예배를 집전하는 제단이 있고, 기둥이 두 줄로 길게 늘어서 있는 형식이다. 이런 구조를 바실리카양식이라고 한다. 강화 성공회성당 역시 겉모습은 전통 한옥을 따르고 있으나 내부는 성당건축의 표본을 따랐다. 동서양의 어색함을 중화시키는 것은 내부가 목조로 되어 있다는 것이다. 석조로 된 서양 건축의 기둥들은 차갑고 묵직한 느낌을 주지만, 이곳에서는 목조기둥이 한옥의 따뜻함을 그대로 보여준다. 목조로 되어 있어서 안온하고 따뜻한 느낌을 주는 것과 동시에 2층에서 들어오는 빛은 성스러움을 더해준다. 신도들로 하여금 차분하면서도 경건하게 하나님과 조우할 수 있도록 건축적 배려가 있었다. 이곳에서 동서양의 전통이 만났다. 한국의 전통이 서양과 융합되면 어떤 결과물이 될지 20세기 초 강화도는 이미 시도하였고 이루어 냈던 것이다.

건물의 측면은 아래에서부터 3분의 2지점까지 붉은 벽돌로 마감했다. 측면에서 들이치는 바람과 빗물을 막을 수 있고 단열에도 도움이 된다. 성당이 언덕 위에 있기 때문에 들이치는 바람과 빗물의 강도도 만만치 않았을 것이다.

성당 앞에는 보리수와 회화나무가 있다. 보리수는 불교, 회화나무는 유교를 상징한다. 한국 전통의 종교를 존중하면서 기독교와의 화합을 기원하는 식수였다고 한다. 기념식수인 셈이다. 그러나 안타깝게도 회화나무가 2012년 태풍 볼라벤에 의해 쓰러져버렸고, 지금은 보리수 나무만 남았다.

성당 주변에는 여러 기의 비석이 있다. '성당축성 100주년 기념비'는 방주 모양의 받침대 위에 세워져 있어 독특하다. 그밖에 강화성당 발전에 큰 역할을 한 '대한성공회 제1대 고요한 주교', '대한성공회 제2대 단아덕 주교', '대한성공회 3대 조마가 주교'의 기념비도 있다. 성당 오른쪽 샛문 옆에도 작은 비석이 하나 있는데 앞면에 '대영국 알미 슈녀 기념비', 뒷면에 '1906년 10월에 승천했다'라고 새겨져 있다.

성당 뒤에는 ㄷ자 모양의 한옥사제관이 있다. 원래는 본당건축과 함께 지어진 사제관이 있었는데, 1985년 화재로 전소되어 재건축된 것이다.

TIP **삼화토**

석회, 석비례, 모래를 1:1:1의 비율로 섞은 전통 건축재료다. 재료를 구하기가 쉽지 않았기 때문에 궁궐을 비롯해 왕실 주요 건축에만 사용했다. 지붕의 용마루, 내림마루, 궁궐담장 등을 하얗게 싸바르는 데 사용한다. 시멘트보다 견고하고 오래간다. 삼화토라는 사실을 모르고 보면 시멘트를 발랐다고 오해한다. 조선시대에는 삼화토를 민가건축에서 사용하는 것을 금했다.

따뜻함이 가득한 성공회온수리성당

1897년, 강화성공회는 길상면 온수리에 작은 집 한 채를 구하여 주민들을 위한 진료를 시작하였다. 의료선교사 로스는 1898년 9개월 동안 242가정을 돌아보면서 3,528명의 환자를 진료하였다. 로스 신부의 진료를 받기 위해 각지에서 사람들이 모여들었고, 치료받은 환자들은 그의 헌신적인 진료에 감동하여 신자가 되었다. 1906년 영세를 희망하는 신자가 100여 명에 이를 정도로 성장하였다. 그래서 신자들은 더 넓은 예배공간을 필요로 하게 되었고, 스스로의 힘으로 성당을 건축 하기로 하였다. 처음엔 15칸의 성당을 계획했으나, 교인들의 열성과 특별헌금으로 27칸의 한옥성당을 지을 수 있었다. 온수리 성당은 주민들의 자발적 참여로 완성되었기에 한국적인 온기가 더 깊이 스며 있다. 낮은 곳으로 더 낮으로 곳으로 내려왔던 예수의 향기를 머금은 따뜻한 한옥성당이 탄생하게 되었다.

성당은 단층이며 겹처마 팔작지붕을 한 정면 3칸, 측면 9칸이다. 용마루 양 끝에는 십자가를 올려서 성당이라는 사실을 알렸다. 측면 벽 3분의 2까지는 콩떡담장으로 마감하였고 그 위에 작은 유리창 설치했다.

정면에서 봤을 때 지붕의 합각(삼각형 모양으로 보이는 곳)에 아름다운 무늬를 넣었는데 기와를 사용하였다. 기와로 수놓은 문양은 십자가인데 꽃문양처럼 보인다.

안으로 들어가기 위해 문을 열면 전실이 나온다. 본실로 들어가기 전에 전실을 설치한 것이다. 문은 한지를 발라서 한옥의 따스함이 스며 있다. 문 위에는 사제들의 사진이 걸어 두어 성당의 역사가 깊음을 보여준다.

본실로 들어가면 정면에 지성소가 보이고 지성소를 향해 기둥이 두 줄로 도열해 있다. 기둥으로 인해 공간은 3칸으로 나누어졌다. 가운데 칸은 비어 있고 좌우 칸에는 신도들을 위한 회중석을 설치했다. 이는 전형적인 바실리카양식이다. 기둥

12개는 예수의 열두 제자를 상징한다. 늘어선 기둥들은 깊이감을 더하면서 예배의 집중도를 높이고 엄숙함을 가지도록 유도한다.

성당의 문간채는 강화읍내 성당과 마찬가지로 삼문 형식을 하였다. 좌우 칸은 막혀 있고 가운데로만 출입 가능하다. 가운데 칸은 솟을 대문보다 더 높이 올렸는데 종탑의 역할을 겸하고 있다. 대문에 들어서면 한옥성당의 끝부분이 살짝 보인다. 지금은 담장이 없어져서 주차장에서 성당 전체가 보이지만, 옛날에는 대문을 들어서야 볼 수 있었다. 그렇다면 이곳을 답사할 때는 대문으로 들어가야 옛사람의 시선으로 보는 것이 된다. 건축물 답사는 건축주의 입장에서 보아야 된다.

온수리성당은 정족산 능선이 북쪽으로 뻗어 내린 끝에 있다. 정족산에는 유명한 전등사와 정족산성이 있다. 능선 위에 성당이 있기 때문에 주변이 조망되는 좋은 위치다. 강화읍내에 있는 성공회성당처럼 우뚝 솟은 느낌보다는 그윽한 높이다. 신도들이 성당의 종소리를 듣고 살짝 고개를 들어 바라볼 위치가 된다. 밀레의 그림 '만종'의 장면처럼 농부들이 논밭에서 일하다가 성당의 종소리를 듣고 잠시 기도할 수 있는 그런 위치에 있다.

새성당은 2004년 유럽스타일로 건축되었다. 옛 한옥성당과 새 유럽식성당이 묘하게 조화를 이룬다. 한옥성당(인천광역시 유형문화재 52호)과 사제관(인천광역시 유형문화재 41호)은 문화재로 지정되어 보호받고 있다.

2 새시대를 선도한 개신교

역사의 섬 강화도에는 개신교의 역사도 특별하다. 강화도에 있는 웬만한 교회는 그 역사가 100년이 훌쩍 넘는다. 교회마다 크고 작은 역사관이 있을 정도로 교회가 걸어온 길을 자랑스러워한다.

병인양요, 신미양요 등 서양 세력의 침략으로 피해가 유난히 많았던 곳이 강화도였다. 침략자들이 물러간 뒤에도 그들과 협조한 사람들을 색출한다고 하여 온갖 고초를 겪어야 했다. 서양 오랑캐들 때문에 삶과 죽음의 언저리에 내던져졌던 이들이 강화도 사람들이었다. 그러니 서양은 몸서리쳐지는 존재였을 것이다. 이런 배경을 가진 강화도에 서양을 대표하는 종교인 기독교(개신교)가 전해진 것이다. 교산교회에서 시작해 홍의교회로 전해지고 홍의교회 교인들이 강화도내 곳곳으로 흩어져 교회를 세웠다. 이와 같은 개신교 관련 역사는 각 교회 역사관에서 확인할 수 있다. 또 강화대교 초입에 강화기독교기념관이 건축되고 있어서(2022년 현재) 일목요연하게 전달할 것으로 기대된다.

한 알의 밀, 교산교회

강화 개신교의 시작은 인천 제물포에서 주막을 하던 이승환이었다. 당시 제물포에는 존슨 선교사가 들어와 있었다. 그는 한국 사람들이 모임을 할 때는 계(契)를 조직한다는 것을 알았다. 존슨 선교사도 계를 조직하여 사람들을 모으고 성경을 가르쳤다. 이승환은 그곳에 갔다가 신앙을 갖게 된다. 세례를 받게 되었을 때 술장사 하는 자신이 세례를 받는 것은 옳지 않으며, 연로하신 어머니보다 먼저 세례를 받을 수도 없다하여 거절하였다. 그 후 이승환은 주막을 그만두고 고향인 강화도로 와 어머니를 모시고 농사를 지으며 살았다. 그리고 어머니를 전도해 세례를 받도록 하였다. 세례를 부탁받은 존스 선교사는 배를 타고 교산리 앞바다에 도착하였다. 그의 차림은 한복에 갓을 쓰고 있었다. 그러나 서양사람이 마을로 들어가는 것이 그리 쉬운 것은 아니었다. 당시 마을의 지도자는 훈장이었던 양반 김상임이었다. 서양 오랑캐가 배에서 내리면 용서하지 않겠으며, 그가 들어가는 집은 불살라 버릴 것이라 위협했다. 이승환은 캄캄한 밤에 어머니를 업고 갯벌을 걸어 배 위에 올랐다. 이승환의 어머니는 배 위에서 세례를 받았다.(1893) 강화도 개신교의 역사는 이렇게 극적으로 시작되었다.

이승환과 그의 어머니, 그리고 그로부터 전도 받은 몇몇 사람들은 마을 지도자 김상임의 감시를 받아야 했다. 작은 것 하나라도 눈여겨보게 되는 감시의 대상이 된 것이다. 그런데 이승환의 사랑방에 모인 교인들의 생활은 이웃들과 너무나 달랐다. 비가 오는 날이나 농한기인 겨울이면 노름과 술로 방탕하게 지냈던 것이 당시 사람들의 습성이었다. 이승환의 사랑방에 모인 사람들은 기존의 못된 습성을 버리고 부지런해진 것이었다. 양반 김상임은 이로 인해 큰 충격을 받았다.

그는 과거시험 초시에 합격한 지식인이었다. 그래서 그를 김초시라고 불렀다. 암울한 조선의 현실과 방탕한 생활에 빠진 사람들을 보며 민족을 구할 방도를 찾고 또 찾았다. 그런데 그가 그토록 찾고 원하던 작은 변화가 이승환의 사랑방에서 시작된 것이다. 김상임은 존스 선교사로부터 한문 성경을 얻어서 읽기 시작했다. 그리고 마침내 그도 개종을 결심했다. 그가 개종하자 마을 전체가 변화했으며 그의 주도로 교회가 설립되었다. 강화도 개신교 교회의 시작인 교산교회가 이렇게 설립된 것이다. 김상임이 주도하는 교산교회는 남자와 여자, 양반과 상민이 함께 어우러지는 신앙공동체가 되었다. 암울했던 현실을 타파하고 생활의 변화를 주도한 교산교회에 대한 소문이 주변에 전해지기 시작했다. 성경 요한복음 12장 24절에 기록된 "밀알 하나가 땅에 떨어져 죽지 않으면 한 알 그대로 있고 죽으면 많은 열매를 맺는다"는 구절이 이승환에 의해 이루어진 것이다.

교산교회는 옛날을 증언하며 지금도 그 자리에 있다. 옛 교회 건물을 역사관으로 사용하고 있어 이곳을 방문하는 이들에게 초기 교회의 모습을 자세하게 설명하고 있다. 주차장에는 이승환이 어머니를 업고 배 위로 올라가 세례를 받는 '선상세례'의 모습을 재현한 조형물도 있다.

한국의 안디옥교회로 불린 홍의교회

홍의마을에 사는 박능일은 교산리의 김상임을 찾았다. 둘은 오랜 벗이자 동지였다. 세상에 나아가기 위한 과거시험을 함께 준비했으며, 민족의 암울한 현실에 밤을 새워 고민하였다. 그랬던 친구 김상임이 서양 오랑캐 종교로 개종했다는 소식을 듣게 된 것이다. 그의 잘못을 지적하고 되돌려 놓을 심산으로 씩씩거리며 찾아갔다. 그런데 김상임에게서 자초지종을 듣고선 그도 개종하였다. 민족을 구할 방도라면 마다할 것이 없었던 것이다.

그는 홍의마을로 돌아와 '홍의교회'를 설립했다. 이때가 1896년이다. 1년 만에 교인 수가 80명으로 늘었다. 선교사의 도움 없이도 교회를 설립하고 교회조직을 만든 것이다. 홍의교회 교인들은 끈끈한

신앙공동체로 마을을 변화시켜 나갔다. 홍의교회는 몇 가지 주목할 만한 특징을 보여주었다.

첫째, 검은 옷 입기. 하나님 앞에서 죽을 수밖에 없었던 죄인이라는 뜻이다.

둘째, 돌림자 쓰기. 하나님 안에서 한 형제, 자매이니 돌림자를 써야 한다는 것이다. 교회를 시작한 7명은 한 일(一)를 돌림자로 쓰기로 하였다. '우리는 믿음 안에서 하나'라는 뜻이다. 그리고 성경에서 좋은 의미로 사용된 능(能), 신(信), 경(敬), 봉(奉), 순(純), 천(天), 광(光)자를 적은 종이를 자루에 넣고 하나씩 뽑아서 이름을 정했다. 자신의 씨(氏)를 쓰면서 이름을 개명했다. 박능일, 종순일, 권신일 등의 이름이 이렇게 생겨났다. 한국 고유의 문화에 서양 기독교를 접목시킨 것이다. 이런 개명은 교동도 교동교회에서도 시행되었는데 신(信)자 돌림으로 하였다. 기독교의 토착화를 시도한 경우라 하겠다.

셋째, 배운 것을 실천하기. 종순일은 성경을 읽고 '자신이 구원받은 것은 1만 달란트 빚을 탕감받은 것과 같다'라고 생각했다. 그래서 자신에게 빚을 진 사람들을 불러 모아놓고 성경의 이야기를 해 준 후 빚문서를 불살랐다. 그는 자신이 가진 모든 재산을 처분해 가난한 사람들을 위해 내놓고, 부인과 함께 강화도에 딸린 작은 섬들을 다니며 전도했다. 빚을 탕감받은 사람들은 자연스럽게 교인이 되었다.

권신일은 교동도로 떠났고, 박능일은 강화 읍내에서 전도했다. 이들이 가는 곳마다 교회가 세워졌다. 그래서 홍의교회는 '한국의 안디옥교회'라는 별명이 생겼다. 성서 사도행전에 나오는 안디옥교회는 사도

바울을 비롯한 전도자를 곳곳에 보내 교회를 설립한 것으로 기록되어 있다.

독립운동의 선두에 선 강화중앙교회

1900년에 설립된 강화중앙교회는 홍의교회를 설립했던 박능일에 의해 시작되었다. 1년이라는 짧은 시간에 350명의 교인이 생겼다. 급격히 신도수가 늘어난 것은 봉건적이고 폐쇄적인 사회에 새바람을 불러일으켰기 때문이다. 김씨 부인은 성서를 읽고 종을 두는 것이 옳지 않음을 깨달았다. 그는 바로 종 문서를 불사르고 집안의 종들을 놓아 주었다. 이에 다른 교인들도 동참하여 종들을 놓아주었다. 자신들도 본래 죄의 노예였는데, 예수로 인해 자유롭게 되었으니 종을 놓아주는 것이 마땅하다고 생각한 것이다.

강화중앙교회는 사회 운동에도 적극적이었다. 잠두의숙(현 합일초등학교) 설립하여 교육을 통한 계몽과 실력 양성운동을 하였다. 사회계몽에 나서 강화 사람들의 생활 개선을 일구어 나갔다. 강화 진위대장이었던 이동휘(1873~1935)를 비롯한 지식인들이 동참하자 교회는 빠르게 성장하였다. 이들은 "기독교야말로 쓰러져 가는 나라와 민족을 구할 수 있다"라는 믿음이 강했다. 이동휘 선생은 훗날 대한민국 임시

정부 국무총리를 지냈다.

강화중앙교회의 애국정신은 '정미7조약'으로 대한제국 군대가 해산되고, 강화진위대 역시 해산되자 의병봉기로 나타났다. 이 과정에 강화중앙교회 김동수와 김영구 형제, 사촌이었던 김남수 권사 등이 일제에 의해 희생되었다. 3.1만세운동 때 이 교회의 유봉진 권사는 결사대장이 되어 시위를 주도했으며 이때 100여 명이 체포, 43명이 재판에 넘겨졌다. 주도적으로 활약한 조봉암(1898~1950), 오영섭, 고제몽 등도 이 교회 출신이었다.

강화중앙교회는 강화 남산 기슭에 우람하게 서 있다. 교회 1층에는 역사관이 마련되어 있어서 교회가 걸어온 길을 살펴볼 수 있다. 교회는 남산 중턱에 있어서 전망이 좋다. 교회 마당에 서서 북산 기슭에 있는 고려궁터, 성공회성당, 강화산성 등을 조망하는 것도 강화 답사의 매력 중에 하나다.

강화도-준엄한 배움의 길

강화도의 불교유적

1 고려 태조의 어진을 봉안한 봉은사터

봉은사(奉恩寺)는 어떤 절인가?

봉은사는 익숙한 이름의 절이다. 서울 강남에 있는 봉은사가 유명하기 때문이다. 불교가 이 땅에 정착한 이래 봉(奉: 받들 봉)자를 넣은 절이 많이 지어졌다. 이런 절들은 대부분 왕실과 관련 있는 곳이었다. 신라에는 성덕왕의 명복을 빌기 위한 '봉덕사'가 있었다. 봉덕사에 있었던 범종이 그 유명한 '봉덕사종' 또는 '성덕대왕신종'이다. 서울 강남에 위치한 봉은사는 조선의 성종과 중종의 무덤인 선 · 정릉의 명복을 빌기 위해 마련된 곳이다. 그밖에 봉선사(세조 광릉), 봉인사(광해군 생모), 봉영사(순강원) 등 왕실의 안녕과 명복을 빌었던 절들이 지금도 많이 남아 있다.

그렇다면 강화도의 봉은사는 어떤 곳일까? 이 절은 고려 조정이 강화도로 천도했던 고종 21년(1234)에 창건되었다. 개경에도 고려 광종 2년(955)에 창건된 봉은사가 있었다. 개경 봉은사는 태조 왕건의 어진(초상화)을 봉안하고 그의 명복을 빌던 원찰이었다. 강화로 천도하게 되니 중요 사찰인 봉은사 역시 옮겨 짓게 된 것이다. 이때의 사정을 『고려사』는 상세히 기록하고 있다.

전에 참지정사(參知政事)를 지냈던 차척의 집으로 봉은사를 만들고, 민가를 헐어 왕이 다닐 수 있도록 길을 내었다. 이때는 비록 도읍을 옮긴 초기였으나 모든 궁궐과 사찰의 명칭은 송도(松都, 개성)를 모방하고, 팔관회, 연등회, 행향도량(行香道場) 등은 모두 옛식대로 행하였다.

봉은사터에 있는 안내판에는 다음과 같이 기록되어 있다.

봉은사는 고려 광종 2년에 창건되어 태조 왕건의 진영을 봉안한 국가사찰이었는데, 고종 19년에 몽고의 침입을 피해 수도를 강화로 옮기면서 개성 봉은사와 같은 이름의 절을 이곳에 세웠다고 전한다. 고려 고종 36년에서 46년까지 매해 2월 연등회를 개최하였으며, 고종에 이어 등극한 원종 역시 7차례 연등회를 개최하였다고 한다. 폐사의 시기는 확실치 않으며, 사지 내에는 오층석탑과 방형의 우물이 있다.

『高麗史 고려사』에는 강화도 내에 21개의 절 이름이 기록되어 있다. 이 절 중에서 강화천도 시기 기록에서 가장 많이 등장하는 곳이 봉은사다. 왕이 매년 연등회를 개최하였고, 연등회가 아니더라도 여러 가지 이유로 자주 찾았다. 고려 창업의 주인공인 태조의 어진이 봉안되어 있었기 때문이다. 고려왕조의 안녕과 부흥을 원했기에 개국의 시조인 태조에게 제사를 지내고 간절히 기도할 필요가 있었던 것이다.

주지를 지낸 홍법(弘法), 보우(普愚) 등은 당대를 대표하는 승려로

서 국사(國師), 왕사(王師)로 임명되어 고려불교를 이끌었다. 국사나 왕사는 국가에서 인정한 최고의 승려인데, 그들이 봉은사에 있었다면 봉은사야말로 최고의 권위를 지닌 사찰로 인정받았다는 것이다.

최고의 사세를 지녔던 봉은사는 지금 황량한 터가 되었다. 터만 남은 그곳엔 오층석탑과 석축들이 있어 절이 있었음을 알려줄 뿐이다. 비록 39년이라는 짧은 시기에 국가사찰로 그 역할을 했지만 남아 있는 흔적은 너무나도 왜소하다. 최고의 권위를 지닌 사찰이었는데 작은 암자 규모의 흔적만 보여주고 있다. 국가사찰로 인정되는 강화도 선원사의 경우 대단한 규모로 확인되었다. 그렇다면 태조의 어진을 봉안하고 국가의 안녕을 기원했던 봉은사의 규모도 선원사 못지않았을 것이다. 물론 창건의 주체가 봉은사는 국왕, 선원사는 최우였기 때문인지도 모른다. 허수아비 왕인 고종, 모든 권력을 쥐고 있던 최우였다. 그렇다고 하더라도 봉은사는 너무나 규모가 작다.

현재 5층석탑이 있는 곳이 절터라고 추정되는데 그 터가 매우 좁다. 그래서 이곳은 봉은사 절터 전체가 아니라 일부이며 석축 아래 농경지가 절의 중심이었다고 주장한다. 그러나 거기까지 절터라고 하더라도 국가사찰로 보기엔 너무 협소하다. 봉은사터가 있는 곳의 지형이 좁은 계곡이기 때문이다. 전면적인 조사를 통해 밝혀내야 할 부분이라 하겠다.

탑 뒤에 두 기의 무덤이 있는데 법당이 있었던 터이다. 법당 터 옆에는 당시의 것으로 보이는 우물도 있다. 주변 어딘가에 여러 시설이 추가로 있었을 가능성이 있다. 절이 폐사되고 오랜 시간이 흐르면서 토사가 밀려 내려와 원래의 건물 자리들이 덮었을 가능성도 있다.

그런데 하음봉씨측에서는 이곳은 고려의 국찰 봉은사가 아니라 봉천우가 시조인 봉우를 기리며 창건한 절이라고 설명한다. 한 집안의 씨사(氏寺)였다는 설명이다. 『전등사본말사지 傳燈寺本末寺誌』에는 봉은사와 관련된 기록이 있는데, 이 기록은『봉씨호원록(奉氏湖原錄)』을 토대로 작성되었다고 한다.

이 사찰은 평장사(平章事)를 지내고 하음백(河陰伯)에 봉해졌던 봉천우가 그 조상에 대한 은혜에 감사하고 백성을 구호한 덕을 기념하고자 하늘에 제를 올리는 대(臺)를 쌓고, 사찰을 지었다. 이 대를 봉천대(奉天臺)라 하였고, 절 이름을 봉은사라 하였다. 조선 중기에 봉천대는 봉수로 이용되었다.

봉천우(奉天祐)라는 인물은 충숙왕 14년(1327)에 우부대언(右副代言)을 지낸 인물로 나타나고 있지만 정확한 생몰년은 알 수 없다. 그는 충숙왕이 원나라에 억류되어 있을 때 잘 모셨기 때문에 1등 공신에 봉해졌다. 왕이 병들자 왕을 대신하여 인사권을 관장했다고도 한다. 하음봉씨의 기록과는 달리 『고려사』 어디에도 봉은사가 하음봉씨와 관련 있다는 기록은 등장하지 않는다.

그렇다면 강화 봉은사의 역사를 두 가지로 정리해볼 수 있겠다.

첫째, 창건시기는 강화천도 직후였고, 태조 왕건의 어진을 봉안한 봉은사를 옮겨 지은 것이다. 천도를 단행하면 새로운 수도에 시조를 모시는 사당이나 사찰을 짓는 것은 당연한 수순이다. 몽골과의 화친 이후 조정이 개경으로 돌아가고 봉은사는 그 기능을 다했기에 쇠락하였다. 쇠락해 가던 봉은사를 중창한 이는 봉천우였는데 이 절을 씨사(氏寺)로 삼았다.

둘째, 봉천우에 의해 창건된 봉은사가 고려 조정에 의해 창건된 봉은사로 잘못 알려진 경우다. 왜냐하면 현재 봉은사터 규모가 너무 작기 때문이다. 국찰로 운영되었던 절이라고 하기엔 터가 너무 협소하다. 즉 봉천우가 창건했던 현재 위치의 봉은사와 고려 조정에 의해 창건된 봉은사가 다른 위치일 수 있다는 것이다. 즉 국가사찰인 봉은사의 위치를 다른 곳에서 찾아볼 필요가 있다는 뜻이다. 봉은사터에 남아있는 5층석탑과 능선 너머에 있는 석불은 수준이 매우 낮다. 아무리 몽골 침략기라고 하지만 국가에 의해 창건되고 경영되었다고 하기엔 석탑과 석불의 예술적 가치가 많이 떨어진다. 또 석탑과 석불의 제작 시기도 강화천도기보다 늦은 것으로 평가되기 때문이다. 오히려 봉천우에 의해 창건된 시기와 부합한다 하겠다.

TIP

봉은사터로 가는 길은 매우 좁다. 승용차는 봉은사터 주차장까지 갈 수 있으나 관광버스는 안된다. 큰길에서 도보로 15분이면 도착할 수 있다. 주차장에는 승용차 5대 정도 주차가능하며 화장실도 있다.

장정리오층석탑

봉은사터에 있는 5층석탑은 보물 제10호로 지정된 전형적인 고려시대 석탑이다. 높이는 3.5m인데 완형은 더 컸을 것으로 짐작된다. 무너져 훼손되었던 탑을 1960년에 복구한 것인데, 탑의 부재들이 없어지거나 깨져서 완전하게 복구하지 못했다. 탑을 소개하는 안내판에는 다음과 같이 기록되어 있다.

"봉은사지 5층석탑으로도 불린다. 봉은사는 개성에 있던 고려시대의 국가사찰로 고종 19년(1232)에 수도를 강화도로 옮길 때 함께 옮겨졌다. 발견 당시 주변에 흩어져 있던 석재를 1960년대에 지금의 모습으로 다시 세웠다. 3층 이상의 몸돌과 5층의 지붕돌, 상륜부가 유실되었으며 현재 남아 있는 부분의 높이는 3.5m이다. 만든 수법으로 보아 고려후기의 것으로 추정된다."

기단부는 자연석을 지대석으로 삼았으며 다음은 판석 4개를 조립하여 만들었다. 조립한 기던 내부는 자갈을 채운다. 이 탑은 없어진 부분을 감안하더라도 예술적 수준이 높은 탑이라 보기 어렵다. 기단부의 안정감이 떨어지고 지붕과 몸돌의 비례가 정교한 편은 아니며

균형감도 부족하다. 5층의 지붕돌이 없어졌다고 했으나 지붕의 비례를 보면 2층 지붕돌과 몸돌이 사라진 것이 아닌가 한다.

장정리석조여래입상

보물 제615호로 지정된 장정리 석조여래입상은 봉은사터로 알려진 곳에서 동쪽으로 능선 하나 너머에 있다. 여래는 부처의 다른 말이다. 돌담을 두른 아늑한 공간에 석상각(石像閣)이라는 건물이 있는데, 석조여래입상의 보호각이다. 이곳에 있는 안내판에는 다음과 같이 기록되어 있다.

강화 장정리 오층석탑과 함께 고려시대 사찰인 봉은사지와 관련이 있을 것으로 추정되는 높이 2.8m의 마애불이다. 머리 위에 큼직한 육계가 솟아있고 얼굴은 둥근편으로 입가부터 양쪽 볼과 눈매에 이르기까지 미소를 가득 머금고 있다. 목에는 삼도가 표현되어 있고, 통견법의가 원호를 그리면서 몸 전면을 감싸고 있다. 광배는 두광과 신광으로 구분되며 두광에는 화염문 등이 장식되어 있으며 전체적으로 입상의 하반부는 간략하게 조각되어 있다. 얼굴 표현, 법의 층단식

처리, 광배, 화염문 등의 표현수법으로 제작시기를 11세기경으로 추정한다.

위의 안내판에는 제작시기를 11세기경으로 추정한다고 했는데, 봉은사의 창건시기와 부합하지 않는다. 봉은사 구역과 관계없다면 모르겠지만 봉은사와 한 권역으로 이해한다면 봉은사보다 시기적으로 앞선 불상으로 소개하는 것은 문제가 있다.

석조여래입상은 얕은 돋을새김으로 조성되었다. 머리 뒤엔 두광(頭光), 몸엔 신광(身光)이 있다. 이를 광배(光背)라 하는데 광배란 신성을 표현하는 방법으로 아우라(Aura)라 할 수 있다. 큰 바위 자체가 두광과 신광을 합한 거신광(擧身光)의 역할을 한다. 나발(머리카락)은 표현되지 않았으며, 솟아오른 육계(살상투)만 간략하게 표현되었다. 표현기법이 세련되지 못해서 가발을 뒤집어쓴 듯 어색한 모습이다. 얼굴에는 미소가 표현되었다고는 하나 보호각 안에 있으므로 빛을 받지 못해 확인하기 어렵다. 기다란 귀와 삼도(목주름 셋)가 있어 부처라는 사실을 알 수 있다. 부처의 손(수인)은 시무외인(손바닥을 위로 편 모양), 여원인(손바닥을 아래로 편 모양)을 하고 있다. 오른손은 손가락 몇 개가 구부러져 있어서 시무외인이 아닌 다른 모양으로 보이기도 한다. 부처는 수인(手印)으로 말한다. 시무외인은 '공포로부터 벗어나게 하고 우환과 고난을 해소시킨다' 라는 뜻이다. 여원인은 '원하는 바를 이루게 해준다'라는 뜻이다. 시무외인과 여원인은 함께 표현되며, 우리나라 초창기 불상에 많이 나타나는데 주로 석가모니불에서 볼 수 있었다.

후대로 오면서 점차 미륵불의 수인으로 전환되었다. 이 수인은 서 있는 불상(입상)에서 주로 표현된다. 옷주름은 U자 모양을 반복 표현하였다. 실제로 옷을 입으면 이런 옷자락이 나타나기 어렵기에 사실성이 부족한 형식적인 옷주름이라 하겠다.

TIP

장정리 석조여래입상까지 가는 길은 협소하다. 승용차는 주차장까지 갈 수 있으나 버스는 갈 수 없다. 큰 길에서 도보로 10분 정도면 도착한다. 석조여래입상과 오층석탑은 숲길로 이어져 있다. 숲길로 10분이면 닿는다.

하음봉씨는 누구인가?

화점면 부근리 고인돌에서 멀지 않는 곳에 봉가지(奉哥池)라는 작은 연못이 있다. 이곳은 하음봉씨 시조가 나타난 곳으로 알려져 있다.

하음 봉씨의 시조가 태어났다는 전설이 있는 못이다. 종친회의 기록에 따르면, 고려 예종 2년(1107) 한 노파가 이곳에서 빨래하던 중, 하늘에 오색구름이 떠오르면서 돌 상자 하나가 떠올랐다. 노파가 두려운 마음으로 열어보니 잘생긴 옥동자가 그 안에서 웃고 있었다. 노파는 이 아이를 왕에게 바쳤고, 왕은 아이가 빨리 자라서 나라를 잘 받들고 크게 도우라며 봉우(奉佑)라는 이름을 내렸다. 이후 아이는 과거에 급제하고 많은 공을 세워 하음백(河陰伯)에 봉해졌고, 이때부터 후손들이 본관을 하음으로 하였다 한다. [봉가지 안내판]

하음은 지금의 강화군 화점면 일대의 옛 지명이다. 고구려 때는 동음내현, 신라는 호음현으로 하였는데 고려 태조 때 화음현으로 고쳤다. 1914년 행정지명 개편 때에 일제에 의해서 화점면이 되었다. 강화도에는 하음봉씨와 강화봉씨가 있는데, 같은 집안이라 한다. '기생충' 영화로 유명한 봉준호 감독이 하음봉씨다.

위 전설에 등장하는 시조 봉우(奉佑)는 고려 인종 때 문과에 급제하여 정당문학(政堂文學)과 위위시경(衛尉寺卿)을 지내고 좌복야에 올라 하음백에 봉해졌는데, 화점면 일대를 식읍으로 하사받았다고 한다. 하음봉씨는 고려시대뿐만 아니라 조선시대 때에도 문과와 무과 급제자를 다수 배출하여 명문가로 자리 잡았다.

TIP

봉가지라는 연못은 부근리고인돌에서 멀지 않은 곳에 있다. 승용차는 봉가지까지 갈 수 있으나 관광버스는 굴다리를 통과하기 전에 세워야 한다. 안으로 들어가면 회전하거나 주차할 수 없다. 굴다리에서 봉가지까지 도보로 5~7분이면 된다.

▲ 하음봉씨 시조가 발견된 전설의 연못 봉가지

봉천대(奉天臺)

봉은사터는 봉천산(291m)의 남쪽에 있는 절터다. 산 정상에는 윗부분이 잘린 피라미드형의 단이 있는데, 봉천대라 부른다. 봉천대는 높이 5.5m, 밑면 7.2m의 사다리꼴 모양의 석단이다. 돌을 쌓아 만든 이 단은 고려시대 봉천우가 하늘에 감사하기 위해 쌓았다고 한다. 조선시대에는 봉수대로도 사용되었다. 이 봉수대는 북쪽으로 송악산에 응하고 서쪽으로는 교동현 화개산에 응했다고 한다.

2 선원사와 팔만대장경

대장경이 필요한 이유

불교를 국가이념으로 삼았던 나라가 고려였다. 백성들은 사찰에서 승려에게 가르침을 받고 삶의 방향을 설정하며 살았다. 국가이념인 불교의 가르침을 널리 알리기 위해서 가장 필요했던 것은 경전(經典)이었다. 고려사회의 엘리트 계층인 승려들의 수행을 위해서도 많은 경전이 필요했다. 그러나 문제는 경전을 쉽게 구할 수 없다는 것이었다. 경전을 소유하고 싶으면 필요한 경전을 빌려다가 필사하는 것이 유일한 방법이었다.

인도에서 중국으로, 중국에서 한반도로 불교가 전해지는 과정에 경전도 함께 전해졌다. 그런데 모든 경전이 한 번에 전해지지 않고 조금씩 시차를 두고 전해졌다. 인도의 산스크리트어로 기록된 경전을 한자로 번역하고, 이렇게 번역된 한자 경전이 우리나라에 유입되었던 것이다. 경전은 필사를 통해서 여러 개가 만들어지고 전달되었다. 그런데 이렇게 만드는 경전은 시간이 많이 소요될 뿐만 아니라 오자(誤字: 잘못 쓴 글자), 탈자(빠뜨린 글자)가 발생하였다. 잘못 필사된 책을 빌려 가서 또 필사할 때 기존의 오자와 탈자뿐만 아니라 또 다른 오자

와 탈자가 발생하게 된다. 결국 필사를 반복하면서 오자와 탈자가 누적되었고 이로 인해 경전의 내용이 변하게 되었다. 제목은 같은데 다른 내용의 경전을 보게 되는 셈이다.

불교는 민심을 하나로 모으기 위한 중요한 책무가 있었다. 그런데 잘못 번역, 잘못 필사된 경전은 오히려 혼란을 발생시켰다. 같은 경전을 두고도 수많은 이단과 이설이 생겨난다. 하물며 다른 내용을 보고 있다면 그 분란은 대단할 수밖에 없다.

이런 문제를 해결하기 위해서는 국가가 나서는 수밖에 없었다. 방대한 경전을 모으고, 오류를 바로잡기 위해 최고 수준의 승려를 동원해야 했다. 이는 국가가 예산을 투입해야 가능한 사업이었다. 막대한 비용뿐만 아니라 최고의 지식과 혜안을 가진 이들을 참여시켜야 했다. 그렇기 때문에 동아시아에서는 송나라가 가장 먼저 조판 작업을 진행했다. 13만 매의 경판에 5,048권의 경전을 수록하는 대역사를 이루어 냈다. 이를 '북송관판대장경'이라 부른다. 고려는 송나라에 이어 국가편찬 작업을 시작했다. 그러던 중 북쪽의 거란(요나라)도 시작했다. 시작은 고려가 먼저였지만 거란이 앞서 완성했다. 고려는 송과 거란이 완성한 대장경을 가져다 이를 다시 수정하고 보완하여 더 완전한 대장경을 조판하였다. 이를 '초조대장경'이라 한다. 초조대장경에는 5,924권의 경전이 수록되었다.

완성된 대장경은 여러 부를 인쇄하여 국가를 대표하는 사찰들에 두었다. 이제부터 경전 내용에 대한 논란이 발생하게 되면 이 대장경과 비교하면 된다. 대장경과 내용과 다르다면 그건 잘못된 경전이다. 국가

표준경전이 곧 초조대장경이었던 것이다.

고려가 초조대장경을 만드는 중에 거란의 2차 침입이 있었다. 거란군의 2차 침입은 임금이 나주로 피난하는 어려움이 있을 정도로 큰 피해가 있었다. 그런데 대장경판을 새기기로 서원한 뒤 거란군이 물러갔다고 한다. 물론 양규장군이 지휘하는 고려군이 용맹하게 싸워 물리쳤으나 이를 부처의 은덕이라고 여긴 것이다. 이제 고려는 부처가 지켜주었던 국가적 경험이 생긴 것이다. 그리고 대장경이 존재하는 한 외침으로부터 안전할 것이라는 믿음 또한 생겼던 것이다.

어렵게 완성된 초조대장경판은 대구 팔공산 부인사에 보관되었다. 이곳은 고려 태조 왕건이 신라를 도와주러 갔다가 견훤의 습격을 받아 큰 어려움을 겪었던 곳이었다. 8명의 충성스러운 장수들이 왕건을 위해 전사했기에 팔공산이라 불렸다. 팔공산에 있는 부인사는 고려 개국의 역사적 중요성이 있었던 장소인 셈이다. 그런데 몽골군이 침략하여 이곳에 보관 중이던 초조대장경을 불태우고 말았다. 비록 강화도로 천도하여 옹졸한 모습으로 위축되었지만, 대장경이 있으니 몽골군 또한 물리칠 수 있을 것이란 믿음이 있었다. 그런데 그 믿는 구석이 사라져버린 것이다.

팔만대장경을 만든 이유

팔만대장경을 조판한 이유는 이규보의 『동국이상국집』에 잘 나타나 있다.

몽골군이 가한 난동질이 너무 잔인하고 흉포하여 어찌 말로서 나타낼 수가 있겠습니까? 세상의 망나니는 다 모아놓았다 하겠으며 금수보다도 더 혹심하옵니다. 이러할진대 어찌 천하가 존경하는 부처님의 가르침이 있는 줄을 금수같은 몽골군이 알겠습니까? 저들의 더러운 말발굽이 지나가는 곳에는 불상이고 불경이고 가릴 것 없이 모조리 다 불살라 없어지고 말았으며, 부인사에 모셔두었던 처음 만든 대장경판본도 이들의 마수에 걸려 모두 재가 되어 버리고 말았습니다. (중략) 처음 대장경을 새기게 된 연유를 살펴보면, 1011년(현종 2)에 거란군이 대거 침입하여 임금께서 남쪽으로 가셨으나 거란군은 송도에 머물며 물러가지 않았습니다. 이에 임금과 신하가 합심하여 대장경을 새기기 시작했더니 놀랍게도 거란군이 스스로 물러갔나이다. 생각건대 대장경은 예나 지금이나 오직 하나이며 새기는 것도 다를 바 없을 것입니다. 임금과 신하가 합심하여 발원함 또한 한가지이니 어찌 그때에만 거란군이 물러가고 지금의 몽고군은 물러가지 않겠습니까?

고려 정부는 서둘러 판각하기로 결정하였다. 백성들의 심리적 안정을 위해서 필요했다. 전쟁이라는 어려운 상황이었지만, 초조대장경을 만들던 상황과 비슷하다고 여겼던 것이다. 대장경 판각은 12년간 진행되었다. 최종 완성을 반포한 것은 16년이었다. 전쟁 중임에도 12년밖에 걸리지 않았던 것은 기존에 완성된 초조대장경 인쇄본이 있었기 때문이다. 경전의 잘못된 부분을 수정하는 시간이 줄어든 것이다. 초조대장경에 실리지 못했던 경전들을 더 모아서 수정하고 추가로 수록했다. 그래서 팔만대장경은 81,258매로 초조대장경보다 경판의 수는 적지만 수록된 경전의 수는 더 많다.

팔만대장경은 어디에서 판각했을까?

그렇다면 팔만대장경은 어디에서 판각했을까? 지금까지의 정설은 강화도다. 고려 조정이 강화도에 있었고, 국가적 역량을 모을 수 있는 장소도 강화도였기 때문이다. '고려 고종 때 16년에 걸쳐 경판을 새긴 다음, 강화도 선원사에 보관하고 있다가 조선 태조 때 해인사로 옮겼다'라는 주장이 정설처럼 받아들여지고 있다.

▲ 팔만대장경판을 보관하고 있는 해인사 장경판전

강화군 선원면에는 선원사가 있다. 오랫동안 폐허였으나 발굴을 통하여 절터가 확인되었다. 지금은 절터 앞에 새로운 선원사가 생겼다. 선원사는 이곳이 팔만대장경 판각 장소이자 보관했던 곳이라 주장한다. 그러나 팔만대장경을 판각하기 시작한 때가 1237년인데 이보다 8년 뒤에 창건된 선원사가 그런 역할을 했을 리 없다. 선원사를 판각 장소라고 주장하는 것은 옳지 않다.

강화도에서 팔만대장경이 판각되었다는 주장의 근거는 『고려사』의 기록이다. "임금과 신하들이 함께 서문 밖 대장경 판당에 행차하여 임진년(1232) 몽고 침입 때 불타버린 판본(초조대장경)을 16년에 걸쳐 다시 새긴 것을 자축하는 기념행사를 했다"

여기서 서문은 강화산성 서문을 말한다. 서문 밖 어딘가에 판당이 있다고 기록되어 있으니 서문 밖을 주목해야 한다. 여기서 말하는 판당은 완성된 팔만대장경을 봉안하고 있는 곳을 말한다. 판당이 곧 판각한 곳이라는 합일점은 찾을 수 없다. 위의 기록 역시 완성된 것을 자축하는 기념행사를 했다는 것이지, 판각하기 시작한 것을 기념한 것은 아니기 때문이다.

경판에는 새긴 기관의 이름이 나와 있다. '도감', '대장도감', '분사도감', '분사대장도감', '남해분사대장도감' 등이다. '도감 都監'이란 일을 추진하는 국가 기구를 말한다. 크게 분류해보면 '대장도감'과 '분사대장도감'이다. 즉 두 곳에서 나눠서 판각했다는 뜻이다.

두 도감이 어디에 설치되었는지 기록으로 확인되지 않았다. 대장도감은 전체 작업을 지휘하는 역할을 했을 것이고, 분사대장도감은 일은 나누어서 진행하는 역할을 했을 것이다. 그래서 대장도감은 강화도에, 분사대장도감은 '남해분사대장도감'이라는 기록에 근거해 남쪽

TIP

팔만대장경의 글자 수는 5,200만 자에 달한다. 조선왕조실록과 비슷하다고 한다. 그런데 오자(誤字: 잘못 쓴 글자), 탈자(脫字: 빠진 글자)가 없다. 정말일까? 정말이라면 어떻게 가능했을까? 경판을 새기기 전에 종이에 글자를 쓴다. 여러 번 확인했기 때문에 종이에 쓴 글자는 완벽하다. 경전을 쓴 종이를 나무판에 뒤집어 붙인다. 식물성 기름을 발라 글자가 선명하게 보이도록 한다. 조각칼로 새긴다. 조각칼로 새길 때 실수로 글자를 훼손할 수 있다. 이 경우 훼손된 글자를 파내고 다른 나무에 새겨서 붙였다. 여러 글자가 훼손되었을 경우 한 줄을 파내고 다른 나무에 새겨서 붙였다.

어딘가에 있었을 것이라 추측하고 있다.

경판을 새기는 일은 국가적 역량을 총동원해야 이루어 낼 수 있다. 당시 국가적 역량을 모으고 일사분란하게 지휘할 수 있는 이는 최우였다. 무신정권의 집정자 최우는 강화천도를 주도한 공으로 남해안 일대를 식읍으로 하사받아 누리고 있었다. 이런 배경을 하에 진주 근방에 분사대장도감을 설치하였을 가능성이 있다. 당시의 진주는 지금보다 훨씬 넓은 영역이었다. 그의 아들 최항은 남해안 인근 사찰에 승려로 있었고 사위 정안 또한 남해에 머물고 있었다. 이런 상황을 종합해보면 강화도와 남해안 어딘가에서 판각이 진행되었을 것이라는 추론이 가능하다.

팔만대장경을 보관했던 곳은 어디일까?

위에서 언급한 고려사 기록에 의하면 임금이 완성된 대장경을 보기 위해 강화성 서문(西門) 밖으로 행차하였다고 한다. 그러니 서문 밖 어딘가에 보관하는 판당이 있었을 것으로 보인다. 어디였을까?

강화성 서문 밖을 나가면 국화저수지가 나온다. 그곳에 용장사터라는 곳이 있는데 그곳이 판당이며 완성된 대장경을 처음 봉안했던 곳이라는 주장이 있다. 또 서문 밖 8리에 있는 충렬사 근처를 처음 봉안했던 장소라고 주장하기도 한다. 그러나 어떤 주장도 합당한 근거가 부족해서 '판각 장소'와 보관했던 '판당 장소'를 정확하게 알지 못한다. 그러나 분명한 것은 어느 때부터인가 선원사에 팔만대장경이 봉안되었다는 사실이다.

충선왕 1년(1309) 3월에 대장도감 선원사에 쌀 300석을 시주했다는 기록이 있다. 충숙왕 18년(1318) 임금이 옛 대장경이 훼손된 것을 보고 "썩어서 없어진 경전을 강화 판당에서 새로 인쇄하여 가져오라" 했다는 기록이 『동문선』에 실려 있다. 『조선왕조실록』 태조 7년(1398)에는 "임금이 용산강(한강)에 가서 강화도 선원사로부터 대장경판을 가져오는 것을 참관했다"라는 기록이 있다. 언급한 기록은 조선 태조 때까지도 강화도에 팔만대장경판이 있었다는 것과 그 장소가 선원사였다는 사실을 알려주고 있다.

선원사는 어떤 곳일까?

사적 제259호로 지정된 선원사는 강화 천도기 무신정권 집정자 최우가 고종 32년(1245)에 자신의 원찰로 창건한 절이다. 그 위세가 얼마나 대단했던지 창건 축하연에 진명국사를 주지로 삼고 3,000명의 승려를 초대했다고 한다. 다음 해에는 고종을 이곳으로 초대하여 음식을 대접했는데 임금이 놀랄 정도였다고 한다. 진명국사와 이름난 승려 200명이 머물렀기에 나라 안에서 으뜸가는 사찰이었다. 고려 말의 유학자 최해(崔瀣, 1287~1340)는 선원사가 승주(순천) 송광사와 함께 고려의 2대 선찰이라 하였다.

1270년 고려 정부는 대몽골항쟁을 포기하고 개경으로 환도했다. 그럼에도 선원사는 국가적 관심을 지속적으로 받고 있었다. 충렬왕

16년(1290) 12월에 왕이 원나라 반란군의 침입을 피해서 선원사로 왔다가 이듬해 4월 개경의 궁궐로 돌아가기도 했다. 1292년에는 역대 임금의 실록을 이곳에 보관하기도 했다. 충선왕 1년(1309)에는 대장도감 선원사에 쌀 300석을 하사했으며, 충숙왕 1년(1314)에 왕이 백금 10근을 보시하여 세자의 명복을 빌게 했다. 충숙왕 14년(1327)에는 절을 크게 확장하여 찬란하게 하였다. 충숙왕 15년(1328) 대사헌을 지낸 최성지가 쌀 150석을 시주하여 죽은 부인과 아들의 명복을 빌었다. 충목왕 3년(1347)에 나라에서 기우제를 지내기도 했다.

조선왕조에 들어서는 앞서 언급한 대로 태조 7년(1398) 5월에 선원사에서 대장경판을 옮겨 한양으로 갔는데, 임금이 이것을 보기 위해 용산강으로 행차하였다. 이후 선원사의 구체적 역사를 알려주는 기록들은 없다. 언제 폐사되었는지 알 수도 없다.

1976년 동국대 학술조사단이 지표조사를 통해 몇 개의 주춧돌과 무늬가 새겨진 전돌, 범자(梵字)가 새겨진 기와, 지붕에 얹었던 잡상 등을 확인했다. 1996년부터 2001년까지 4차례 발굴조사가 진행되었다. 발굴결과 건물 자리 21곳, 행랑지 7곳이 확인되었다. 중앙부 대형 건물지에선 부처를 모셨던 것으로 보이는 불단 흔적이 확인되었고, 소형 청동탄생불, 금동나한상, 탄화된 사경편 등의 유물도 출토되었다. 고급스러운 청자편들이 발견되었기에 이 절터의 수준이 상당히 높았음을 확인할 수 있었다.

3 정화궁주의 원당 전등사

전등사는 강화도를 대표하는 사찰이다. 강화도 여행의 일번지라고도 할 수 있다. 수려한 정족산의 풍광과 고찰의 향기, 시원하게 조망되는 전망은 가히 최고라 할 수 있다. 봄이면 진달래와 매화가 피고 여름이면 수국, 가을이면 꽃무릇과 단풍, 겨울이면 솔숲에 눈 내린 풍광이 아름답다. 절을 둘러싼 정족산성 이야기, 절 뒤편에 자리한 조선왕조실록을 보관했던 정족산 사고(史庫)가 있어 역사의 향기를 짙게 뿜어낸다.

전등사에 전해오는 이야기에 의하면 고구려 소수림왕 11년(381), 동진에서 불교를 전하기 위해 왔던 아도화상이 창건했다고 한다. 소수림왕 11년이면 고구려가 불교를 공인한 지 9년이 되던 해다. 순도는 전진에서, 아도는 동진에서 온 것으로 되어 있다. 아도는 신라불교 초기 전래에도 등장하는데 신라로 가기 전에 이곳에 머물렀다고 한다. 그러나 소수림왕 때면 이곳은 백제 땅이었고 백제에 불교가 전해지지 않았을 때니 아도가 절을 창건했다는 것은 맞지 않다. 고구려에 왔던 아도는 고구려 사신단을 따라 신라로 들어갔을 테니 강화도를 거쳐 가지 않았을 것이다.

절 이름의 유래

아도화상이 절을 창건했을 때는 진종사(眞宗寺)라 했다. 그리고 그 후 어떤 기록에도 진종사는 등장하지 않는다. 고려사의 기록을 주목해 보자. 강화천도 시기인 '원종 5년(1264) 5월에 삼랑성 가궁궐에 불정도량과 오성도량을 4개월간 시설케 하고 법회를 열었다'고 한다. 가궁궐(假宮闕)은 풍수적으로 필요한 장소에 궁을 짓고 왕이 머물게 되면 국운이 상승한다는 곳이다. 왕이 직접 머물지 못할 경우 왕의 옷이라도 갖다 놓으면 된다고 하여 강화도 여러 곳에 마련되었던 궁(宮)이었다. 원종이 불정도량을 열었던 이 가궁궐(가궐)은 부왕(父王)인 고종 46년(1259)에 삼랑성 동쪽, 지금의 전등사 자리에 지었던 궁이었다. 나라가 어지러우면 술자들이 헛된 말로 임금을 속이는 짓들을 경쟁적으로 벌인다. 가궐 또한 그와 같은 술수에서 나온 것이었다.

앞서 본 고려 원종 5년 기록 어디에도 절 이름은 등장하지 않는다. 진종사가 그때도 있었다면 '삼랑성 안 진종사에서 법회를 열었다' 또는 '삼랑성 안 가궐에서 진종사 승려들로 하여금 법회를 열게 하였다' 등 어떤 방식으로든지 진종사가 언급되었을 텐데 보이지 않는다. 불교가 국가적으로 대단한 지분을 갖고 있었던 시대였기 때문이다. 그럼에도 같은 자리에 있는 진종사가 전혀 언급되지 않는다는 것은 당시에 이곳에 절은 없었다고 봐야 한다.

절이 들어서기 전에 가궐이 먼저 세워졌다고 봐야한다. 고려 정부가 개경으로 환도하자 가궐은 쓸모가 없어졌고 사찰로 전환되었을 가능성이 있다. 그 후부터 여러 기록에 이 절이 등장하기 때문이다. 불교를 숭상했던 고려시대였기에 가궐을 절집으로 바꾸는 것은 어렵지 않았을 것이다.

충렬왕 8년(1282)에 왕비 정화궁주(貞和宮主)가 승려 인기에게 부탁해서 중국에 들어가 가장 풍부한 내용을 가졌다는 대장경을 가져오게 하였고 이 절에 보장하게 했다고 한다. 이때 이 절은 정화궁주의 원찰이었다. 충렬왕은 원종의 아들이었고, 태자였을 때에 정화궁주와 혼인하였다. 그러나 원나라의 요구 때문에 세조 쿠빌라이의 딸 제국대장공주를 제1왕비로 맞아들여야 했다. 제국대장공주는 정화궁주를 온갖 술수를 동원해 모함하고, 죽이려 했다. 정화궁주는 자신의 모든 지위를 내려놓는 것이 남편인 충렬왕에게 도움이 된다고 생각하고 조용히 물러나 불도를 닦으며 지냈다. 이때 진종사를 자신을 원찰로 삼았고 국가와 충렬왕의 평안을 기원했다 한다. 정화궁주는 이 절에 옥등을 시주했는데, 이 때문에 진종사(眞宗寺)였던 절 이름이 전등사(傳燈寺)가 되었다고 한다. 앞서 승려 인기가 중국에 들어가 대장경을 인출(인쇄)했다고도 했는데, 대장경 중에서도 조계종에서 아주 중요하게 여기는 『경덕전등록 景德傳燈錄』이었다고 한다. '경덕전등록'을 보유한 절이라 하여 전등사가 되었다고도 한다.

그러나 공민왕 15년(1366)에 제작된 향로에 '진종사'라는 절 이름이 보이니 전등사라는 사명은 그보다 후대에 생겼을 가능성이 있다. 진리의 등불은 시공(時空)에 구애됨 없이 꺼지지 않고 전해진다는 불교 본래의 의미가 담긴 '전등사(傳燈寺)'가 아닐까 한다.

TIP

원찰은 망자의 명복을 빌기 위해 건립한 사찰이다. 원당(願堂)이라고도 한다. 죽은 사람의 명복을 비는 곳이지만 자신의 소원을 빌기도 한다. 신라, 고려, 조선을 거치면서 왕족들이 건립하였다. 신라 때에 문무왕을 위해 건립한 감은사, 조선시대 봉은사, 봉선사 등이 대표적인 원찰이다.

바다를 마주하는 대조루(對潮樓)

절의 중문(中門)격인 대조루를 통과하면 대웅전이 보인다. 다른 절에서 볼 수 있는 일주문–금강문–사천왕문–해탈문–대웅전으로 이어지는 산문(山門)의 형식은 보이지 않는다. 정족산성 안에 있기 때문에 산문을 다 갖출 수 없었을 것으로 보인다. 절은 경사지에 축대를 쌓아서 마당을 만들었다. 마당 끝 축대 높이에 맞추어 대조루를 만들었다. 절에 들어가면서 보면 공중에 뜬 누각이지만 마당에서 보면 마당과 같은 높이에 대조루의 마루가 있는 것이다. 마당을 확장해서 사용하는 효과가 있다.

산기슭에 지은 절들은 마당과 연결하여 누각을 만드는 경우가 많다. 마당을 조금 더 넓게 보이도록 하는 효과가 있고, 경사지로 마루를 내밀어서 시원한 여름 공간을 확보하는 의미도 있다. 넓은 마루는 대중들을 모아놓고 법요식을 행하는 장소로도 사용된다. 그래서 사찰의 누각에는 '보제루(普濟樓)'라는 이름을 많이 붙인다. '人天의 바다에 투망을 던져 건져 낸다'라는 뜻이니 무지한 중생을 구원해낸다는 의미가 되겠다. 전등사의 누각에는 대조루(對潮樓)라는 이름을 붙였다. 바다를 바라보는 사찰답게 '바다에 밀려드는 조수를 마주하는 곳'이라는 뜻이다. 고려 말 학자인 목은 이색은 전등사에 오르며 시를 남겼다.

나막신 신고 산에 오르니 흥은 절로 나는데
전등사 노승은 나의 행차 인도하네
창밖의 먼 산은 하늘 끝까지 벌였고
누(樓) 밑에 부는 바람은 물결치며 일어나네

세월 속의 역사는 오태사(俉太史)가 아득한데
구름과 연기는 삼랑성에 아득하다
정화궁주의 원당을 뉘라서 고쳐 세울까
벽기(벽에 적은 글씨)에 쌓인 먼지 내 마음이 상하네

대조루는 벽과 문을 설치해 내부 공간을 다른 용도로 사용하고 있다. 원래 대조루는 기둥만 있는 탁 트인 공간이었다. 원래처럼 트인

공간으로 환원하면 건축주의 생각으로 돌아갈 수 있을 것이다. 그리 되면 자연을 차단하는 것이 아니라 끌어들이는 품격 높은 사찰이 될 것이다.

이야기가 많은 대웅보전(大雄寶殿)

보물 제178호로 지정된 대웅보전은 전등사의 중심법당이다. 대조루 아래를 통과하면 정면에 보이는 건물이 대웅보전이다. 광해군 13년(1621)에 지은 건축물이다. 법당은 무척 안정감 있고 단아하다. 정면 3칸마다 3짝의 문이 달렸다. 무더운 여름철에는 문을 위로 들어 올려서 걸쇠에 걸어두면 내부가 시원하게 된다. 처마 아래 길게 내려온 철사가 걸쇠다.

지붕은 날개를 활짝 편 새처럼 가뿐해 보이며 작지만 단단해 보인다. 지붕을 쳐다보면 숫기와 끝에 하얀 연봉이 올라가 있는 것을 볼 수 있다. 지붕 위에 기와를 설치하면 기와장이 아래로 떨어질 수 있기 때문에 이것을 방지해야 한다. 그래서 기와를 다 얹은 후 처마 끝 숫기와에 굵은 대못을 박는다. 기왓장은 서로 물려 있기 때문에 못이 박힌 기와가 떨어지지 않으면 나머지 기와도 제자리를 지킨다. 못을 박은 수키와는 기와 전체를 든든하게 잡아 주는 역할을 한다. 그런데 비가 오면 대못이 녹슬게 된다. 이를 방지할 목적으로 못대가리에 백자 연봉을 끼워 두는 것이다.

전등사 대웅보전 용마루 가운데에는 청기와가 몇 장 올려져 있다. 여러 사찰에서 확인되는 것인데, 왜 올렸는지 정확한 이유는 모른다. '왕실과 관계가 있는 절', '임금이 다녀간 절', '권위를 나타내기 위해' 등 다양한 의견이 있다.

기둥은 덤벙주초 위에 올렸다. 덤벙주초는 다듬지 않은 주춧돌을 말한다. '덤벙대다'라는 말이 여기서 시작되었다. 다듬지 않은 주춧돌처럼 생각을 다듬지 않으면 실수하는데 이것을 '덤벙댄다'라고 하였다.

덤벙주초에 기둥을 올려놓으려면 기둥의 아랫도리를 주춧돌의 굴곡에 맞춰 다듬어야 한다. 제대로 다듬지 않으면 불안하게 세워진다. 주춧돌의 굴곡에 맞추어 기둥의 아랫도리를 깎는 방법을 '그랭이법'이라 한다. 그랭이법은 아주 오랜 옛날부터 사용되었다. 고구려의 장군총과 신라의 분황사탑 기단, 불국사 석축 등에서 확인된다. 이렇게 하면 주춧돌과 기둥이 꽉 물려서 튼튼한 집이 된다. 지진에도 상당한 내구성을 지닌다는 것이 밝혀졌다. 쉽지 않은 작업이지만 조상들이 즐겨 사용했던 방법이었다. 자연스러워 보기기에 더 선호했다. 자연스럽게 생긴 다듬지 않은 주춧돌, 그 위에 선 기둥, 기둥 위에서 뻗어나간 지붕의 서가래는 한 그루의 나무처럼 보인다. 인공

구조물을 자연으로 환원시키는 탁월한 방법이다.

현판은 '대웅보전(大雄寶殿)'이다. 대웅보전은 석가모니 부처를 모신 법당이라는 뜻이다. 내부를 보면 가운데 석가모니불이 있고 좌우에 다른 부처가 있다. 가운데 부처를 주불(主佛), 좌우의 부처는 협시불(脇侍佛)이라 한다. 이곳의 협시불은 아미타불와 약사불이다. 이렇게 세 분의 부처를 모시는 경우를 삼존불이라 한다. 삼존불을 모시면 법당의 이름을 '○○寶殿'이라 한다. 전등사는 세 부처를 모셨으니 대웅보전이라 한 것이다. 석가모니와 협시보살(脇侍菩薩)을 모실 때에는 '大雄殿'이라 한다.

대웅보전 내부 기둥에는 먹글씨가 있다. 이름으로 보인다. 정확한 유래는 알 수 없지만, 병인양요 때에 정족산성에 웅거했던 양헌수 부대의 군사들이 부처님께 안녕을 기원하며 자신의 이름을 적은 것이라 한다.

대웅보전 나녀상

전등사에서 가장 유명한 것은 나녀상(裸女像)이 아닐까 한다. 손가락으로 대웅보전의 지붕을 가리키는 사람들을 많이 보게 되는데, 모두 나녀상을 보고 있는 것이다. 여기에는 전설이 전해져 온다.

전쟁으로 소실된 대웅보전을 재건하기 위해 유능한 목수가 초대되었다. 그는 법당을 재건하기 위해 이곳에 와서는 아랫마을 주막집에

방 한 칸 빌려서 생활했다. 건물의 기단을 다지고, 목재를 다듬어 세우고 하는 지난한 작업이었다. 타향의 삶이 길어지다 보니, 외로운 마음이 커 주모와 사랑에 빠지고 말았다. 두 사람은 함께 살기로 약속도 했다. 그러나 주모는 도편수의 마음과 상관없이 대웅보전 완공을 눈앞에 둔 시점에 그가 맡긴 품삯을 모두 가지고 다른 사내와 달아나 버렸다. 도편수의 상실감과 분노는 이루 말할 수 없었다. 도편수는 마무리 작업을 위해 전등사로 힘겨운 걸음을 옮겼다. 그녀의 벌거벗은 모습을 나무로 다듬었다. 그녀는 대웅전 귀공포(모서리 기둥 위) 위에 쭈그리고 앉아 무거운 지붕을 떠받치고 있다. 미운 마음이 커지다 보면 측은한 마음도 생기나 보다. 부처님 보궁을 온 몸으로 받치면서 참회하기를 바랬다.

그러나 전설의 한 자락일 뿐이다. 여인이라고 하기엔 그 모습이 원숭이상에 가깝다. 기둥 위에 어떤 상을 올려두는 경우는 인도와 중국 등 다른 나라에서 널리 사용되던 방법이다. 대개 벽사(사악한 기운을 막아 주는)력을 가진 원숭이를 올려두는 경우가 많다. 인도의 힌두신전에 보면 기둥 위에 약쉬, 난쟁이 등이 있는데, 같은 역할을 하는 것으로 알려져 있다. 부처의 본생담에 나오는 원숭이라는 설도 있다. 그렇기 때문에 전등사 나녀상은 사람이 아니라 벽사의 기능을 하는 원숭이상으로 보아야 한다.

대웅보전의 나녀상은 하나씩 꼼꼼하게 보아야 한다. 모퉁이마다 있는데 이것을 볼 때는 시계방향으로 돌면서 보아야 한다. 불교에서는

항상 시계방향으로 돌아야 한다. 인도에서는 왼쪽을 불결하게 여긴다. 그래서 왼쪽 어깨가 부처를 모신 법당쪽으로 향하면 안된다. 시계방향으로 돌게되면 오른쪽 어깨가 법당쪽으로 향하게 된다. 나녀상은 같은 듯 다른 모습이다. 두 팔을 올린 상(像) 두 개(허리띠가 있는 상, 없는 상), 왼팔을 올린 상, 오른팔을 올린 상으로 되어 있다.

정확한 유래가 없기에 우리는 상상력을 동원하여 이야기한다. 굳이 정답을 찾아내 꼬집을 필요는 없을 듯하다. 이런저런 정답을 찾아내서 시시비비를 가려내는 것이 얼마나 허무한 것인지 지나간 시간들이 우리에게 알려 주었다. 못 들은 척 지나가는 것도 좋을 듯하다. 목수와 주모의 이야기가 있기에 전등사는 기억의 한 자락을 차지할 수 있었던 것이다.

대웅보전을 한 바퀴 돌면서 지붕 아래를 쳐다보면 나녀상만 있는 것이 아니다. 나녀상에 눈을 빼앗겨 다른 것을 놓칠 수 있다. 부리부리한 눈에 주먹코를 한 귀면상이 숨은그림찾기 하듯이 숨어 있다. 벽사상으로 대웅보전을 지키는 역할을 하고 있다.

약사전(藥師殿)

보물 제179호로 지정된 법당이다. 지금의 모습으로 지어진 시기는 정확히 알 수 없다. 1876년 대웅보전과 함께 기와를 중수했다는 기록이 있는 것으로 보아 광해군 때에 대웅보전과 함께 지어진 것으로 보인다.

약사전은 약사불을 모시는 법당이다. 약사불은 이름에서 짐작할 수 있듯이 병을 치유하는 부처다. 손에 약병(약합)을 들고 있는 모습으로 묘사된다. 뚜렷하게 약병이라는 것이 구분되지 않지만, 손바닥 위에 둥근 합을 올려놓고 있다. 전등사 약사불은 석조좌상으로 양식적으로 보아 고려 말~조선 초에 조성된 것으로 보고 있지만 정확한 것은 알 수 없다.

약사전 내부의 기둥에도 대웅보전처럼 이름이 적혀 있는 것을 볼 수 있는데, 병인양요 때의 흔적이라고 한다. 부처의 기능적 구분, 양식적 구분은 미술사를 전공하는 이들에게나 중요한 것이지 신도들에게는 중요하지 않다. 석가모니에게도, 약사불에게도 간절한 마음으로 기도할 뿐이다. 질병의 치유를 위해 기도하지만, 전쟁의 고통으로부터 벗어나게 해달라고 빌 수도 있는 것이다.

명부전(冥府殿)

명부전의 건축 연대는 알 수 없고 1767년에 시왕을 다시 채색했다는 기록이 있다. 명부전은 지장보살과 시왕이 있는 법당이다.

심판의 세계 즉 명부의 세계를 보여준다고 해서 명부전(冥府殿)이라 한다. 지장보살을 주불로 모신다고 해서 지장전(地藏殿), 열 명의 시왕이 있어서 시왕전(十王殿)이라고도 한다.

이곳은 죽은 이를 위한 공간이다. 지장보살은 죽은 사람이 심판받을 때 변호사 역할을 한다. 후손들은 이곳에서 죽은 이의 명복을 빌면서 지장보살에게 정성을 다한다.

지장보살 좌우로는 시왕(十王)이 있는데 이들을 심판자라고 한다. 시왕신앙은 인도에서 온 불교가 아니다. 불교가 긴 세월 동안 여러 곳을 거쳐 오면서 흡수한 신앙형태라고 한다. 열 명의 왕(시왕: 十王) 중에는 우리에게 익숙한 염라대왕도 있다. 영화 '신과 함께'에서 심판의 과정이 실감나게 묘사되었다. 거기에서 심판관 노릇을 하던 왕들이 명부전의 시왕에 해당된다.

불교를 억압하던 조선시대에도 효(孝)를 다할 수 있는 공간이라 하여 많이 건축되었다. 그래서 명부전은 우리나라 사찰에서 반드시 볼 수 있는 법당이다. 초파일이 되면 이 법당 앞에서 하얀 연등이 달린다.

중국 범종

전등사에는 보물 제393호로 지정된 범종이 있다. 지금은 사용하지 않는 이 종을 보호하기 위해 따로 전각을 만들어 전시하고 있다. 그런데 이 범종은 낯설기만 하다. 범종의 모양과 재료가 특이하기 때문이다. 문화재 안내판에는 철로 만든 종 즉 '철종'이라고 되어 있어서 '철(鐵)'로 만든 것임을 알 수 있는데, 힐끗 본 사람들은 '철종 임금 때 만들어진 것'으로 오해한다.

우리나라 범종의 정형은 성덕대왕신종(에밀레종)이다. 아름다운 형태와 범접할 수 없는 소리는 이후에 만들어지는 모든 종의 기본 모델이 되었다. 그렇기 때문에 우리 눈에 익숙한 종은 성덕대왕신종 계열의 종모양인 것이다. 또 재료는 청동으로 되어 있어서 오래되면 푸르게 녹이 앉아서 고풍스럽게 보인다.

전등사 범종이 생소하게 보이는 것은 중국 송나라에서 제작된 것이기 때문이다. 그럼 무슨 연유로 전등사에 있게 된 것일까? 일제강점기 일제가 전쟁 물자를 공출하면서 전등사에 전해 오던 전통의 종을 가져가 버렸다. 얼마 지나지 않아 일제가 곧 패망하여서 주지는 범종

을 찾아 나섰다. 여러 곳을 수소문한 끝에 부평 병기창 자리에 큰 범종이 하나 있다는 소식을 들었다. 달려가서 봤더니 전등사 범종이 아니라 다른 종이 있었다. 그래서 원래의 종은 못 찾고 이 종을 전등사로 가져오게 된 것이다. 불교식으로 말하자면 이 종은 전등사와 인연이 있었던 것이다. 중국종이 부평 병기창까지 온 것은 무슨 연유일까? 일제는 2차 세계대전을 일으키면서 전쟁 물자를 위해 민간의 솥과 숟가락까지 공출해 갔다. 사찰, 교회도 금속으로 된 것이면 강제로 빼앗겼다. 우리나라뿐만 아니다. 중국과 대만 등 일제의 손아귀에 있었던 곳이면 동일한 침탈을 당해야 했다. 아마 이 중국종도 그런 연유로 부평까지 오게 된 것이고, 다행스럽게 일제가 패망하자 전등사로 와 보존되었던 것이다. 불음을 전하던 이 종이 녹여져 살상 도구가 될 뻔했다.

이 범종에 관한 중요한 정보는 종 몸에 기록되어 있어서 어렵지 않게 알아낼 수 있다. 기록에 의하면 중국 허남성 백암산 숭명사에서 제작한 것으로 1097년인 북송의 철종 4년에 제작되었다. 우리나라로 치면 고려 숙종 2년(1097)이 된다. 대단히 오래된 종이다. 전등사 철종은 중국 북송의 철종 4년에 만들어졌다.

이 종은 우리나라 종과는 모양이 다르다. 우리나라 종은 아래로 벌어지다가 살짝 오므리는데 이 종은 끝까지 퍼져서 내려온다. 종을 매다는 고리는 두 마리의 용으로 제작되었다. 우리나라는 한 마리다. 고리 옆에 있어야 할 음통이 없다. 음통은 종고리 옆에 붙어 있는 기둥모양의 통이다. 이 통은 종의 몸체와 연결되어 있으며 구멍이 뚫려 있다. 이웃나라 종과 우리나라 종의 다른 점 중에서 가장 특징적인 것이 음통이다. 우리나라 종에만 음통이 있다. 이 철종의 몸체에는 굵은 끈으로 묶은 것처럼 띠를 새겼다. 종 아랫부분을 치맛자락 흩날리듯 처리했다는 점 또한 우리나라 종과는 다른 점이다. 가장 큰 차이는 소리에 있다. 우리나라 종이 가진 담담하면서 저음의 묵직한 소리에는 미치지 못한다. 재료와 모양의 차이, 음통의 유무 등 여러 가지 조건에서 소리가 달라질 수밖에 없다. 종은 소리를 내는 도구다. 그 모양이 어떻든 소리로서 평가받는다.

외국에서 제작된 것이라 할지라도 역사적, 예술적 가치가 있다면 문화재로 지정하여 보호한다. 이 철종은 예술적 가치보다는 역사적 가치가 있기 때문에 보물로 지정되었다.

4 조선왕조실록을 보관하던 사각(史閣)

전등사 뒤로 조금만 올라가면 조선왕조실록을 보관하던 사각이 있다. '정족산사고'라고 한다. 선원보각(璿源寶閣)이라는 건물도 함께 있다. 선원보각은 왕실의 족보인 선원록(璿源錄) 등 중요한 문서를 보관했던 곳이다. 순종 2년(1908)에 실록이 서울로 옮겨진 후 사고를 사용하지 않으면서 허물어졌다. 현재의 사고는 1999년에 중건된 것이다.

사각 밖에는 기와집이 있는데 연선대라 불리는 곳이다. 연선대는 사각을 관리하는 참봉이 평시에 기거하는 곳이다. 3년에 한번 사고의 문을 열고 책을 소독하고 말리는 일을 한다. 이를 포쇄작업이라 한다. 이때는 중앙에서 파견된 관리가 열쇠를 가져온다. 그는 며칠을 머물면서 이 일을 지휘했다고 한다. 연선대는 포쇄를 위해 파견된 중앙 관리의 처소로도 사용되었다. 사각은 철저하게 잠금되어 있어서 관리인들조차 책을 읽어볼 수 없었다. 관리인들은 사각 건물 자체를 관리하였다.

사후 기록으로 평가

조선은 유교를 국가이념으로 하였다. 유교에서는 사후 세계를 인정하지 않는다. 그런데 인간은 사후 세계에 대한 두려움 때문에 선하게 살려고 노력한다. 반드시 그런 것은 아니지만 대체로 그런 경향이 있다. 그런데 사후 세계가 없다고 한다면 사람들의 삶이 어떻게 될까? 본능에 의한 힘의 논리가 지배하는 세계가 될 것이다. 지극히 이기적인 삶으로 인해 사회 질서는 파괴될 것이다. 유교는 사후세계를 인정하지 않는다. 그렇다면 유교를 국가 이념으로 했던 조선에서는 이 문제를 어떻게 해결했을까?

교육(敎育)과 기록(記錄)이었다. 교육을 통해 인간 내면에 잠재된 예(禮)를 끌어내고 실천하도록 했다. 교육과 실천으로 완성된 인간을 성인군자라 했다. 조선은 성인군자가 국가를 다스리는 도덕정치를 추구했다. 그러나 그것만으로는 부족했기 때문에 정확하고 정직한 기록을 남김으로써 후대에 냉엄한 평가를 받도록 했다.

행정, 사법, 군사권 등 모든 권한을 갖고 있는 군왕도 교육과 기록을 통해 통제받았다. 통제되지 않는 군왕의 통치는 국가의 운명을 위태롭게 했다. 연산군과 같은 경우가 언제든지 발생할 수 있기 때문이다. 그래서 군왕이 되고자 하는 후계자는 신하들로부터 군왕이 되는 교육을 받아야 했다. 신하들의 행위 또한 정직한 기록을 통해 견제받았다. 정치를 하는 자는 자신의 모든 언행(言行)이 기록된다는 것을 의식하면서 말하고 행동해야 했다.

사관(史官)은 기록을 담당하는 관료였다. 이들은 국가 통치행위가 이루어지는 모든 곳에 들어가, 그곳에서 오고 가는 말과 행동, 분위기 등을 기록으로 남겼다. 이렇게 현장에서 기록된 자료를 사초(史草)라 불렀다. 2명의 사관이 기록하여 혹시나 빠뜨리는 부분이 없도록 했다. 2명의 사관은 자신의 근무시간이 끝나면 집으로 돌아가 그날 기록한 내용을 깨끗하게 옮겨 적었다. 그날에 대한 자신의 평가도 끝부분에 남겼다. 이 평가는 사관의 주관적 판단인 셈이다. 정치행위가 이루어진 자리에서 기록한 사초를 입시사초(入侍史草), 집에 와서 깨끗하게 옮겨적은 사초를 가장사초(家藏史草)라 한다. 가장사초라는 뜻은 사관의 집에 보관했기 때문이다. 입시사초는 사관의 근무처인 춘추관에 반납했다. 왕이 10년 동안 재위했다면 사초의 분량은 어마어마했을 것이다.

왕이 승하하게 되면 실록을 만들기 위해 도감이 설치되었다. 사관들이 실무를 맡고 고위 관료들이 이를 지휘했다. 이때 입시사초, 가장사초, 승정원일기, 일성록 등 각 공공기관에서 작성한 업무 일지들을 모두 제출받았다. 승하한 왕이 재위시에 있었던 모든 것을 기록하기 위해 자료를 최대한 모았다. 자료들을 분석하고 추리고, 정리하는 과정을 거쳐서 최종본인 조선왕조실록이 완성되었다.

나누어 보관했던 조선왕조실록

이렇게 완성된 실록은 여러 부를 만들어 나누어 보관했다. 임진왜란 전에는 4부를 작성하여 궁궐내 춘추관, 지방 도시인 경상도 성주, 충청도 충주, 전라도 전주에 분산 보관하였다. 실록의 관리를 위해 관아에서 멀지 않은 곳에 설치하였다. 그러나 임진왜란 때 왜군이 동래-성주-충주-한양으로 진격함으로 전주사고만 남고 모두 불태워지는 일을 겪었다. 다행히 전주사고에 보관했던 실록은 깊은 산중으로 옮겼다. 깊숙이 숨겼다고 하여 내장산이라 한다. 임진왜란 후 전주사고본을 본(本)으로 다시 5부를 작성하였다. 임진왜란의 경험을 살려 산중에 보관하기로 결정했다. 궁궐내 춘추관, 묘향산, 오대산, 태백산, 마니산에 사고를 설치하고 나누어 보관했다. 인조반정 후 이괄의 난이 터져 춘추관에 보관된 실록이 소실되었다. 청나라가 침입할 징조가 있자 묘향산에 보관 중이던 실록을 남쪽으로 옮겼는데 무주 적상산이었다.

강화도 마니산에 보관되던 실록은 숙종 4년(1678)에 정족산성 안으로 옮겼다. 마니산에 보관하자니 어려움이 많았던 것이다. 전등사 뒤에 사각을 짓고 승려들로 하여금 관리하게 하면 쉬웠기 때문이다. 또 정족산성에는 군사들이 주둔하고 있었기 때문에 지킬 수 있다고 판단한 것이다. 산중에 있는 사고를 관리하기 위해서 주변에 있는 사찰을 지정하거나 새로 지었다. 정족산사고는 전등사, 오대산사고는 영감사, 적상산사고는 호국사, 태백산사고는 각화사 등이 그 역할을 감당하였다.

정족산사고의 정족산본은 임진왜란 전에 전주에 보관되었던 원본이었다. 실록 중에서 가장 오래된 것이다. 정족산사고는 순종 2년(1908)에 폭도들(?)이 들끓어 위험해지자 정부의 명령으로 서울로 옮겨졌다. 현재는 서울대학교 규장각에 있다. 오대산본은 일제강점기 일본으로 유출되었다가 지진에 불타고 일부만 남았던 것을 환수받았다. 태백산본은 국가기록원에 있고, 적상산본은 북한에 있다.

조선왕조실록의 진정한 가치

▲ 사초를 세초하던 세검정

조선왕조실록은 어떤 가치가 지녔을까? 어느 정도였기에 세계기록문화유산이 될 수 있었을까? 하나씩 짚어보자.

조선은 사관이 사초를 작성할 때 누구의 눈치도 보지 않고 기록할 수 있도록 독립성을 보장해 주었다. 그것이 유교정치였다. 왕과 신료들이 있는 그곳에 사관은 항상 있었고 항상 기록하였다. 왕과 신하가 몰래 만나서 이야기를 나누고 있으면 어느새 사관이 달려와 기록하였다. 왕은 사관을 내쫓으려 하였으나 사관의 고집 또한 만만찮았다. 이렇게 기록된 사초는 누구도 열람할 수 없었다. 왕이 승하하여 실록이 완성되면 세검정 계곡으로 가서 사초에 기록된 내용을 씻어 버렸다. 이를 세초(洗草)라 하였다. 기록이 유출되어 정쟁으로 번지지 않도록 하기 위함이었다. 완성된 실록도 마찬가지였다. 실록이 완성되면 완성되었음을 왕에게 알리고 절차를 통해서 사고에 보관했다. 그것으로 끝이었다. 완성된 실록도 열람할 수 없었다. 실록 작성에 참여했던 이들 역시 내용에 대해 입밖으로 꺼내지 않았다. 실록에 수록된 내용에 대해서 왈가왈부하지 않았다.

사초뿐만 아니라 완성된 실록도 함부로 열람할 수 없었다면, 기록자는 두려움 없이 기록할 수 있었을 것이다. 사실(事實)을 있는 그대로 기록할 수 있었던 것이다. 그뿐만이 아니다. 앞서 언급했던 가장 사초의 경우 사관의 주관적 견해를 끝부분에 추가한다고 했는데, 이 부분을 실록에 수록할 때는 반드시 '史臣曰(사신이 말하기를)'이라고 하여 주관적 견해임을 밝혔다. 조선 후기가 되면 당쟁이 격화된다. 그래서 각 당(黨)의 견해에 따라 실록이 다르게 작성될 수밖에 없었다. 선조실록을 예로 들면 선조가 승하했을 때 아들인 광해군에 의해 실록이 완성되었다. 광해군 때의 집권당은 북인(北人)이었다. 북인들이 완성한 실록은 『선조소경대왕실록 宣祖昭敬大王實錄』이다. 인조반정 후 서인이 집권하자 이들은 선조실록을 다시 작성했다. 그들은 제목을 『선조소경대왕수정실록 宣祖昭敬大王修正實錄』이라 했다. 제목에는 수정했음을 밝혔다. 그럼 자신들의 견해와 맞지 않는 광해군 때에 만든 실록은 폐기 되었을까? 아니다. 광해군 때에 작성한 실록을 폐기하지 않고 그대로 두었다. 자신들이 수정실록을 작성할 수밖에 없는 이유를 밝히고, 후손들이 두 개의 실록을 보고 공정하게 평가해 주길 바란다고 했다.

실록을 작성하는 과정에 여러 대신이 참여하지만 그들 역시 자신들이 작성하는 과정에 보았던 내용을 입 밖에 꺼내지 않았다. 그래서 조선시대에는 실록의 내용 때문에 정쟁이 일어난 경우가 없었다. 그런데 현시대는 어떤가? 전임 대통령의 기록을 꺼내서 공개하고 비판하였다. 이렇게 되면 어느 대통령이 자신의 기록을 정직하게 남길 수 있을까? 정권이 바뀌면 정치적으로 이용될 것이기 때문에 정직한 기록을 남기지 못할 것이다. 이런 기록을 믿을 수 있을까? 이건 당파의 문제를 떠나 후손들에게 큰 죄를 짓는 것이다. 절대권력을 가졌던 군왕도 실록을 볼 수 없었다. 그런데 국민으로부터 선출된 권력이 자신들의 이익을 위해 기록을 거리낌 없이 공개하는 선례를 남겼다. 후손들과 역사에 큰 죄를 지었다. 옛말로 석고대죄를 해야 하는 상황인 것이다. 이제 후로는 남겨진 기록의 진실성에 의문을 품을 수밖에 없을 것이다.

조선왕조실록이 볼 수 없는 자료였다면 왕과 신료들은 선대(先代)의 통치 자료를 어떻게 참고했을까? 또다른 기록유산인 『국조보감 國朝寶鑑』이 있었다. 실록의 내용 중에서 잘한 것만 가려 뽑아서 만든 책이다. 잘한 것만 가려서 작성했으므로 정치적으로 문제 될 것도 없었다. 통치자료로 활용가치가 있었던 것이다. 국조보감은 50~60부 정도 편찬하여 왕과 신료들이 나누어 보았다.

TIP

조선왕조실록을 보관했던 '정족산사고'는 전등사 뒤에 있다. 전등사 뒤로 조금만 올라가면 숲속에 기와집이 보인다. '정족산사고'는 항시 문이 잠겨 있어서 담장 밖에서 봐야 한다. 창고 건물이라 특별한 것은 없다. 밖에서 보는 것만으로 충분하다. 그렇다고 해서 멀리서 사고만 확인하고 돌아서면 안된다. '정족산사고' 문 앞까지 가야 한다. 층계를 올라가서 전등사를 돌아보면 눈앞에 멋진 풍광이 펼쳐지기 때문이다. 전등사를 품은 정족산이 동쪽을 향해 골짜기를 열었으며, 저 멀리 염하와 초지대교가 조망된다. 바로 앞에 선 키 큰 소나무가 멋진 액자를 만들어준다. '정족산사고' 뒤로 난 길로 조금만 올라가면 정족산 정상에 닿는다.

5 프랑스군을 물리친 정족산성

정족산(222m)은 세 개의 봉우리로 되어 있다. 산의 모양이 '다리가 셋 있는 솥'처럼 생겼다고 하여 정족(鼎足)산이라 했다. 산성은 산의 능선을 따라 쌓았으며, 계곡을 포함하고 있어서 포곡식(包谷式)산성이다. 돌로 쌓은 석성인데 길이는 2.3km에 이르며 성벽의 높이는 2.3m~5.3m가 된다.

전설에 의하면 단군왕검이 세 명의 아들(부소,부우,부여)에게 한 봉우리씩 맡아 성을 쌓게 했다고 한다. 그래서 삼랑성이라는 별명이 생겼다. 삼랑이라는 신하로 하여금 성을 쌓게 했다는 구전도 있다. 야사인 『규원사화』에 다음과 같이 전한다.

단군이 제후를 봉한 후 천하가 평안해졌다. 10년이 지난 후 남이인의 환란이 있었으니 갑비고차[1]의 남이인들이었다. 이에 부여를 보내 병사를 거느리고 그곳을 평정하게 하였다. 후에 부소와 부우를 딸려 보내 갑비고차에 성을 쌓고 남쪽 길을 방비케 하였다. 지금의 강화 삼랑성이 이것이다.

---

1 갑비고차 – 강화도의 옛이름

단군의 세 아들이 쌓았다는 이야기가 있지만, 당시 고조선의 영토가 이곳까지 미쳤다고 보기 어렵고 고조선을 막 개창한 단군 통치기에는 더더욱 믿기 어렵다. 단군의 명에 의해 축성된 것은 아니지만 분명한 것은 아주 오래된 성이라는 것이다. 삼국시대 산성이라는 설도 있다. 『고려사』에 의하면 '고려 고종이 강화도로 천도한 다음 가궐 자리를 알아보다가 삼랑성과 신니동에 정했다'라는 기록이 있다. 그러니 고려의 강화천도 전에 이곳에 이미 성이 있었다는 것이다. 삼국시대에 고구려와 백제의 격전이 자주 벌어졌던 관미성이 강화도라는 설이 있다. 이미 강화도는 중요한 요충이었기 때문에 어떤 형태로든 방어성이 있었을 가능성이 있다. 강화 교동도 화개산에도 삼국시대 성벽이 확인되었다.

산성의 남문은 1970년에 복원되었는데, 문의 이름을 종해루(宗海樓)라 하였다. 정족산성을 방문하는 사람들은 대개 전등사가 목적지인 경우가 많다. 전등사가 정족산성 안에 있기 때문에 성문을 통과해야 들어갈 수 있다. 매표소도 성문 밖에 있다. 문은 모두 네 곳에 설치되었는데 주 출입문은 남문(南門)과 동문(東門)이다. 남문은 대개의 성문처럼 규모가 상당히 크다. 문루도 설치하여 산성의 정문으로써 위엄을 갖추었다. 이에 비해 동문과 서문은 규모가 작다. 북문은 이보다 더 작아서 암문(몰래 드나드는 통로)처럼 보인다. 문 위에 누각이 있는 곳은 남문이 유일하다. 남문은 계곡 곁에 세워진 성문이다. 계곡을 포함하고 있는 산성인 포곡식 산성은 물이 빠지는 수구(水口) 지점이 가장 취약하다. 이곳을 중점적으로 방어해야 산성을 지킬 수 있다. 그래서 남문을 가장 높고 튼튼하게 만든 것이다.

정족산성은 병인양요의 격전이 있었던 곳이다. 병인양요를 일으킨 프랑스군이 강화읍을 점령하고 한양을 침략하려고 호시탐탐 노리고 있을 때 흥선대원군은 군사들을 모아 강화로 보냈다. 그러나 조선군은 프랑스군이 두려워 정탐만 할 뿐 움직이려 하지 않았다. 천총 양헌수가 사령관 이원희에게 강화에 들어가자고 주장하자 명령을 듣지 않는다며 오히려 처형하려 하였다. 그러자 양헌수는 '죽어도 적의 손에 죽겠다'며 군사 일부를 떼어 달라고 요구한다. 양헌수는 300여 명의 군사를 데리고 손돌목을 건너 정족산성으로 들어갔다. 원래 정족산성에 배치되어 있던 군사들과 합하여 549명의 조선군이 주둔하게 되었다. 프랑스군 사령관 로즈는 이 소식을 듣고 160명의 장병을 뽑아 정족산성으로 보냈다. 조선군쯤이야 일거에 격퇴하고 돌아오리라는 자신감이 있었다. 전등사로 올라가는 길은 남문이었다. 그들이 남문 아래쪽에 도착한 시간은 11시 30분이었다. 점심을 먹고 공격하자는 주장에 인솔 대장은 저 산성을 점령하고 부처의 집에서 편하게 먹자고 했다. 프랑스군은 조선군을 만만하게 생각하고 정족산성으로 다가왔다. 이때 숨어 있던 조선군이 일시에 사격을 개시했다. 프랑스군은 부상자가 속출했다. 예상치 못한 조선군의 공격에 그들은 32명의 부상자를 데리고 황급히 강화부로 후퇴하였다. 조선측 기록에는 사망 6명, 부상 30명으로 되어 있다. 프랑스의 기록에는 사망자는 없고 부상자만 있는 것으로 되어 있다.

결과만 놓고 보면 엄청난 전과(戰果)라고 할 수는 없다. 그러나 겁부터 집어먹던 조선군이 뛰어난 지휘관을 만났고 용감히 싸워 저들에게 큰 타격을 입힌 것이다. 조선군은 자신감을 갖게 되었고, 한양을 노리던 프랑스군에게는 조선 점령은 쉽지 않을 것이라는 생각을 갖게 만든 것이다. 프랑스군은 서둘러 강화를 떠났다.

TIP

조선군이 프랑스군을 물리친 곳이 남문이 아니라 동문이라는 주장도 있다. 동문 안쪽에 양헌수장군승전비가 서 있는 것으로 보아 동문일 가능성이 있다. 나뭇잎이 없는 겨울이면 동문밖 저 아래 주차장에서는 전등사가 보인다.

양헌수장군 승전비

정족산성 동문 안에는 양헌수장군비가 있다. 병인양요 7년 뒤, 그의 전공을 기리면서 강화군민들에 의해 건립되었다. 비의 앞면에 '巡撫千總梁公憲洙勝戰碑 순무천총양공헌수승전비'라고 새겼다. 뒷면에는 비를 세우게 된 연유를 자세히 남겼다.

▲ 정족산성 동문. 문루를 설치하지 않았다

고종 3년 병인년에 洋夷(서양오랑캐)가 침입해 왔다. 이에 양공이 자신의 일신을 돌보지 않고 일어나.... 산포수 500명을 이끌고 출진했다. .... 정족산성에 들어가 적을 맞을 준비를 했다..... 적이 쳐들어 오자 전 군사들은 총포를 발사하면서 적군을 공격하였다. 적의 지휘관은 말에서 떨어지고 넘어지고 오랑캐 병사는 넘어져 쓰러진 시체를 메고 달아났다. 마침내 양공은 강화부를 수복하여 군사와 백성을 위무하니 강화도가 평안해졌다. 늙은이나 젊은이나 양공의 옥돌같이 곧은 공적에 감흥하여 공의 전공을 기록함으로써 백성이 흩어지지 않기를 기약하노라. 오늘날 강화도 백성은 부모, 처자, 형제가 다시 모여 양육하게 되었으니, 이는 양공의 은덕이 아닐 수 없다. 영원히 그 은혜를 기리노라. 『강화도 역사산책, 김경준』

양헌수장군은 병인양요 때에 갑자기 떠오른 영웅이 아니다. 그는 위정척사파의 거두였던 화서 이항로의 제자였다. 33세에 무과에 급제해 국록을 먹는 관료가 되었다. 그는 공직에 들어선 후 목민관의 소임을 다하였다. 함경도와 평안도, 제주의 지방관으로 있으면서 선정을 베풀어 백성들의 칭송을 받았다. 탐관오리들이 날뛰던 세상에서 선정을 베푸는 수령을 만났다는 것은 사막에서 오아시스를 만난 것과 같았다. 수령은 백성들의 목숨 줄이나 다름없던 것이다.

적을 두려워한 지휘관이 감히 염하를 건너지 못할 때 과감히 건널 수 있었던 결단력이 그에게 있었다. 그러나 전쟁은 개인의 용기만 가지고 되는 것이 아니다. 그를 따라 죽음을 불사하겠다는 300여 명의 군사들이 있었기에 가능했다. 양헌수 장군이 평상시 탐관오리였다면 300여 명의 군사가 따라나설 수 있었을까? 임오군란(1882) 때에 구식 군인들이 부패관료들의 집을 불태울 때도 '양장군의 집이다!'라는 말에 그대로 물러났다고 할 만큼 존경받았던 인물이었다. 정족산성 전투의 승전은 우연히 이루어진 것이 아니다. 위기 순간에 그 빛을 발하는 것, 그것은 평상시에 쌓은 내공이 있었기 때문에 가능했던 것이다.

6 꽃창살로 유명한 정수사

마니산에 자리한 정수사(精修寺)는 늘 조용하다. 전등사의 소란함과는 달리 언제나 절집 같은 분위기가 감도는 곳이다. 강화도를 좋아하는 사람들에겐 잘 알려진 사찰이지만, 알려진 만큼 찾는 사람이 많지는 않다. 대중교통을 이용해 접근하기가 쉽지 않기 때문이다.

정수사는 선덕여왕 8년(639)에 회정선사가 창건했다. 회정선사는 석모도 보문사 창건주이기도 하다. 마니산 참성단을 배관하고 내려오다 이곳을 발견하고는 불제자들이 선정삼매(禪定三昧: 참선에 집중)를 정수(精修: 깨끗하게 수행)할 곳이라 하고는 절을 짓고 정수사라 했다고 한다.

회정선사(懷正禪師)가 창건했다고 하는데, '선사(禪師)'라는 호칭은 선종(禪宗)이 이 땅에 들어온 다음에 사용되는 것이다. 통일신라 말에 선종이 들어왔는데, 고신라 선덕여왕 때 회정선사라는 호칭이 사용되고 있으니 잘못된 것이다. 1903년에 지어진 '정수사 산령각 중수기(산신각을 수리한 것을 기록)'와 『강도지 江都誌』에는 창건의 때를 정확히 알 수 없다고 하였다. 신라시대 창건설은 설화일 가능성이 있다.

1426년(세종 8)에 함허선사가 이곳에 머물며 절을 중창하였다. 이때 절 서쪽에서 깨끗한 물이 흘러나오는 것을 발견하고 절 이름을

'정수 精修'에서 '정수 淨水'로 바꾸었다. 함허 기화선사는 당대 뛰어난 승려로 많은 저술을 남겼다. 조선의 건국은 불교에서 유교로 사회 이념이 바뀌는 사건이었다. 대립과 갈등의 시대였다. 그도 한때는 유학을 가르치는 최고 학부인 성균관 유생이었다. 그런 그가 친구의 갑작스런 죽음을 경험하고는 삶의 무상함과 허무를 깨닫고 출가했다. 시대는 불교에서 유학으로 옮겨 갔으나, 그는 오히려 유학에서 불교로 옮겨간 것이다. 그는 출가하여 법명을 기화, 호를 득통이라 하였으며, 당호를 함허당이라 하였다. 무학대사는 그를 제자로 받아들여 용맹정진하게 하였으며 깨달음의 세계로 이끌어 주었다.

정수사 입구는 강화도에서도 꽤 유명한 유원지인데, '함허동천'이라는 곳이다. 함허 스님의 흔적이 이름으로 남은 것이다. 산수가 수려하고 깊은 계곡에 '동천 洞天'이라는 이름을 붙인다. 이는 신선이 살 만큼 아름다운 곳이라는 뜻이기도 하다.

함허 스님 후 절의 역사는 전해지는 것이 많지 않다. 조선 후기인 헌종 14년(1848)에 여러 스님이 법당을 중수했다. 200여 명에 가까운 많은 신도가 함께 했음을 기록으로 남겼다. 대대적인 중창 불사가 있었던 것이다.

정수사에는 8월 말이 되면 노랑상사화가 아름답게 펴서 이루지 못할 사랑을 말하고, 가을이면 단풍이 은은하여 추억에 잠길만한 곳이다. 함허 스님은 이곳의 물맛이 좋아 절 이름을 고쳤다고 했는데, 그 물은 차를 끓여내기에도 좋았다. 무학 대사의 제자이며 끽다(喫茶: 차를 마심)의 달인으로 불렸던 함허(涵虛) 스님이었다. '한 조각의 마음, 한 주발의 차에 있다'며 차를 즐겼다.

꽃살로 수놓은 대웅보전

보물 제161호로 지정된 정수사 대웅보전은 조선 초기인 세종 5년(1423)에 지어진 단정한 법당이다. 조선 초기 건축의 모습을 잘 간직하고 있어서 문화재로 지정되었다. 1957년 보수공사 때 숙종 15년(1689)에 수리하면서 적어둔 기록이 발견되었다. 기록에 따르면 세종 5년에 새로 고쳐 지었고 숙종 15년에 수리하였다고 한다. 그렇다면 초창은 언제였을까? 적어도 세종 5년보다는 더 올라갈 것이다.

대웅보전은 정면 3칸, 측면 4칸이다. 원래 정면 3칸, 측면 3칸이었으나 여러 차례 수리하면서 측면 1칸을 더 늘린 것으로 보인다. 대웅전 앞에 툇마루를 두었는데 다른 곳에서는 보기 어려운 특이한 법당이다. 그래서 법당에 들어가려면 신발을 벗고 툇마루를 거쳐 들어가야 한다. 대웅보전이라는 현판이 없다면 유교식 사당 건물처럼 보이기도 한다.

지붕은 맞배지붕을 하였다. 앞쪽으로 퇴칸을 추가로 늘렸기 때문에 앞면 지붕이 상당히 넓으며 야구모자를 푹 눌러 쓴 것처럼 묵직해 보인다. 기둥 위에는 지붕의 무게를 받쳐주는 복잡한 양식의 공포를 설치했는데, 기둥 위에만 설치하여 주심포양식이라 한다. 건물의 앞과 뒤에는 다른 양식의 공포가 얹어져 있다. 앞면을 추가로 늘리면서 공포 모양 또한 변한 것으로 추측된다.

건물의 옆으로 돌아가면 지붕이 ㅅ자 모양을 한 맞배지붕이다. 맞배지붕은 옆면에 지붕이 없기 때문에 바람과 빗물이 들이치는데, 이를 막기 위해 부채 모양의 풍판을 달아 둔다. 정수사 대웅보전 또한 풍판을 달아서 측면을 보호하고 있다.

지붕을 쳐다보면 용마루 가운데 몇 장의 청기와를 얹어 둔 것을 확인할 수 있다. 전등사 대웅보전에도 용마루 청기와가 있다. '왕이 다녀간 절'이라는 뜻이라 하는데, 정수사에는 어떤 임금이 다녀갔는지 확인되지 않았다. 아니면 다른 이유가 있는지 궁금하다.

대웅보전을 받치고 있는 기단은 잘 다듬은 돌을 척척 쌓아 올렸는데, 이 건물이 지어지던 때에 많은 후원이 있었음을 알 수 있다. 재정적으로 어려웠다면 막돌로 기단을 쌓아 그 위에 건물을 앉히는 경우가 많기 때문이다.

대웅보전(大雄寶殿)이라면 석가모니불이 주불(主佛)이고 좌우로 다른 부처가 있는 경우를 말한다. 이곳에는 석가모니불 한 분과 협시보살 4분이 있다. 석가모니불 좌측에 문수보살, 관음보살이 있고 우측에 보현보살과 지장보살이 있다. (부처의 입장에서 좌우가 된다) 부처가 세 분(삼존불) 있지 않고 좌우에 보살이 있으니 보전(寶殿)이 아니라, 대웅전이라 불러야 맞다. 사실 몇십 년 전 만 해도 정수법당이라는 이름이었는데, 대웅보전으로 바꾼 지 오래되지 않았다.

정수사 대웅보전이 유명해진 것은 건축적인 역사성도 있지만, 아무래도 문창살 때문이 아닌가 한다. 정면 3칸 중에서 가운데 칸의 문에만 꽃살문을 설치했다. 무척 아름답다. 보통 꽃살문이라면 꽃송이만 조각해서 문살처럼 사용하는데, 이곳은 화분에서 피어난 꽃이 수십 송이의 꽃으로 이어가는 형상이다. 창의력이 돋보이는 작품이다. 네 짝의 문에 조각된 화분 또한 모두 다르다. 꽃살은 가운데 두 짝이 비슷하고, 바깥쪽 좌우가 비슷하다. 그러나 얼핏 보기엔 비슷하지만, 수작업으로 했기 때문에 조금씩의 차이가 난다. 법당을 완성하고 마지막에 문짝을 설치한다. 목수는 온 힘을 쏟아 법당을 지었다. 그리고 마지막에 사랑을 고백하듯이 영원히 지지 않을 꽃을 부처에게 공양하였다. 화분에서 영양을 공급받으며 싱싱하게 피어난 꽃으로 말이다.

TIP

정수사까지 승용차와 관광버스 출입가능하다. 대중교통을 이용한다면 정수사 입구에서 걸어서 가야 한다. 절까지는 오르막이다. 입장료는 없다.

7 강화도와 단군, 마니산

성산(聖山)으로 불리는 마니산

강화도의 남쪽에는 유명한 마니산(摩尼山, 469m)이 있다. 옛날 이름은 마리산이었다. 『고려사』또는 조선시대의 다양한 기록에는 주로 '마리산(摩利山)'으로 표현되었다. '두악(頭嶽)'으로도 표기했다. 마리산과 두악은 같은 뜻이다. 마리는 머리의 옛말이다. 그밖에 같은 의미의 '종산(宗山)', '두산(頭山)', '마니산(摩尼山)'으로도 기록되어 있다. 발음은 다르지만 뜻은 같다. 머리가 될 만큼 인상적인 산이라는 뜻이다. 일제강점기에 이르러 복잡했던 산 이름이 '마니산'으로 고정되었다. 어떤 이들은 옛 이름인 '마리산'으로 되돌려야 한다고 주장한다.

918층계를 힘겹게 오르면 정상에 닿는데 그곳에는 언제 쌓았는지 알 수 없는 제단이 있다. 그 제단을 참성단(塹星壇)이라 부른다. 나라에서 전국체전을 할 때면 성화를 이곳에서 채화한다. 언제부터인지 알 수 없지만 참성단은 '단군이 하늘에 제사를 지내던 곳'이라 전해져 왔다. 그래서 민족의 성산으로 여겼고 전국체전 성화 또한 이곳에서 채화하는 것이다.

그렇다면 단군이 이곳에서 하늘에 제(祭)를 지냈다는 것은 사실일까? 단군신화 어디에도 마니산 참성단 이야기는 없다. 참성단 어디에도 단군시대와 관련된 유물이나 금석문이 없다. 물론 단군 재위 기간 어느 때인가 이곳에 왔을지도 모른다. 그러나 추측만으론 강화도와 단군을 연결시키기에는 무리가 있다. 고조선의 영역 또한 강화도까지 미쳤을 것으로 보기는 어렵다. 그러므로 단군과 마니산을 연결하여 성스러운 곳으로 여기는 것은 설득력이 부족해 보인다. 그럼에도 단군과 마니산이 연결된 것은 어떤 이유이며 언제부터였을까?

이곳에 대한 기록은 고려 원종 때부터 등장한다. 『고려사』에 전하는데, 원종 5년(1264) "이때 왕이 묘지사로 거처를 옮기고, 친히 마니산 참성에 초제를 지냈다"라는 것이다. 『고려사』의 또 다른 기록에는 "마니산 꼭대기에는 참성단이 있는데, 단군이 하늘에 제사 지내던 단이라 한다"라고 하였다. 두 기록을 통해 보면 참성단을 언제 쌓았다는 내용은 없다. 기존에 있던 단에서 제사를 지냈다는 내용뿐이다. 고려말 대유학자였던 이색의 시에는 "이 단이 하늘이 만든 것은 아닌데 누가 쌓았는지 알 수 없어라"라고 하였다. 당대의 지성인이었던 이색이 누가 언제 쌓은 것인지 모른다고 했다. 고려 원종 때 쌓았다면 기록에 남았을 것이고, 이색이 그것을 몰랐을 리 없다. 그렇다면 고려 원종이 초제를 지내기 위해 쌓은 단은 아니라는 뜻이다. 고려 원종이 마니산 참성에 초제를 지낼 때는 이미 참성단이 있었기 때문에 쌓은 시기를 알 수 없었던 것이다. 그러면서 단군이 하늘에 제사 지내던 단이라고 소개하고 있다.

조선 중종 때에 발간된 『신증동국여지승람』에 참성단을 소개하는 내용이 있다. "마니산 꼭대기에 있는데, 돌을 모아 쌓았고, 단의 높이는 10척이며, 위는 모가 나고 아래는 둥근데, 위는 사면이 6척 6촌이요, 아래는 둥근 것이 각각 15척이다. 세상에 전하기를 '단군이 하늘에 제사하던 곳이다.'"

『신증동국여지승람』의 기록은 고려 후기 이후 전해지던 이야기를 기록한 것이니 단군의 제단이라는 증거가 되기 어렵다. 그러면 이 제단은 누가 언제 쌓았을까?

산에 의지해 살았던 우리 민족은 성스러운 산이라고 여겨지는 곳에 단을 쌓고 제를 지내던 풍습이 있었다. 태백산에 가면 천제단이 있고, 지리산에도 제단이 있었다. 영암 월출산에서도 제사를 지냈다. 각 나라는 도읍을 중심으로 오악(五嶽)을 설정하고 산정에서 제사를 지냈다. 조선시대도 오악(五嶽: 백두산, 지리산, 금강산, 묘향산, 북한산)에 제를 지냈다. 한반도 내 명산에는 언제 축조했는지 알 수 없지만 천제단이 남았거나 흔적을 전하고 있다. 마니산도 이와 마찬가지로 성산으로 여겨지면서 아주 오래전에 제단이 만들어졌음을 짐작할 수 있다. 강화도 일대의 중요성을 가장 절실하게 인식했던 국가는 백제였다. 한강변에 도읍을 정하고 있었기 때문에 한강의 입구이면서 바다로 나가는 통로에 위치한 강화도가 군사적으로 매우 중요한 곳으로 인식되었을 것이다. 때문에 백제의 강역이었던 한성백제기에 서쪽을 외호하는 산으로 여겨 마니산에 제단을 축조했을 가능성이 있다.

지금과는 달랐을 강화도 지형에 따르면, 마니산이 있는 곳은 강화 본도와 떨어진 다른 섬이었다. 조선 중엽에 간척으로 인해 하나의 섬이 되었다. 고려 원종이 제사를 지내기 위해 참성단에 올랐을 때는 강화 본도에서 배를 타고 건너가야 했다. 배를 타고 들어가 우뚝 솟은 산을 오색 깃발을 휘날리며 오르는 행위 자체가 신성함 그 자체였을 것이다. 이곳에 오르면 모든 것을 발아래 두게 된다. 오직 하늘만을 바라보며 국가의 안위를 빌고 빌었을 것이다. 이제 몽골과 화친을 하고 저들의 요구에 따라 살아야 한다. 예측할 수 없는 상황이 벌어질 수도 있었다. 어찌 절박함이 없었겠는가!

그렇다면 참성단이 단군과 연결된 이유는 무엇일까. 고려 정부는 몽골의 침략에 대항하기 위해 1232년(고종 19) 강화도로 천도했다. 정권의 실권자 최우는 왕을 협박하다시피 하면서 천도를 단행했다. 많은 반대가 있었지만 현실적인 대안이기도 했다. 그러나 문제는 육지에 버려진 백성들이었다. 몽골군이 한 번씩 휩쓸고 지나갈 때마다 살아 있는 것이라곤 풀밖에 없을 만큼 참혹했다. 최우를 비롯한 집권세력들은 몽골군과 싸운다는 명분을 내세웠지만, 백성들을 지켜줄 생각도 능력도 없었다. 저들이 물러가면 세금이나 독촉하러 다닐 뿐이었다. 백성들의 원성이 하늘을 찌르자 자신들이 강화도로 들어간 명분을 찾아야 했고, 그래서 찾은 것이 단군이었다. 단군이 하늘에 제를 올리던 강화도는 고려를 지켜줄 성스러운 땅이고, 그곳에 조정이 들어온 것은 하늘의 뜻이라 것이다. 물론 사료를 통해 확인된 것은 아니며 필자의 추론이다. 단군신화는 아주 오래전부터 우리 땅에 구전되어 오던 이야기다. 당시 사람들이 인식하고 있던 '신화적 인물, 즉 하늘에서 내려온 인물인 단군'의 제사터라고 둘러댔던 것이다. 강화도야

말로 단군의 성스러운 땅이고 조정이 이곳에 있는 것은 하늘의 뜻이라 말하고 싶었던 것이다.

단군이 우리민족의 시조로 인식된 것은 고려말이라고 한다. 삼국시대 국가들은 단군을 자신들의 시조로 인식하지 않았다. 각 나라의 건국 신화가 있었고, 신화의 인물이 곧 시조로 인식되었다. 김부식이 『삼국사기』를 저술할 때만 하더라도 단군왕검에 대해 민족의 시조라는 인식이 없었던 것으로 보인다. 때문에 단군신화는 삼국사기에 기록되지 않았다. 그러나 미증유의 환란인 몽골의 침략과 지배를 겪으면서 민족적 자긍심이 훼손되자 그것을 다시 세우고자 하는 움직임이 있었다. 구심점이 필요했던 것이다. 지어낼 필요도 없었다. 이미 널리 알려진 신화를 정리하여 내놓으면 되는 것이었다. 일연의 『삼국유사』, 이승휴의 『제왕운기』 등이 이런 이유로 저술되었다. 유구한 역사의 뿌리를 알려주면서 한편으로 이 땅에 살다 간 영웅들의 이야기를 후손들에게 전하기 위해 기록되었다. '우리는 누구인가!'라는 민족적 정체성을 일깨움과 동시에 민족을 구할 영웅의 탄생을 기다리며 단군이 재등장하게 된 것이다.

참성단(塹星壇)

마니산 정상에 설치한 제단을 참성단이라 한다. 글자 그대로 풀이해보면 '구덩이를 파고(塹) 별(星)을 바라보는 단'이라는 뜻이다. 하늘과 관계된 곳이다. 평탄하지 않는 산정(山頂)에 돌을 쌓아서 약간의 평지를 조성하였다. 산정이라 일정한 모양으로 평지를 조성하기 어려웠던 것 같다. 돌을 쌓아 조성한 평지에 제단을 설치하였는데, 실질적인 제단은 네모난 단(壇)이다. 위로 갈수록 좁아지는 사각의 단이다. 산정에 설치하였기 때문에 조금 더 높여 놓았을 뿐인데 더 신성해 보인다.

제단의 아랫부분은 제관들이 함께 제를 올릴 수 있는 장소인데 그 모양이 둥글게 되어 있다. 이를 보고 천원지방(天圓地方)이라 하는데 좀 억지스럽다. 아랫부분이 둥근 모양인 것은 지형의 생김에 의해 결정된 것일 뿐 일부러 둥근 모양을 만든 것은 아니다. 둥근 모양 자체도 불규칙하여 원(圓)이라 하기가 민망하다. 둥근 것은 하늘이고, 네모난 것은 땅이라 한다면 하늘에 제를 지내는 제단이 둥글고, 아랫단이 네모난 것이라야 설득력 있는 주장이 될 것이다.

▲ 사진제공 – 이우숙

강화도-준엄한 배움의 길

7 시대의 한계를 넘어

1 동국이상국집의 저자 이규보

이규보(李奎報: 1168~1241)는 여흥(여주) 이씨(李氏)이고, 부모가 지어준 이름(초명)은 인저(仁低), 호는 삼혹호 또는 백운거사, 백운산인, 지지헌으로 썼다. 어려서부터 글을 잘 지었고 책을 한번 읽으면 모두 기억하는 신동이었다고 한다. 그는 명문가 출신은 아니었다. 아버지 때에 와서 집안 형편이 좋아졌고, 부친은 이규보를 최고 명문사학인 '문헌공도'에 입학시켜 집안을 일으키고자 했다.

삼혹호(三酷好)라는 호는 '시와 독한 술과 거문고'를 즐겼기에 생긴 것이다. 이 세 가지를 즐기다 보니 그리되었는지는 모르지만 과거(科擧)에 세 번이나 낙방했다. 술에 잔뜩 취해 시험을 보는 일도 있었다. 그의 청소년기는 국가적으로 혼란한 상황이 반복되고 있었다. 무신정변이 연이어지고 나라 안 곳곳에서 반란이 일어났던 것이다. 청소년 이규보는 세상을 한탄하며 반항의 시간을 보낸 것으로 보인다. 그러나 세 번 낙방한 것 치고는 22세에 급제했으니 신동이라는 소문이 사실이었던 것 같다. 세 번이나 연거푸 낙방하던 어느 날 꿈에 규성(奎星)이 나타나 이번 시험은 반드시 장원급제하리라는 계시를 주었다고 한다. 꿈의 계시대로 장원으로 합격하고 나니 '규성(奎星)이 알려 주었다(報)' 하여 이름을 규보로 고쳤다. '규(奎)'는 하늘의 별자리 중 하나로 문운(文運)

을 주관하는 별이다. 이 별이 밝게 빛나면 천하가 태평하다고 한다. 조선시대 규장각(奎章閣)의 규(奎)도 같은 뜻을 지니고 있다.

이규보는 장원급제했으나 주목받지 못하고 미관말직을 전전했다. 장원급제를 하게 되면 기본적으로 승진을 보장받았는데 시대적으로 문관이 출세하기 힘든 시기였다. 무신정권은 과거를 통해 합격자를 뽑고도 벼슬을 주는 것에는 인색했다. 문신들을 멸시했고 문신들이 있어야 할 자리에 무신들이 차고앉아 권세를 부리고 있었다. 그러므로 이규보 역시 장원급제했어도 벼슬자리는 보장받지 못했던 것이다.

그가 과거에 급제했을 때 국가 권력은 이의민의 수중에 있었다. 문신들이 할 수 있는 것은 아무것도 없었다. 그 자리를 꿰차기 위해 기회만 엿보는 이들이 넘쳐나게 되었고, 그런 와중에 백성들은 버려져 잡초같이 짓밟혔다.

암울했던 시대적 상황은 문학적 감수성이 예민했던 이규보로 하여금 영웅들의 이야기에 귀를 기울이게 했다. 김부식이 『삼국사기 三國史記』를 쓰면서도 제대로 돌아보지 않았던 영웅들을 찾았다. 고려의 국가적 정체성인 고구려의 영웅들이었다. 이때 탄생한 것이 민족의 대서사시 『동명왕편』이다. 이때가 명종 23년(1193), 그의 나이 26세였다. 동명왕편을 세상에 내놓으면서 창작의 동기를 밝혀놓았는데 고려의 자존심을 세우고자 하는 의지가 분명히 드러나 있다.

동명왕의 이야기는... 실로 나라를 세운 신이한 자취이니... 이에 시를 지어 기록하여 우리나라가 본래 성인(聖人)이 이룩한 나라임을 천하에 알리고 싶은 것이다.

이의민이 최충헌에게 제거되고 최씨 무신정권이 시작되었다. 최충헌은 문인(文人)들을 등용할 필요를 느꼈다. 힘을 앞세우는 무신들만으로는 혼란만 가중될 뿐 나라를 안정적으로 다스릴 수 없었기 때문이다. 이규보는 이때에 최충헌을 찬양하는 글을 지어 바쳤는데 최충헌이 이를 흡족하게 여겨 그를 중용했다고 한다. 최충헌이 자기 별장에 정자를 지은 것을 기념하여 여러 문인을 초청해서 시 창작대회를 열었는데 여기서 이규보의 시가 주목을 받았던 것이다. 이규보의 나이 32세였다.

최충헌의 아들 최우도 이규보를 중용하였기에 종2품 문하시랑평장사까지 올랐다. 이때 환갑을 바라보는 나이였다. 이규보의 평탄한 벼슬살이와는 달리 국가의 운명은 벼랑 끝에 몰리고 있었다. 거란이 침략해 들어오고, 거란을 쫓아 몽골과 금나라가 협격하는 상황이었다. 고려는 몽골과 함께 거란을 물리쳤다. 이때부터 몽골의 고려에 대한 간섭이 노골화되기 시작했다. 몽골의 간섭을 원치 않았던 무신정권은 항전하고자 고종 19년(1232)에 강화로 천도하였다. 이때 이규보의 나이 65세였다. 강화천도 시절 비중 있는 문관으로서의 역할을 감당하였던 이규보는 팔만대장경을 조판할 때 그 취지의 글을 짓기도 했다. 이 글이 『동국이상국집』에 실려 있는 '대장경각판군신기고문(大藏經刻板君臣祈告文)'이다.

임금은 태자와 재상을 비롯한 문무백관과 더불어 목욕재계하고 향을 피우며, 먼 하늘을 우러러 온 누리에 무량하신 여러 보살님과 천제석(天帝釋)을 비롯한 삼십삼천(三十三天)의 모든 불법을 지키는 영관에게 비옵나이다. (중략)

이제 지성을 다해 대장경판을 다시 새기는 것은 그때의 정성에 비해 조금도 부끄러움이 없습니다. 모든 부처님과 성현 및 삼십삼천께서 이 간절한 기원을 들으시고 신통의 힘을 내려주십시오. 저 추악한 오랑캐 무리의 발자취를 거두어 멀리 달아나 다시는 이 강토를 짓밟지 못하게 하옵소서. 그리하여 나라 안팎이 모두 편안하고 모후와 태자가 만수무강하시며 나라의 운이 영원무궁케 하소서.

불력으로 적들을 물리쳐 주기를 간절히 원했던 이규보는 대장경이 완성되기 전 74세의 일기로 강화에서 생을 마감하였다. 그가 남긴 문집은 『동명왕편』, 『동국이상국집』, 『백운소설』 등 55권이나 된다. 이 책들은 모두 고대사 연구에 중요한 자료로 대접받고 있다.

이규보에 대한 평가는 '위대한 문인' 또는 '시대의 아부꾼'이다. 이렇게 극단적인 평가를 받는 이유는 위에서 언급한 내용으로 짐작할 수 있을 것이다.

이규보로 대표될 수 있는 무인정권하의 기능적 지식인은 권력에 대한 아부를 유교적 이념으로 호도하며, 그것을 유교적 교양으로 카무플라지한다. 가장 강력한 정권 밑에서 지식인들은 국수주의자가 되어 외적에 대한 항쟁의식을 고취하여 속으로는 권력자에게 시를 써 바치고 입신출세의 길을 간다. 그가 입신출세하는 한, 세계는 여하튼 태평성대다. [문학평론가 김현]

무신정권에서 벼슬하는 것이 무엇이 잘못된 것인가? 기회가 오자 그것을 잡았고 벼슬살이 동안 자신이 배운 이상을 펼쳐서 더 무도한 사회로 흘러가지 않도록 한 것은 나름대로의 역할이었던 것이다. 무신정권에 협조하지 않겠다고 모두 다 숨어버린다면 더 패악한 사회가 되지 않겠는가 [국문학자 조동일]

어떤 인물에 대한 평가가 극과 극으로 나뉠 때가 있다. '역사적 사실' 앞에서 어떤 자세를 취해야 할 것인지에 대해 혼란스러울 때가 많다. 이쪽인가 하여 보면 다른 측면이 보이기 때문이다. 그래서 그 인물만큼의 생(生)을 살아보지 않았다면, 그 인물만큼의 시대적 아픔을 겪어보지 않았다면 함부로 논하는 것은 조심스럽다.

이규보 묘

그의 무덤은 후손들에 의해 잘 관리되고 있다. 강화도에 있는 고려왕릉보다 잘 보존되고 가꾸어져 있다. 묘의 주산은 덕정산(320m)이다. 덕정산 줄기가 남동쪽으로 내려오면서 서서히 낮아지는 곳에 무덤을 마련했다.

무덤으로 올라가는 왼쪽에는 초상화를 봉안한 유영각(遺影閣)이 있고 오른쪽에는 사가재(四可齋)라는 재실이 있다. 재실은 제사를 준비하고 무덤을 관리하는 곳이다. 이규보가 개경에 살 때 별장 이름도 사가재였다고 한다. 그는 네 가지가 만족스러우니 전원(田園)도 살만하다고 노래하였다. "농사지을 땅이 있어 양식을 공급받을 수 있고, 뽕나무가 있으니 누에를 쳐서 옷을 지을 수 있고, 샘물이 있으니 가히 마시실 수 있고, 산에 나무가 있으니 땔감을 마련할 수 있다"

사가재 안에는 백운재(白雲齋)라는 현판이 하나 더 있다. 이 글씨는 대통령을 지낸 해위 윤보선이 1983년에 쓴 것이다.

묘역 앞에는 '묘역정화기념비' '문학비' '신도비'가 서 있는데, 여러 개가 이곳저곳에 놓여 있다 보니 오히려 혼란스러워 읽어볼 엄두를 내지 못하고 지나친다. 묘역정화기념비는 이규보 묘역을 정리하고 깨끗하게 했다는 것을 기록한 비(碑)라고 할 수 있는데, 여주이씨대종회에서 1991년에 세운 것이다.

신도비(神道碑)는 묘역 아래에 세우는 것이다. 무덤 주인공의 행적을 기록해두는데, 조선시대에는 정2품(장관급) 이상의 벼슬을 한 사람에게만 허락되었던 것이다. 묘역 아래에 큰 신도비를 세워둠으로써 문중의 위세를 드러내기도 했다. 이규보 신도비는 1939년에 세워진 것이니 그리 오래된 것은 아니다. 신도비의 제목은 '高麗平章事白雲李先生文順公神道碑銘(고려평장사백운이선생문순공신도비명)'다.

문학비는 김동욱이 짓고 글씨는 이필용이 썼다. 대문장가이자 문학가였던 이규보의 문학을 기념하는 비석이다.

무덤으로 올라가는 중간에 다른 무덤 한 기가 더 있다. 묘비가 없어 누구의 무덤인지 알 수 없으나 후손의 무덤일 가능성이 있다.

이규보의 무덤 앞에는 묘비가 두 개 있다. 옛 묘비에는 '高麗李相國文順公河陰伯奎報之墓(고려이상국문순공하음백규보지묘)'이라 되어 있고, 새 묘비에는 '高麗李相國河陰伯文順公諱奎報之墓(고려이상국하음백문순공휘규보지묘) / 配貞敬夫人晉壤晉氏祔(배정경부인진양진씨부)'이라 되어 있다. 새 묘비는 부부를 합장했음을 알려주고 있다. 부인은 진양진씨였던 것으로 비문을 통해 알 수 있다.

묘비 외에 망주석과 석양, 석상, 장명등이 있고 무덤을 만들 당시의 것으로 보이는 문인석 2기가 마주 보고 있다. 바닥에 버섯처럼 생긴 돌이 박혀 있는 것을 볼 수 있는데, 이는 제례가 있을 때 천막 치는 끈을 매는 곳이다. 무덤 앞에 마주 보며 세워진 석양은 효도를 상징하는 동물이다. 동물 중에서 무릎을 꿇고 젖을 먹는 동물이라고 하여 효(孝)를 상징하게 되었다. 봉분을 둘러싸고 있는 병풍석은 후대에 추가된 것이다. 무덤 뒤로는 흙을 쌓아 날개처럼 둘렀다.

2 지행합일을 강조한 강화학파

육지의 문화가 더디게 전해지는 곳이 섬(島)이다. 육지와 멀건 가깝건 섬이라는 한계는 분명히 있다. 특히 물질적인 것보다 문화적인 부분이 늦다. 요즘에야 모든 것이 실시간으로 전해져 의미 없는 말이 되었지만, 100년 전 만 하더라도 그러했다. 그럼에도 유독 학문과 예술이 발달한 섬들이 있는데, 이는 수준 높은 유배객들에 의해 전파된 경우가 많다. 강화도는 섬이지만 유배객에 의해 전해진 문화가 아닌 역사적 경험에 의해 형성되었다. 39년간 고려의 도읍 역할을 하면서, 조선시대에는 전쟁을 피해 이곳으로 왔던 이들에 의해 수준 높은 문화가 조성되었다. 그리고 시대적 소명을 다한 성리학에 저항하다 낙향했던 정제두에 의해 강화학파라는 학맥이 형성되었다.

성리학과 양명학

강화도에는 '강화학파'라는 이름으로 전해지는 학맥이 형성되어 있었다. 강화학파는 널리 알려지지 않았는데, 거기에 속했던 인물들의 면면을 보면 놀라지 않을 수 없다. 하곡 정제두, 동국진체의 완성자로 평가받는 원교 이광사, 실학자 이광려, 연려실기술을 쓴 이긍익을 비롯 석천 신작, 영재 이건창, 박은식, 이상설, 정인보 등이 있었다. 뿐만 아니라 연암 박지원, 다산 정약용에게도 많은 영향을 끼쳤다 한다.

▲ 원교 이광사의 글씨(해남 대흥사)

'강화학파'라고 따로 이름을 붙이는 이유는 무엇일까? 이들이 기존의 성리학을 연구했다면 굳이 구별해서 부르지 않았을 것이다. 그들을 구분하는 특징은 양명학에 있었다. 우리나라에서는 양명학이 생소한 분야다. 조선시대에 양명학을 연구하면 기존 성리학계에서 퇴출되었을 정도로 이단으로 취급을 받았다. 양명학뿐만 아니라 성리학 이외의 학문은 설자리가 없었다. 양명학을 연구하면 배척의 대상이 될 뿐이었다.

양명학이 도대체 무엇이길래 조선 성리학계에서는 이것을 배척했을까? 양명학은 중국 명나라에서 나타난 학문이다. 명나라 때에는 성리학이 고도로 발달했는데, 한편으로는 성리학의 한계가 드러나고 있었다. 양명학은 이를 비판하면서 탄생하였다. 명나라 중엽에 왕양명이라는 사람이 나타나 새로운 학설을 제시한 것이다.

성리학은 우주의 본체인 이(理)를 연구하는 형이상학적인 학문이다. 우주의 본체인 '理'는 우주 곳곳에 스며있는데, 이것을 알아내는 방법은 사물을 깊이 연구하는(格物致知: 격물치지) 것이다. '理'는 이미 우주 전체에 질서정연하게 내포되어 있기 때문에 그것을 연구하고, 알아내서, 따르면 성인(聖人)에 이른다는 것이다. 理를 알아내고 실천하기 위해서는 끊임없이 교육하고 탐구해야 한다. 탐구 결과 우주는 일정한 질서에 의해 움직인다는 것이다. 봄, 여름, 가을, 겨울이 순서를 어기지 않으며 찾아온다. 봄이 되면 만물이 생동하고 가을이 되면 결실을 맺는다. 물은 높은 곳에서 낮은 곳으로 흐른다. 이 모든 것에는 일정한 규칙과 질서가 있다는 것이다. 이 우주의 근본 에너지인 '理'가 인간 사회에도 구체적으로 나타났다. 사농공상(士農工商)이요, 신분이요, 남녀관계요, 부모와 자식의 관계 등이라는 것이다. 인간관계를 일목요연하게 정리한 것이 '삼강오륜'이다. 성리학이 설파하고 있는 이러한 학설은 사회 전체를 안정되게 해주지만, 역동적인 변화를 눌러 버리는 약점이 되었다. 이미 정해진 것은 우주의 본성이자 본체인 이(理)의 원리이고, 이것을 따르는 것은 우주 구성원으로서 당연한 의무가 되는 것이다. 누군가 신분제에 불만을 품고 그것을 바꾸려 한다면 이(理)를 거역하는 것이 된다. 불교가 말하는 인연이론과 다르마처럼 말이다.

양명학에서는 성인(聖人)의 경지는 배워서 도달하는 것이 아니다. 인간의 내면에 이미 내재되어 있기 때문에 실천만 하면 된다는 것이다. 실천하는 이는 성인(聖人)이고 실천하지 않으면 소인(小人)인 것이다. 효도는 배워서 하는 것이 아니라, 내재되어 있는 자연스러운 마음의 원리라는 것. 가난한 사람을 보면 불쌍한 마음을 갖는 것 또한 이미 마음에 내재되어 있는 원리라는 것이다. 이 마음의 원리대로 실천하다 보면 그가 성인군자가 된다는 것이다. 누구에게나 내재 되어 있으므로 실천하는 그가 성인군자가 되는 것이다. 이렇게 본다면 사농공상이 따로 없고, 귀족과 천민이 따로 없는 것이다. 모든 인간에게 성인의 도리가 내재되어 있기 때문이다. 실천하여 체득하는 사람만이 성인군자가 되는 것이다. 아는 것은 곧 실천의 시작이고, 실천을 통해 아는 것을 공고히 하여 완성하는 것이다. 그렇기에 양명학은 곧 지행합일(知行合一)의 학문이라 할 수 있었다.

성리학에서는 백성을 교화(敎化: 가르쳐 깨우치게 하다)의 대상으로 바라보았다. 선비는 그가 배우고 익힌 바를 통해 백성을 교화하는 임무를 지녔기에 사농공상에서 첫 자리를 차지하게 되었다. 그런데 양명학에서의 백성은 친해야 되는 존재로 설명한다. 그에게도 성인의 도리가 내재되어 있기 때문에 함께해야 할 대상이라는 것이다.

임진왜란과 병자호란을 거치면서 조선 성리학이 가진 한계는 분명하게 확인되었다. 수백 년 동안 성리학을 연구하고, 실천하고, 교화해왔지만 백성의 삶은 조금도 나아지지 않았다. 오히려 조선 초기보다 더 낙후된 사회를 만들고 말았다. 성리학을 배운 양반관료들의 무능함과 부패는 양난을 겪으면서 확실하게 드러난 셈이다. 지금까지 겪어보지 못했던 전란을 통해 조선사회의 고질병이 무엇인지 확인되었다. 그러나 지배층은 그들이 가진 기득권을 유지하기 위해 백성의 삶과는 직접적 관련이 적다고 할 예론(禮論)을 연구하기 시작했다.

우주적 에너지 즉 이(理)가 인간 사회에 절차적 질서로 나타난 것이

예(禮)였다. 백성이 양반의 지도력을 신뢰하지 않는 것은 예가 없기 때문이라는 것이다. 다른 말로 질서가 무너졌다는 것이다. 그래서 조선 후기는 예학이 발달하였다. 전쟁으로 인해 사회질서가 무너지고 양반의 권위가 실추되었다. 양반들은 무도(無道)한 사회가 되었다고 외치며, 예를 통한 사회질서 회복을 시도했던 것이다. 현대 사회에서도 어떤 문제가 발생하면 문제의 원인을 찾아 해결할 생각은 않고 '법대로 하자'며 고소 고발을 남발한다. 성리학적 질서를 회복하기 위해서는 예법대로 하자고 '예론'을 연구하기 시작한 것이다. 양반의 권위가 실추된 것은 스스로 자초한 것임에도 원인을 백성에게 돌리고 있었던 것이다. 조선사회는 점점 더 변화를 두려워하는 고착화된 세상으로 변모되었다. 사상계마저도 주자성리학 외에는 어떤 것도 받아들이려 하지 않는 답답한 사회로 들어가고 말았다.

그러나 암울했던 시대에도 꿈틀대는 지성인들이 있었다. 병이 깊더라도 그것을 치유하기 위한 방안이 이것저것 제시되기 마련이다. 대동법, 화폐제도, 상업의 진흥, 실학의 연구 등이 제시되었다. 이러한 제도는 사상적 합리성이 뒷받침되지 않으면 사회변화를 주도하는데 한계를 지니게 된다. 왜 그리해야 하는지 논리정연하게 설득하는 이론이 필요한 것이다. 논리적이고 합리적인 이론에 설득되면 사람들은 변화를 자연스럽게 받아들이게 된다. 고려의 멸망과 더불어 성리학이 주도하는 조선사회가 열린 것은, 고려의 잘못을 비판하면서 새로운 세상을 열어야 할 이유를 성리학이 설명했기 때문이다. 조선 후기의 사회변화가 더뎠던 것은 제도변화를 이끌고 가야 할 새로운 이념이 탄생하지 못했기 때문이다.

조선 후기 노론이 주도하는 사회는 그들과 다른 학문을 '사문난적(斯文亂賊: 유교를 어지럽히는 도적)'이라 낙인찍으며 배척하였다. 다른 것을 용납하지 않는 사회였다. 이러한 엄혹한 시기에 명나라에서 발생한 양명학을 연구하는 사람들이 나타나기 시작했는데, 하곡 정제두가 대표적인 인물이다.

양명학을 시대정신으로 수용한 하곡 정제두

하곡 정제두(1649~1736)는 주자학(성리학)을 공부하다가 양명학을 접하고, 그것에 심취하였다. 당시 조선사회는 양명학을 이단으로 취급했는데, 양명학을 한다는 것은 대단히 위험한 행위였다. 그는 "오늘날 주자의 학문을 말하는 자는 주자를 배우는 것이 아니라 곧 주자를 핑계대는 것이요, 곧 주자를 이용만 하는 것이지 그를 진실로 알고자 하는 것이 아니다"라고 지적했다. 학문은 책상에 앉아 책만 읽는다고 이루어지는 것이 아니라, 생활의 현장에서 실천함으로 얻어지는 것이라 주장한다.

스승 박세채는 그에게 양명학을 버리도록 설득했으나, 그는 '사사로운 마음에서 양명학을 하고자 하는 것이 아니고 성인의 도리를 찾고자 함이라' 하며 흔들리지 않았다. 그는 61세가 되던 1709년, 한양을 떠나 강화도 진강산 서쪽 기슭 하일리로 내려왔다. 주자학 일색의 조정에서 할 수 있는 일이 없었고, 사문난적으로 낙인찍는 세상에서 제자 한 명 받아들이기 힘들었다. 그가 강화도에 자리 잡자 그의 사상에 공감하는 사람들이 강화로 찾아왔다. 정후일, 이광명, 이광사, 신대우, 심육 등이 그의 제자들이었다. 제자들에게 '지식과 행동의 불일치 때문에 생기는 가식과 허위의식을 버리라'고 가르쳤다. 지행이 합일되지 되지 않으면 그것을 숨기려고 가식적이고 허위에 가득 찬 삶을 살게 된다는 것이다. 그의 준엄한 꾸짖음은 제자들에게 큰 울림이 되었고 그 스승에 그 제자들이었다. 그 후 200년 동안 학맥이 이어지며 다양한 분야에 별과 같은 제자들이 나타났다.

공평과 원칙에 입각한 역사 저술을 남긴 이긍익과 이건창, 훈민정음을 연구한 이광사, 이영익이 있었다. 조선 선비들은 중국의 명필 왕희지, 구양순, 저수량 등의 글씨체를 따라 해야 수준높은 것이라 하면서 정작 자신만의 것을 외면하고 있었다. 그런데 강화학파인 백하 윤순, 원교 이광사는 우리나라의 서체인 동국진체를 연구하고 이루어냈다. 또 실용의 학문인 실학을 연구했던 신작, 이상학, 이건방, 이충익 또한 지행합일을 실천했던 인물들이다. 독립투사이자 민족주의 사학자인 신채호, 박은식, 김택영도 강화학파의 영향을 받았던 인물들이다. 일제강점기 국학연구에 힘썼던 위당 정인보도 강화학파였다.

이들은 한 가지 분야만 연구했던 것은 아니었다. 다양한 분야를 창의, 융합하며 구시대를 정리하고, 새로운 시대를 열었다. 그리고 새시대의 대안을 제시했던 혜안(慧眼)들이었다.

강화학파를 열었던 정제두는 88세를 살았는데, 그를 모함 하는 자들이 많았으나 영조(英祖)의 보호가 있었다. 그의 무덤은 그가 숨어 살던 강화군 양도면 하일리, 하우 고개 아래 대로변에 조상의 무덤과 함께 있다.

북극을 가리키는 지남철은 무엇이 두려운지 항상 그 바늘 끝을 떨고 있다. 여윈 바늘 끝이 떨고 있는 한 그 지남철은 자기에게 지니워진 사명을 완수하려는 의사를 잊지 않고 있음이 분명하며, 바늘이 가리키는 방향을 믿어도 좋다. 만일 그 바늘 끝이 불안스러워 보이는 전율을 멈추고 어느 한쪽에 고정될 때 우리는 그것을 버려야 한다. 이미 지남철이 아니기 때문이다. 『나무야나무야, 신영복』

세상은 농업의 시대에서 상업의 시대로 변화하고 있었고, 바다에는 이전에 볼 수 없었던 배들이 떠다니고 있었다. 오랑캐라고 여겼던 청나라는 유래없는 문명의 발전을 이루어냈다. 상황이 이러할진대 조선 사회를 지배했던 성리학 이념은 고장 난 지남철이 되어 더 이상 방향을 제시하지 못하고 있었다. 고려 말을 정리하고 새로운 시대를 열고 이끌어갔던 그 성리학이, 이제는 과거의 유산이 되어 변화를 거부하고 있었다. 성리학은 어느덧 기득권이 되어 기득권을 유지하는 수단으로 전락해 버린 것이다. 21세기를 살아가는 우리 사회와 나의 모습은 어떠한가? 혹시 고장난 지남철이 되지는 않았는지 돌아볼 일이다.

어둠의 시대에 한 줄기 빛, 영재 이건창

강화군 화도면 사기리에는 영재 이건창선생이 살던 집이 있다. 마니산(469m)의 한 줄기가 동북쪽으로 길게 뻗어 작은 봉우리를 이루었는데 초피산(252m)이라 한다. 초피산이 끝나고 들이 시작되는 그곳에 그의 집이 아늑하게 자리하고 있다. 고택 앞에는 오래된 향나무가 자라고 있고 고택 옆에는 할아버지 이시원의 무덤도 있다.

1910년 나라의 치욕에 통분하여 "지식인 되기가 참으로 어렵다"(難作人間識字人)는 그 유명한 절명시를 남긴 매천 황현이 자결하기 직전에 찾은 곳도 이곳이다. 『나무야나무야, 신영복』

그는 어떤 인물이었기에 매천이 이곳을 찾았던 것일까? 강화학파의 인물 중 영재 이건창(1852~1898)이라는 분이 있었다. 이건창의 5대조 이광명은 스승 정제두를 따라 강화도로 내려왔는데, 이때부터 이선창의 가문은 양명학을 집안의 학문(家學)으로 삼게 되었다. 4대조 이충익 역시 정제두의 학통을 이었으며, 유학 외에도 다양한 학문을 섭렵하여 해박한 지식을 소유했다. 이건창은 할아버지 이시원이 개성

유수를 지낼 때 관아에서 태어났다. 그러나 할아버지가 당쟁에 연루되어 벼슬길이 막히자 강화도로 낙향했다. 강화도에 있는 영재 이건창 고택을 생가(生家)로 소개하는 경우가 많다. 그러나 그는 개성에서 태어났으니, 생가는 개성 관아인 셈이다. 그러나 그의 삶 대부분이 이곳에 묵직하게 쌓여 있으니 생가로 불러야 한다면 굳이 허물할 것은 없을 것으로 보인다.

할아버지 이시원은 병인양요 때에 강화도가 프랑스군에 의해 함락되자, 아우와 함께 음독자살하였다. 귀신이라도 되어서 오랑캐를 물리치겠다는 유서를 남겼다. 지식인의 책임을 팽개치지 않았던 것이다. 지배층은 가뭄이 들어도 그 책임을 통감해야 했다. 평시에 누리던 것을 내려놓고 거친 베옷을 입고 머리를 풀어 헤치고 하늘에 제사를 지냈다. 지배층으로서 누리는 혜택만큼 그 책임도 컸기 때문이다. 외적이 쳐들어와 백성들이 도륙되는 상황에서 그냥 있을 수 없었던 것이다. 모든 것은 지배층이었던 양반의 책임으로 받아들였다. 서양 오랑캐에게 땅을 내준 것에 대한 통렬한 책임으로 자결을 선택한 것이다. 그 책임을 분명하게 했던 할아버지 이시원의 죽음은 국가적으로 높이 받아들여졌다. 이를 기념해서 강화도에서 특별 과거시험을 치르게 되었고, 이건창이 급제하였다. 그의 급제는 할아버지 후광만은 아니었다. 그는 충분한 실력을 지녔고, 세상을 경륜할 포부도 지니고 있었다.

이건창은 벼슬길에 나아가 청나라에 사신으로 다녀왔으며, 여러 번 암행어사를 맡아 관리들의 비행을 고발했다. 불의와 부정을 조금도 용납하지 않았던 관료였다. 지행합일(知行合一)의 정신은 그의 삶 전체를 관통하고 있었던 것이다. 성현들의 가르침 어디에도 탐관오리가 되라고 하지 않았다. 목민관으로 백성들의 아픔을 어루만지는 선정을 강조할 뿐이었다. 성현의 가르침을 그대로 실천하면 되는 것이다. 자신의 욕망을 최대한 절제하고 예(禮)로 돌아가는 것이 곧 인(仁)이라 하였다(克己復禮爲仁). 책상머리에 앉아 공자왈, 맹자왈 입으로 떠들면서 행동은 우주를 떠돌던 탐관오리들의 시대에 이건창의 출현은 파장이었다. 26살에 충청도 지역의 암행어사가 되어 관리들의 숱한 잘못을 밝혀내 바로잡았다. 고종은 지방관을 파견하는 자리에서 '잘못하면 이건창을 보내겠다'고 겁을 줬다는 일화는 유명하다. 그러나 나라는 점점 더 암울해지고, 탐관오리가 활개 치는 세상에서 그는 한계에 느낀다. 하늘을 두려워하지 않는 여흥민씨 세도는 그로 하여금 할아버지처럼 강화도로 향하게 했다. 강화로 내려가 한양과는 발길을 끊고 살았다. 매천 황현, 창강 김택영 등과 교류하며 지내다가 47세로 세상을 떠났다. 하늘이 그에게 허락한 시간은 실로 짧았다.

그의 대표적 저서로는 『당의통략』이 있다. 1884년부터 1890년까지 부모의 상을 당하여 강화도에 머물고 있었는데, 이때 저술한 책이다. 그의 집에 전해져 오던 여러 책을 참고하여 강화학파의 시각에서 쓴 조선 당쟁에 관한 내용이다. 최대한 주관적 견해를 절제하면서 객관적으로 서술하려 한 강화학파 특유의 정신이 깃든 저술로 평가받는다.

사기리 탱자나무

천연기념물 79호로 지정된 사기리 탱자나무는 400살 정도 되었다고 한다. 영재 이건창 고택 건너편 도로변에 있다. 갑곶돈대에 있는 탱자나무와 마찬가지로 강화도 방어를 위해 심어졌다고 전한다. 정제두의 제자이자 이건창의 선조인 이광명의 어머니가 심었다고도 한다.

이 탱자나무는 국가의 운명을 알려준다고 하는데, 탱자나무가 울면 외적이 강화도를 침범한다는 것이다. 나무가 운다는 것은 사람들의 주관이 담긴 것인데, 시절이 하도 수상하니 나무를 스치는 바람 소리조차 울음소리로 들리는 것이다. 단종 임금에게 사약을 전한 금부도사 왕방연이 '저 물도 내 마음 같아'라고 그의 마음을 물에 내재시켰던 것과 같은 것이다.

TIP

영재 이건창 고택 앞에 작은 주차장이 있다. 승용차는 주차가능, 버스는 안된다.

3 선두포축언시말비가 말하는 강화 간척의 역사

강화 남쪽에 마니산이 있다. 마니산 자락에 정수사, 이건창 생가 등이 있다. 원래 마니산은 강화도와는 다른 고가도라는 섬이었다. 조선시대 제방을 건설하고 논을 만들면서 하나의 섬이 된 것이다. 강화 남쪽 동막해수욕장이나 그 주변을 여행할 일이 있다면 선두리 주변의 넓은 논을 바라보기 바란다. 오직 인력으로 쌓은 제방이며 그 결과 지금의 논들이 생겨난 것이라 놀라지 않을 수 없다.

강화역사박물관에 있는 선두포축언시말비는 강화도 간척 사업의 역사와 내용을 알려주는 중요한 비석이다. 금석문은 당대에 기록하기 때문에 종이에 기록된 역사보다 사실성에서 앞선다. 고려시대부터 강화도에 수많은 제방이 건설되었고 농경지가 만들어졌는데 그 내용을 증언해주는 것이 '선두포축언시말비(船頭浦築堰始末碑)'가 되겠다. 언(堰)은 '방죽, 막다, 보를 막다'라는 뜻을 지닌 한자다. 제언이라고도 했는데 '제언(堤堰)'은 제방, 방죽이라는 뜻이다.

조선 숙종 때에 선두포제방과 가릉제방이 건설되면서 물길이 끊기자 강화본도와 한 몸이 된 것이다. 고가도와 강화본도 사이는 제방으로 막히고 간척이 되어 농경지가 되었다. 이때의 전후 사정을 기록한 비석이 '선두포축언시말비'다.

이곳에 간척이 진행된 것은 1707년, 조선 숙종 때였다. 강화유수 민진원은 선두포 제방 쌓기 뿐만 아니라, 강화도 내에 있는 군사시설들을 대대적으로 수리한 인물로 알려져 있다. 이 시기 강화도는 수많은 국책공사가 진행되고 있었다. 유수 민진원의 지휘로 이루어진 이 제방 사업은 대규모의 간척지를 만드는 작업이었다. 비(碑)에 기록된 내용은 다음과 같다.

강희 46년 정해년(1707) 5월 어느 날, 병술년(1706) 9월 5일 왕의 허락을 받아 18일 공사를 시작하여 이듬해 5월 25일 완료하였다. 둑의 길이는 410보로 토석으로 축조하였다. 넓이는 47파(把: 1파1.56m), 높이는 10파, 포구의 수심은 7파이고, 동쪽 수문의 넓이는 15척(尺), 길이는 20척, 서쪽 수문의 넓이는 13척, 길이는 18척이다….(중략) 들어간 비용은 쌀 2천석, 모군의 역가목 50동(同), 신철 7천근, 니탄 800석, 생갈 3천사리 등이다.

생갈은 싸리, 덩쿨의 일종을 일컫는데 여러 개 돌을 하나로 묶는데 사용했다. 축언에 동원된 1일 부역 인원이 11만 명이었다고 하니 대규모 공역이었다는 것을 알 수 있다. 이들은 강화에 주둔하고 있던 군병과 일용직 군민, 인천, 김포, 풍덕, 연안, 배천의 군병들이었다. 공사 기간은 모두 8개월이었다.

갯벌 위에 판자를 깔아 썰매처럼 이용해 무거운 돌을 옮겼다. 펄흙을 염생식물과 혼합하여 둑에 다져 넣기도 했다. 펄흙이 마르면 더 단단해지는 성질을 이용한 것이다. 수로가 바다와 합류하는 지점엔 수문을 설치하였다. 밀물 때에는 수문을 닫아두었다가 썰물 때에 열어서 염분이 있는 물을 바다로 흘려보냈다. 이렇게 반복하다 보면 수로에는 민물만 고이게 되고 이를 이용하면 농사가 가능해진다.

새롭게 생겨난 농경지는 양반과 상민을 가리지 않고 간척 공사에 참여한 사람에게 경작권을 나눠 주었다. 개간된 토지는 3년간 세금이 면제되었다. 누구에게 어느 정도의 땅이 분배되었는지 세부적인 기록이 없어 알 수 없다.

강화도는 고려의 강화천도 이후 20세기까지 끊임없이 진행된 간척의 역사를 갖고 있다. 수백 년간 진행된 간척으로 인해 섬의 모양이 달라졌으며, 크기도 확장되었다. 바다를 막은 둑이 무려 120군데에 달한다. 강화도를 답사할 때 해안가에 있는 논들은 모두 간척의 결과라고 보면 틀리지 않는다. 강화본도 뿐만 아니라 석모도, 교동도의 간척도 대규모로 진행되었다. 교동도는 교동평야라 불릴 정도로 드넓은 논이 만들어졌다. 그래서 강화도, 교동도, 석모도에는 계단식 논이 없다. 기술이 발달한 현대에도 바다를 막는 사업은 여간 힘든 작업이 아니다. 그런데 고려~조선에 이르기까지 인력으로만 그것을 이루어 냈다니 놀랍지 않을 수 없다. 풍요로운 강화도의 들을 바라보고 있으면 간척을 위해 흘렸던 옛사람들의 피땀이 떠올라 숙연해지지 않을 수 없다.

▲ 고려시대 간척으로 생긴 망월평야

8

추억의 섬 석모도

1 석모도의 논은 옛적에 바다

강화도에 딸린 큰 섬 석모도는 수도권 사람들에게 추억과 낭만의 기억을 안겨준 곳이다. 가까운 거리지만 배를 타야 했고 갈매기들이 배를 쫓아와 과자를 받아먹던, 그림같은 추억을 만들어내던 곳이었다. 그러나 석모도도 다리가 놓이면서 차를 타고 건널 수 있게 되었다. 쉽게 갈 수 있는 만큼 하나는 포기해야 했다. 편리하다고 다 좋은 것은 아닌 것 같다. 과자에 길들여진 갈매기들은 어찌 되었는지 궁금하다.

석모도의 면적은 42km^{2}이다. 고려시대까지만 하더라도 4개의 섬으로 이루어져 있었다. 송가도(松家島), 석음도, 매음도, 어유정도라는 섬으로 배를 타야만 만날 수 있었다. 4개의 섬이 간척으로 인해 합쳐지면서 지금의 석모도가 되었다. 따라서 석모도를 여행하면서 볼 수 있는 평야는 대부분 갯벌이었다고 생각하면 된다.

석모도의 대표적 관광지는 낙가산 보문사다. 이곳은 우리나라 3대 해수관음기도처로 유명하다. 가파른 절벽에 새겨진 관음보살상을 보기 위해 힘든 것도 마다하지 않고 이곳을 찾는다. 석모도 유일의 해수욕장인 민머루해수욕장은 많은 사람이 찾아와 조용히 산책하며 힐링하는 장소다. 백사장 길이는 1km 정도되지만 바닷물이 빠지면 수십만 평에 달하는 광대한 갯벌이 나타난다. 저녁무렵이 되면 하늘과 바다를 붉게 물들이는 아름다운 일몰로 여행객의 심사를 흔들어 놓는다. 석모도 미네랄온천에서 온천욕하며 즐기는 일몰도 빼놓을 수 없는 장면이다.

2 나라 안 3대 관음기도처 보문사(普門寺)

보문사는 석모도를 대표하는 관광지다. 관음신앙으로 유명한 곳이라 불자들이라면 누구나 한번은 찾는다. 관음신앙의 교리에 따라 산기슭에 절이 있다. 주차장에서 마애불까지 가자면 허벅지가 팍팍해지지만, 마애불 앞에 서면 멋진 풍광이 펼쳐져 그것을 상쇄하고 남는다.

우리나라의 불교는 1700년이 넘는 역사를 갖고 있다. 나라 안 명산대천에는 고찰들이 반드시 있다. 그러므로 불교 문화유산에 대해서 모르면 겉핥기가 되고, '그 절 이 그 절이다'라는 말을 하는 것이다. 유럽은 도시마다 성당이 있다. 성당은 기독교의 교리에 따라 건축되었다. 이슬람사원도 가르침에 근거해서 건축되었다. 그러므로 기독교 교리를 모르고 성당을 보는 것은 제대로 봤다고 할 수 없는 것이다. 석모도에서 유명한, 나라 안에서도 관음신앙으로 유명한 보문사를 간다면 적어도 '관음신앙'이 무엇인지 살펴봐야 하지 않을까?

관음신앙

보문사는 신라 선덕여왕 4년(635)에 회정대사가 창건하였다고 전한다. 그는 마니산 정수사 창건주 회정선사로 소개되는 인물이다.

금강산에서 수행하다가 이곳에 와서 절을 창건하였다고 한다. 관음보살의 성스러운 자취가 있는 곳이라 하여 산 이름을 낙가산(洛伽山), 절 이름을 보문사(普門寺)라 했다. 관음보살이 상주하는 곳이 '보타낙가'라서 산이름을 낙가산이라 했다. 보문(普門)이란 '관세음보살이 중생을 구제하기 위해 쉼 없이 활동하며, 중생의 필요에 따라 다양하게 나타난다'는 것을 뜻한다.

보문사는 나라 안 3대 해수 관음기도(海水觀音) 도량으로 소문난 곳이다. 남해 보리암, 양양 낙산사, 석모도 보문사가

▲ 양양 낙산사 홍련암

▲ 해수 관음성지 남해 금산 보리암

3대 해수관음기도 도량이다. 여수 향일암을 더해서 4대 관음기도도량이라고도 한다. 해수관음기도 도량의 특징은 해안가 높은 산이나 절벽에 있다는 것이다. 남해 보리암은 금산(錦山) 산정에 있으면서 광대한 바다를 바라보고 있다. 여수 향일암도 비슷한 위치설정을 보여준다. 양양 낙산사 홍련암 역시 짙푸른 동해바다 절벽에 기대어 있다. 석모도 보문사도 낙가산 기슭에 있어 탁월한 전망을 보여준다. 이와 같은 위치설정은 경전에 근거하여 결정되었다.

화엄경에 의하면 '관세음보살은 남쪽 바닷가에 위치한 보타락가에 거주하면서 중생을 제도한다'고 한다. 관음성지가 산정이나 절벽에 위치하는 이유가 이곳에 나와 있는 것이다. 이것을 탱화로 표현하여 널리 알려진 것이 '수월관음'이다.

법화경에 의하면 '큰 바다에서 악귀를 만나거나 험한 산속에서 도적을 만나는 것 같은 재앙을 당했을 때 관음보살이 구제해준다'고 한다. 즉 관세음보살은 현세의 어려움을 해결하는 보살이다. 사람들의 소원 대부분은 현재의 문제를 해결 받는 것이며 그다음이 죽어서는 좋은 세상에 가는 것이다. 신라의 원효스님은 불교에 대해서 아무것도 모르는 사람들에게 '나무아미타불, 나무관세음보살'을 읊조리라고 일러주었다. 아미타불에게 귀의하고, 관세음보살에게 의지하면 극락왕생과 현생의 문제를 해결 받는다고 말했던 것이다. 힘들게 경전을 해독하고 실천하며 수행하는 대신 지극한 마음으로 두 염원을 읊조리라고 가르쳤던 것이다.

관세음보살의 보관(모자)에는 부처(佛)가 조각되어 있다. 이 부처는 아미타불이다. 무량수경을 비롯한 경전에 의하면 '관음보살은 아미타불을 협시하며 죽은 이의 영혼을 극락정토로 인도하는 역할을 한다'고 한다. 아미타불을 근본 스승으로 항상 모신다 하였으므로 보관에 조각된 것이다.

관음보살은 천수천안관음보살, 수월관음, 양유관음, 십일면관음, 백의관음, 관음32응신 등 다양하게 표현된다. 이처럼 다양한 이유는 사람들의 소원도 다양하기 때문이다. 다양한 소원만큼 다양한 모습으로 세상에 나타난다는 것이다. 관세음보살은 무슨 수로 많고 많은 소원들을 듣고 이루어줄까? 소원을 이루어준다고 해서 또 다른 소원이 생기지 않을까? 해결 방법은 의외로 간단하다. 문제의 원인인 욕심,

탐욕, 미련을 버리게 하는 것이다. 그의 한 손에 들린 정병에는 감로수가 담겼는데, 이것을 한 잔 마시면 원하는 바 그 자체를 잊어버리게 된다고 한다.

우리나라 사찰에는 관음전이 많다. 어느 정도 규모를 갖춘 사찰이라면 반드시 있다. 때로는 원통전(圓通殿)으로 불리기도 하는데, 관음보살이 두루두루 원만하고 통하지 않음이 없다는 뜻이다. 관음신앙을 중요하게 생각하는 사찰의 경우 관음전이라 하지 않고 원통전이라 한다. 관음신앙으로 유명한 낙산사는 중심법당이 원통보전(圓通寶殿)이다.

석굴로 된 나한전

보문사에는 석굴법당이 있다. 석굴암이라고도 하는데 경주 석굴암이 워낙 유명하다 보니 동굴로 된 법당들에 갖다 붙이는 경우가 많다. 이곳은 석굴암이 아니라 석굴법당이라 해야 맞다. 별도의 암자를 구성하고 있는 것은 아니니까 말이다. 석굴사원이라고도 하지만 사원으로서 갖춰야 할 교리상 도상들을 다 갖춘 것이 아니니 사원이라고 하는 것도 옳지 않다. 석굴암 또는 석굴사원이라 부르지 않아도 보문사 석굴은 나름의 특징이 있다. 보문사 석굴법당이 가진 특징을 자랑하면 그만이다.

보문사 석굴은 경주 석굴암처럼 돌을 다듬어 쌓아 만든 것이 아니라, 자연 동굴에 약간의 인공을 첨가하여 만든 법당이다. 입구는 돌을 다듬어 쌓아 만들었다. 무지개 모양을 한 홍예 3개를 설치해 문을 만

들었다. 내부로 들어가면 공간은 꽤 넓은 편이고 정면 석벽에 부처를 모셨다. 석가모니불, 미륵보살, 제화갈라보살 그리고 19나한 등이 있다.

석벽을 파서 작은 감실을 만들고 부처와 나한들을 모셨는데, 이 나한으로 인해 보문사는 관음성지인 동시에 나한신앙의 대표적 절이 되었다. 나한은 '아라한'이라고도 하는데, 깨달음을 이룬 석가모니의 제자들을 부를 때 쓰는 말이다. 예술적으로 우수한 조각은 아니지만 그래서 더 친근한 나한상은 우리나라 나한상 특유의 익살맞은 이미지가 잘 표현되어 있다. 22구의 부처와 나한이 이곳에 모셔지게 된 사연이 전설이 되어 전해진다.

신라 선덕여왕 때라고 한다(절에서는 진덕여왕 때라고도 한다). 이 절이 창건된 후 14년이 지난 때였다. 근처에 사는 어부가 바다에 나가 고기잡이를 하였는데, 고기는 잡히지 않고 사람처럼 생긴 돌덩어리 22개가 건져지는 것이었다. 쓸모없는 돌이라 생각하여 바다에 버리고 소득 없이 집으로 돌아왔다. 그런데 어부의 꿈에 어떤 노승이 나타나 꾸짖으면서 다시 그물을 내려 건져 올리게 되면 잘 모시라고 말하고 사라졌다. 다음날 어부는 다시 바다로 나가 어제 버렸던 돌덩어리를 건져 올렸다. 그리고 노승이 일러준 대로 낙가산 석굴에 이르니 무거워서 더이상 옮길 수 없었다고 한다. 이곳이 신령스러운 장소라고 생각하고는 굴 안에 단을 놓고 모셨다.

나한이 바다에서 출연한 사실은 어떤 의미를 지닐까? 삶의 현장과 부처의 출현지가 멀지 않음을 상징한다고 하겠다. 어부에게 부처는 바다에 있다. 농부에게는 농경지에 있고, 산에 사는 사람에게는 산에 있다. '과연 바다에서 건져 올린 것이 맞을까'라고 따지는 것은 무의미하겠다. 사사건건 그것의 진실을 따져서 옳고 그름을 명확히 하는 것이 반드시 옳은 것은 아니니까 말이다. 부처가 멀리 이상향에 있지 않고 생업의 현장에 있으니 그곳에서 부처를 만날 수 있다는 이야기가 되겠다. 이런 이야기들은 불교가 이 땅에 정착하고 토착화되는 과정에 생겨난 것이다. 사실일 수도 있고 아니면 중생이 품은 간절한 소망이 사실화되기도 했던 것이다.

그러고 보니 석굴 나한전은 보문사의 창건역사나 다름없다 하겠다. 보문사 창건 시기를 선덕여왕 4년(635)이라고 하였다. 회정대사가 창건했으며 그 직후에 나한을 모시는 일이 있었던 셈이다. 우리나라 사찰의 창건 기록은 대부분 앞뒤 전후 사정이 맞지 않는 경우가 많다. 선덕여왕 때인지 알 수 없지만 매우 오래된 절이라는 것이다.

고려시대엔 왕후가 이곳에 옥등잔을 전해서 나한전을 밝혔다고 한다. 그 후 역사는 전하지 않다가 조선 후기에 와서 중창에 대한 기록이 여럿 나온다.

석굴 앞에는 오래된 향나무(수령 600년)가 있어서 석굴의 연륜을 더 돋보이게 하는데 단편적으로 전하는 절의 역사를 향나무는 알고 있을 듯하다. 거대한 바위와 그것이 만들어내는 내부공간, 적절한 위치에서 살짝 가려주는 향나무가 조화를 이루어 보문사 석굴은 더 신비롭다.

눈썹바위와 마애관음보살

극락보전 뒤에는 419층계가 있다. 그 층계 끝에는 보문사를 찾는 이유이자 목적지가 있다. 보문사에서 가장 유명한 마애관음보살(磨崖觀音菩薩)을 보기 위해서는 허벅지가 고생을 해야 한다. 앞에서 설명한 것처럼 관음보살은 높은 절벽에 있다. 층계를 올라 마애불에 도착하면 불자들이야 기도에 들어가지만, 답사객들은 앞으로 펼쳐지는 멋진 풍광에 감탄을 쏟아낸다.

가파른 바위벽에 눈썹처럼 튀어나온 바위가 있고, 그 아래 관음보살이 조성되어 있다. 절벽은 오목렌즈처럼 휘어 있는데, 마애불도 절벽의 라인을 따라 부조되었다. 눈썹바위는 쏟아지는 눈비(雪雨)로부터 마애불을 보호하는 역할을 한다. 절묘한 장소를 택해 마애불을 조성했다. 장소는 절묘하지만 조성하기에는 매우 힘든 곳이다. 지금이야 마애불 앞으로 넓은 터를 마련하고 기도하는 공간을 만들었지만, 마애불을 조성할 당시엔 환경이 달랐을 것이기 때문이다. 많은 공력이 필요했으리라 생각된다.

바위에 새겨(부조) 조각한 부처를 마애불이라 한다. 우리나라는 유난히 마애불이 많다. 서산마애삼존불, 경주 남산마애불 등 우리나라 곳곳에 마애불이 조성되어 있다. 아주 오래전 불교를 배우기 위해 중국과 심지어 인도까지 다녀왔던 승려들은 그곳에서 석굴사원들을 보았다. 인도의 아잔타와 엘로라, 중국의 돈황과 용문, 대동석굴 등 수많은 석굴사원들을 접하는 경이로운 경험을 하였던 것이다. 그리고 그들은 한 가지 꿈을 품었다. 나라 안에 석굴사원을 조성하는 것이었다. 동일한 방식으로 석굴사원을 조성하고 싶어 했다. 그러나 인도나 중국의 자연환경과 우리는 달랐다. 저들은 사암, 석회암 지질이었다면 우리나라는 화강암 지질이라는 사실이다. 단단한 화강암 석벽을 파서 굴을 만든다는 것은 사실상 불가능에 가까웠던 것이다. 석굴사원을 조성하기 위해 여러 가지 방법을 시도했으나 쉽지 않았다. 그랬기에 아쉽지만 약간은 앞으로 기울어진 석벽에 부처를 새기게 된 것이다. 비가 오더라도 젖지 않는 위치를 택해서 조각했다. 물론 경주 토함산 석굴암이 조성되면서 그토록 원하던 석굴사원을 완성해내고 말지만, 그런 석굴은 한번 할 일이지 두 번 하기 힘든 것이었다. 단단한 화강암을 다듬어 조립하고 쌓아 굴을 만들었기 때문이다. 뿐만 아니라 환경적, 계절적 요인으로 석굴 내에 습기가 발생하는 것을 막기 힘들었다.

결국은 이러한 환경적 제약 때문에 마애불이 탄생했는데, 이 마애불은 불교 미술의 중요한 장르가 되었다. 마애불은 삼국시대부터 지금까지 꾸준히 제작되고 있으니 우리나라의 중요한 불교유산이다.

석모도 보문사 마애불은 그리 오래된 것은 아니다. 1928년 배선주 스님이 금강산 표훈사의 이화응 스님과 함께 조성한 것이다(일제강점기에는 법명보다는 본명을 사용). 높이 920cm, 너비 330cm의 크기인 관음보살상은 낙가산 중턱 연꽃대좌에 앉아 바다를 내려다보고 있다. 높이와 너비를 척수로 나타내면 높이 32척, 너비 11척이 되는데, 이는 관음보살이 32가지의 몸으로 나타난다는 것(32응신應身)과 11개의 얼굴을 가지고 있는 11면 관음보살을 상징한다. 네모진 남성적 얼굴(상호)에 커다란 모자(보관)을 쓰고 있으며, 보관에는 아미타불이 새겨져 있다. 두 손은 가지런히 모아 선정인을 하고 있으며, 두 손 위에 정병이 있다. 각진 양쪽 어깨에 가사를 걸치고 있는데 이런 옷차림을 통견이라 한다. 가슴에는 만(卍)자를 새겨 부처의 '길상만덕의 충만함'과 '상서로움'을 표현하였다. 긴 귀와 이마에 표현된 백호(둥근 점) 등은 부처라는 사실을 알리고 있다. 턱이 어깨와 같은 높이라 목은 없지만, 목에 있어야 할 세 개의 주름인 삼도를 턱 아래 희미하게 표현되었다.

마애불 주변에는 여러 명문이 새겨져 있는데, 주목할만한 내용이 최근에 밝혀져 소개한다.

우리나라 3대 관음성지 가운데 하나인 강화 석모도 보문사 마애불상에서 문화재수집가 간송 전형필(1906~1962)의 명문이 발견됐다. 문화재청 이주민 감정위원은 지난해 7월 석모도 마애관음보살좌상을 조사하던 중 마애상 왼쪽에서 "1937년 5월에 1906년생 전형필이 향을 사르며 삼가 절한다"는 내용과 "불기이구육사년정축오월일(佛紀二九六四年丁丑五月日) 병오생전형필분향근배(丙午生全鎣弼焚香謹拜)" 해서체 명문을 발견했다. 이 위원은 "큰 마애좌상 옆에 새겨져 누구나 볼 수 있는 데도 주목되지 않았다. 일부 보고서에는 명문 이름이 잘못 표기되기도 했다. 왜 무관심했는지 이해가 되지 않는다"고

했다.

이 위원은 논문을 통해 구한말 장안 부자였던 간송의 집안이 부모 대부터 불가와의 인연이 깊었음을 밝혔다. 간송의 양어머니 민씨는 불심이 깊어 관악산 연주암 괘불도, 지장시왕도 조성에 간송과 민씨 자신의 이름을 함께 넣어 불사에 동참한 기록이 전한다. 보문사 마애불에는 '전형필' 이름만 새겨져 간송의 단독 후원인 것을 보여준다.

– 시시비비 2020년 11월 3일자 기사

이 마애불은 역사적, 예술적 가치를 지닌 것은 아니다. 불자들이야 관음성지로서 또 중요한 기도처로서 꼭 찾고 싶은 곳이지만, 불자가 아닌 관광객은 앞에 펼쳐진 광대한 풍광과 황금빛으로 물드는 노을의 아름다움에 넋을 놓을 뿐이다.

하나의 생각 일주문(一柱門)

우리나라 사찰 초입에는 일주문이 있다. 보문사에도 일주문이 있다. 기둥 2개를 세우고 지붕을 덮은 모양이다. 문이지만 문짝이 없다. 문짝을 달지 않았다면 누구나 드나들 수 있다. 그럼 이 문을 왜 세웠을까? 서울에 있는 독립문은 문(門)이지만 문짝이 없다. 실질적인 문의 기능을 갖추기 위함이 아니라 상징적인 의미로 세웠기 때문이다. 사찰의 일주문도 마찬가지다.

절에 있는 문을 산문(山門)이라 하는데, 실제로 산에 있어서 산문

이 아니라 불가에 말하는 우주산 즉 수미산에 있기 때문이다. 이 문들을 하나씩 통과하면서 불자들은 조금씩 부처의 세계에 가까워진다.

기둥이 일렬로 서 있어서 일주문이라 하고, 옆에서 보면 하나처럼 보여서 일주문이라고도 한다. 이 문이 상징하는 바는 '일심(一心)'이다. 하나의 지극한 마음을 가지라는 뜻이다. 부처에게 가기 위한 마음, 곧 '一心'이다.

일주문에는 현판이 있다. 정면에는 '洛伽山普門寺'라 했다. 이 절이 어디에 있는지 알려준다. 문의 뒤에는 절의 사상적 위치를 말해주는 현판을 달기도 한다. 부석사 일주문의 정면에는 '太白山 浮石寺', 뒷면에는 '華嚴宗刹 浮石寺: 화엄종찰 부석사'라 하였다. 지리적 위치와 사상적 위치를 알려준다. 정면에만 현판이 있고 뒤에는 없는 경우도 있다. 또는 정면에 두 개의 현판을 달아 놓기도 한다. 우리나라 사찰에서는 항상 보이는 문이지만 매우 중요한 의미를 품고 있으니 스치지 말고 한번 더 눈여겨 보아야 한다.

오백나한, 천인대와 와불전

일주문을 통과해서 올라가면 왼쪽 기슭에 오백나한전이 있다. 2005년에 조성된 곳이다. 오백나한전이라고 하였지만 전각이 아닌 야외법당이다. 나한은 야외 공연장의 관객처럼 앉아 있다. 오백나한 표정과 자세가 모두 달라서 꼼꼼히 살펴보게 된다. 나한신앙은 고려시대부터 유행했다고 하는데 개별 사찰이 모시는 나한의 숫자는 16나한, 108나한, 500나한, 1200나한 등 다양하였다.

나한을 모신 법당을 나한전(羅漢殿) 또는 응진전(應眞殿)이라 한다. 나한은 아라한의 줄임말로 '깨달음의 길로 나선 사람이 오를 수 있는 가장 높은 단계에 있는 자' 또는 '최고의 깨달음을 얻은 성자'를 뜻한다. 아라한은 대중들에게 불법(佛法)을 전할 의무가 있다. 나한들은 석가모니의 제자들이다. 이상향에 존재하는 신(神)적인 존재가 아니라 실존했던 인간이다. 기록으로 확인되는 제자들은 저마다 독특한 특징이 있었다. 그래서 나한을 조각할 때 그 특징을 잘 끄집어내어 표현하니 나한의 모습이 제각각이 된다. 우리와 동일한 인간의 모습을 지니고 있는 제자들이기에 표정과 자세에서 희노애락이 표현된다. 조각할 때 그 모델을 먼 곳에서 찾지 않고 이웃에서 찾았기에 우리 민족의 심성을 닮은 나한상들이 모셔지곤 한다.

반원형으로 돌아가는 오백나한전의 가운데는 33관세음보살 사리탑이 있다. 이 사리탑에는 관음보살의 33응신을 나타내는 관음보살이 조각되어 있다.

와불전(臥佛殿)은 천인대(千人臺)에 조성되었다. 오백나한전 뒤 언덕에 전각이 있는데 원래 이곳엔 천 명의 사람이 앉을만한 바위가 있어서 천인대라 불렀다. 많은 사람이 바위에 앉아 법문을 듣던 장소에 와불전이 건립된 것이다. 와불은 모로 누워 있는 부처를 말한다. 석가모니 부처가 열반에 든 모습을 표현한 것이다. 우리나라는 역사적으로 오래된 와불이 없는 것으로 봐서 와불을 조성하지 않았던 것으로 보인다. 근래에 와서 와불을 조성하는 사찰들이 늘어났는데 보문사의 와불도 2009년에 조성되었다. 와불의 크기는 10m에 이르며, 법당 내부에 들어가 시계방향으로 돌며 기도할 수 있게 하였다.

극락전(極樂殿)

극락전은 아미타불을 주불로 모신 법당이다. 무량수전(無量壽殿), 미타전(彌陀殿)이라고도 한다. 아미타불은 극락세계의 주인인데 사바세계(현실세계)의 사람들을 극락으로 인도한다. 관음보살과 아미타불은 밀접한 관계가 있으므로 마애관음보살이 있는 눈썹바위로 올라가는 길목에 보문사의 주불전인 극락전을 세운 것이다. 극락전 내부에는 아미타삼존불과 3천불(三千佛)이 있어 장관을 이룬다.

극락전은 오래된 전각이 아니다. 역사적인 가치가 있는 곳이 아니므로 불자들이 아니면 대부분 눈썹바위로 직진해서 올라가 버린다.

맷돌과 절구

보문사가 오래된 사찰이라는 것을 알려주는 것은 누구도 눈여겨보지 않는 맷돌과 절구의 돌확이다. 언제 만든 것인지 알 수 없으나 오래된 세월의 흔적이 뚜렷하다. 맷돌의 크기는 사찰의 영화로움을 말해준다. 클수록 많은 곡식을 빻을 필요가 있었다는 것을 알려주기 때문이다. 보문사 맷돌은 크기로 봐서 이곳에 머물며 수행했던 스님이 많았다는 것을 알 수 있다. 민가의 맷돌보다 2배 정도 커서 2명 이상이 어처구니를 잡고 돌려야 할 것 같다. 한때 보문사에 머문 스님이 300명이었다고 하니 이 맷돌은 큰 역할을 했을 것이다.

강화도-준엄한 배움의 길

9

내력많은 교동도

1 육지가 된 교동도

교동도는 연륙교가 생기면서 육지가 되었다. 자동차를 타고 건널 수 있으니 육지라 불러도 되겠다. 교동도의 동쪽에는 본섬인 강화도가 있고, 남쪽에는 석모도가 있다. 북쪽으로 2~3km 거리에는 바다를 사이에 두고 황해도 연안군과 배천군이 있다.

고구려 때 고목근현(高木根縣), 신라 경덕왕 때에는 교동(喬桐)이라 불렀다. 이때 교(喬)는 높은 나무를 뜻한다. 고구려의 고목근현에서 고목(高木)이 같은 뜻의 교(喬)로 바뀐 것이다. 동(桐)은 오동나무를 말한다. 지금도 교동에는 오동나무가 많다. 신라 때까지는 혈구진(강화)에 속한 섬이었는데, 고려 명종 때 분리되어 통치되었다. 교동도는 예성강이 바다와 만나는 남쪽 지점에 자리하고 있어서, 벽란도로 출입하는 배들이 잠시 정거하는 섬이었다. 강화본도는 한강의 입구에 있고, 교동도는 예성강 입구에 있는 섬이다. 개성으로 들어가는 배들은 교동도에 잠시 정거하여 물때를 기다렸다. 밀물이 몰려오면 그 물을 따라 예성강을 거슬러 올라가 벽란도에 닻을 내리기 위함이었다. 그러니 고려시대에는 본도인 강화도보다 교동이 더 번성했던 것이다. 번성했다고는 하나 큰 섬이 아니었다. 지정학적인 위치상 중요했던 것이다.

몽골 침략기 강화천도와 더불어 교동도도 중요한 방어기지 역할을 해야 했다. 작은 섬 몇 개로 이루어졌던 이곳은 간척이 진행되었다. 오랜 노력 끝에 광활한 들판을 간직한 큰 섬으로 변모하게 되었다.

고려말 우왕 때에는 수군을 훈련시키는 중요한 기지로 활용하였고, 왜구를 물리치는 역할을 감당하였다. 조선시대인 1629년에는 경기수영(京畿水營: 경기도 수군본부)을 이곳으로 옮겼다. 정묘호란 때 강화도로 피난 왔던 인조가 강화도의 방비를 강화할 목적으로 설치한 것이다. 1633년에는 삼도수군본부도 이곳으로 옮겼다. 삼도(경기, 충청, 황해) 통어사를 이곳에 두고 통어영을 설치한 것이다. 병자호란 후

통어영은 강화부로 옮겨지기도 하고 교동에 돌아오기도 하는 등 변화를 겪었다. 1914년 일제의 행정구역 개편 때 교동도는 강화군에 편입되어 지금까지 유지되고 있다.

해방 당시 교동의 인구는 8,600명 정도였다. 한국전쟁 후 북한의 연백지역의 주민들이 대거 넘어오면서 한때는 12,000명이 넘기도 했다. 그러나 이 섬이 민통선 구역 안에 속하면서 점차 낙후되었고 젊은이들은 도시로 떠나면서 3,000명 정도로 줄었다.

교동대교가 개통되어 접근이 쉬워지면서 낙후된 섬 환경은 오히려 관광자원이 되어 사람들을 불러 모으고 있다. 교동의 다운타운이라 할 수 있는 대룡시장이 그곳이다. 1960~1980년대의 풍경을 고스란히 간직하고 있어서 도시인들의 아날로그적 감성을 자극하고 있다. 골목 구석구석 스며있는 옛감성과 그것을 현대적 감각으로 변화시켜 젊은층에게도 특별히 사랑받는 섬이 되었다.

TIP

교동도는 군부대의 허락을 받아야 출입할 수 있다. 허락이라는 것이 어려운 절차는 아니다. 교동도 입구에서 출입허가증을 받으면 된다. 가끔 신분증을 요구할 수 있으니 반드시 신분증을 소지해야 한다. 단체는 대표자의 신분증만 있으면 된다.

황해도 연백평야가 가까운 섬

강화도에 딸린 큰 섬인 교동도는 강화 본섬 창후리에서 배를 타야만 건널 수 있는 곳이었다. 그러나 교동대교(2014 개통)가 놓인 후 이제는 자유롭게 드나들 수 있는 곳이 되었다. 예전보다는 좋아졌다고 하지만 아직도 군부대의 검문을 받아야 하는 민통선구역 안에 있는 섬이다.

섬은 북쪽과 가까워 북한의 연안군, 배천군에 펼쳐진 연백평야가 손에 잡힐 듯 가깝다. 해방 후까지만 하더라도 4개의 정기연락선이 강화도와 황해도를 이어주었다. 6.25 이후에 단절되고 말았다. 정기연락선이 다닐 때에는 이곳 주민들의 생활권은 연백이었다. 농번기가 되면 황해도 주민들이 이곳으로 와서 농사일을 도와주곤 했다. 전쟁과 휴전으로 인해 생활권이 바뀌었고 실향민들도 늘어나게 되었다. 피난 왔다가 고향으로 돌아가지 못한 사람들도 많았다. 고향은 모든 생명이 머리 둘 곳이다. 통일의 그날이 되면 고향으로 돌아갈 희망을 간직하고 있는 교동 주민들이 많다. 실향민들은 교동 지석리에 고향을 그리워하는 망향대(望鄕臺)를 세웠다.

교동에 풍년들면 10년 먹고 산다

아주 오래전 교동도는 몇 개의 섬이 무리 지어 있던 곳이다. 작은 섬들이 점점이 떠 있어 섬마을을 이루었다. 교동도의 옛지도를 살피면 화개산(259m), 율두산(89m), 수정산(126m), 빈장산(102m) 등으로 이루어진 섬 무리였다. 썰물이 되면 드넓은 갯벌이 섬과 섬을 연결해주었다. 이들 섬과 섬을 잇는 방조제가 고려말부터~19세기까지 만들어지면서 교동은 논이 많은 섬으로 탈바꿈되었다. 아주 긴 세월동안 갯벌을 막아 육지화하는 작업이 진행된 것이다. 이렇게 만들어진 논을 '교동평야'야 부른다. 갯벌이 농경지로 탈바꿈하면서 기존의 섬들은 들판에 솟아난 작은 산과 언덕이 되었다.

섬 내에는 고구저수지와 난정저수지가 있어서 농경지에 물을 공급하고 있다. 이렇게 넓은 농경지는 교동도 인구가 소비할 수 있는 것보다 많은 농산물을 생산케 한다. 그래서 풍년이 들면 10년은 먹을 수 있는 풍성함을 자랑하게 되었다. 가난했던 옛날에도 비옥한 땅을 가진 교동 사람들은 풍족하게 살았다고 한다. 아쉬울 것이 없는 이들을 일러 '교동민국'이라 불렀다.

2 공자의 초상화를 모셨던 교동향교

향교는 지방에 설립한 국립교육기관이다. 우리나라 향교에 대한 기록은 고려 중엽까지 올라간다. 고려 인종 5년(1127)에 임금이 여러 주에 학교를 세우도록 조서를 내렸다. 이때 주요 고을에 향교가 설립되었다. "仁宗五年三月 詔諸州立學 以廣敎導(인종 5년 3월 조제주립학 이광교도)"라는 『고려사』의 기록이 근거다.

강화 교동도에는 향교가 있다. 이 향교를 소개할 때 '우리나라 최초의 향교'라고 소개한다. 고려 인종 5년에 설립된 향교 중 하나가 교동향교라는 것이다. 그러나 어떤 근거도 없다. 당시 교동은 큰 섬이 아니었고 인구도 많지 않았다. 인구가 많지 않았기에 향교 설립의 필요성이 다른 지역에 비해 크다고 할 수 없었다. 전국 모든 군현에 향교가 설립된 것은 조선초였다. 고려시대엔 전국 모든 군현에 향교를 설립하지 않았다. 주요 고을에만 향교를 설립했다. 그러므로 교동향교를 한국 최초의 향교로 소개하는 것은 그 근거가 부족해 보인다.

교동도를 소개한 글에서 언급한 것처럼 교동도는 예성강 입구에 있어서 해상 교통의 요지였다. 그러나 섬이 작았다. 강화천도 후 교동도 작은 섬들을 연결하는 간척이 진행되었다. 강화본도에 부족한 식량을 보급해주는 곳으로 사용된 것이다. 간척이 진행되어 교동은 큰 섬이 되었다. 또 인구도 늘어났다. 이로 인해 유학을 가르치기 위한 교육공간이 만들어졌다. 화개산 북쪽에 향교가 건립될 수 있었다. 개경 환도 후에도 배편으로 중국을 왕래하는 사신(使臣)단이나 상인들이 교동도에 잠시 머물다 예성강으로 들어가거나 먼 바다로 나갔다. 안향도 원나라에서 돌아올 때 이 섬에 머물렀고 그가 가지고 온 공자의 초상을 이곳 향교에 모셨고 첫 제사를 지냈다. 이 제사가 문묘에서 지내는 최초의 제사가 된 것이다. 문묘제례의 시작이 교동향교에서 시작되었으니 수묘(首廟)의 지위에 있는 것이다.

고려 말의 대유학자 목은 이색이 이 섬의 화개사에서 공부했다고 한다. 개경 환도 후에도 교동의 번성은 꺼지지 않았던 것이다.

향교가 처음 건립되었던 곳은 지금의 장소가 아닌 화개산 북쪽이었다. 조선 영조 17년(1741)에 지금의 장소인 화개산 남쪽으로 옮겼다. 향교는 지방민을 교육하는 관학으로 세워졌다. 조선시대에 와서는 수령이 파견되는 모든 고을에 하나씩 세우도록 법제화하였다. 교동 역시 향교의 설립과 운영을 지속해 나갔다. 수령의 인사고과에 교육을 얼마나 일으켰느냐가 들어갈 정도로 국가적 관심이 있었다. 그러므로 관아와 가까운 곳에 세워서 수령이 관심을 갖고 학교를 운영할 수밖에 없었다.

향교는 크게 두 공간으로 이루어져 있다. 제사 공간인 '대성전(大成

殿)'과 교육공간인 '명륜당(明倫堂)'이다. 명륜당 앞에는 좌우로 기숙사를 두었는데 동재(東齋)와 서재(西齋)라 하였다. 제사 공간인 대성전은 문묘(文廟)라고도 하는데, 이곳에는 공자와 여러 성현의 위패가 봉안되어 있다. 그밖에 향교를 관리하기 위한 시설이 있고, 제사를 준비하는 곳인 전사청과 제기고가 있다.

조선시대 향교는 성현의 가르침을 배우고 익히고 점검하는 곳이었다. 고려와 달리 유교(儒敎)를 국가이념으로 결정했기 때문에 유교를 가르칠 곳이 필요했다. 그래서 조선 초부터 적극적으로 향교를 건립했고, 전국 모든 군현에 향교가 설립될 수 있었다.

TIP

교동향교 홍살문 옆에는 주차장이 있다. 승용차, 관광버스 모두 주차가능하다. 입장료는 없다. 홍살문을 지나 향교로 들어가는 길에는 감나무 가로수가 있어 가을에 답사하면 멋진 풍광을 볼 수 있다. 향교의 문은 열려 있다. 사당인 대성전으로 들어가는 내삼문은 잠겨 있으나, 동쪽 담장의 문은 열어 두어서 들어갈 수 있다. 향교 서쪽 숲길로 걸어가면 화개사로 갈 수 있다. 화개사는 승용차로도 갈 수 있다.

홍살문과 하마비

교동향교는 화개산 남쪽에 자리 잡고 있는데, 아늑하고 차분한 기품이 조선 선비를 닮았다. 향교 초입에는 홍살문을 세워서 이곳이 성역임을 표시하였다. 성현을 모신 문묘가 있으니 성역이라는 표시이고, 인간됨을 가르치는 곳이니 성역이 된다.

홍살문 앞에는 하마비(下馬碑)가 있다. 누구나 이곳에 이르면 말에서 내려야 한다는 뜻이다. 그런데 이 하마비는 향교에 세웠던 것이 아니다. 원래는 교동읍성 북문 밖에 있었다. 하마비에는 '守令邊將下馬碑(수령변장하마비)'라고 새겨져 있다. 수령과 변장 외에는 모두 말에서 내려야 한다는 뜻이다. 읍성 문 앞에 있었기 때문에 수령과 변장은 말을 타고 들어갈 수 있었던 것이다. 변장은 군부대 지휘관급인 첨사, 만호, 권관을 지칭한다.

대개 향교 앞에 있는 하마비는 '大小人員皆下馬, 이곳을 지나는 모든 사람은 말에서 내려라'고 기록한다. 또는 간단하게 '下馬碑'라고 쓴다. 향교는 공자를 모신 사당인 문묘가 있는 곳이기에 수령이라 할지라도 말에서 내려야 한다. 홍살문 옆에 비석을 모아 둔 곳이 있는데 그곳에 '下馬碑'가 하나 더 있어 혹시 바뀐 것이 아닐까 싶다.

교동 비석군

교동향교로 들어가는 초입 홍살문 옆에는 40기의 비석을 모아 둔 곳이 있다. 교동도 여러 곳에 세워졌던 것을 관리하기 쉽게 한곳에 모아 둔 것이다. 이 비석은 교동에 부임했던 수령들의 선정(善政)을 자랑하기 위해 세운 것이라 사람의 왕래가 많은 길가에 세웠다. 그래서 '비석거리'라는 지명이 생기기도 한다.

이곳에 있는 비석은 대부분 교동에 부임했던 수령과 통어영 지휘관의 것으로 그들의 공로에 감사해서 세운 '善政碑(선정비)', '永世不忘碑(영세불망비)' 들로 이루어져 있다. 이 고장을 잘 다스려 주어서 감사하다는 둥, 영원히 잊지 않겠다는 둥 낯 간지러운 내용들이다.

교동의 40기의 비석 중에서 4기는 모양이 다른데, 거사대(去思臺)라 부른다. 세로로 긴 비석이 아니라 가로로 길면서 두껍다, 순조 22년(1822) 『일성록』의 기록을 보면 거사대에 대한 내용이 나온다. 평안도 어사 박내겸이 보고한 내용인데 "도내 수령들이 비를 세우고 공적을 기리는 것은 조가(朝家)에서 금하는 것인데 혹은 거사석이라 하고, 혹은 거사대라고 하여 이름을 바꾸어 비석을 세우니 그렇지 않은 읍이 없습니다"라고 하였다. 나라에서 선정비 세우는 것을 금(禁)하니 꼼수를 쓴 것이다. 비석이 아니라는 것이다. 손바닥으로 하늘을 가리는 행위라 하겠다. 이렇게 법령을 어기면서까지 비석을 세운 사람치고 선정을 베푼 이는 없다(선정비에 대한 내용은 갑곶돈대 비석군 참고).

기숙사인 동재와 서재

태극문양이 그려진 외삼문을 통과하면 명륜당(明倫堂)이 보인다. 그리고 한 단 아래 좌우에는 동재(東齋)와 서재(西齋)가 있다. 동재와 서재는 기숙사다. 향교마다 달리 적용되지만 동재는 양반유생, 서재는 평민유생이 기거하였다. 또는 기숙사(액내교생)는 양반유생, 통학을 하는 학생(액외교생)은 평민유생이었다. 평민이 향교에서 공부할 수 있었을까? 원래 조선의 신분제도는 양천(良賤)제도였다. 백성을 양인(良人)과 천인(賤人)으로만 구분하였던 것이다. 국가에 세금을 부담하는 모든 신분을 양인으로, 그렇지 못한 이들은 천인으로 구분했다. 즉 양반–중인–상민이 양인에 속했다. 조선초에는 벼슬아치만 양반이었다. 그런데 언제부터인가(정확한 시기는 알려지지 않았다) 양반–중인–상민–천민이라는 신분제가 고착되기 시작했던 것이다. 조선 초기 향교를 정착시킬 때만 하더라도 양인이면 향교 입학자격이 부여되었고 때문에 평민도 공부할 수 있었던 것이다. 그러나 고려시대부터 내려오던 귀족과 사대부들의 후손들은 일반 백성들과 같은 신분으로 취급받는 것이 못마땅했다. 그래서 자신들만의 특권을 표시하기 위해 다양한 방법으로 차별하기 시작했던 것이 조선의 신분제로 정착된 것이다.

교동향교의 동재와 서재는 특이하게 건축되었다. 보통은 ㅡ자형 건물을 마주 보게 짓는데, 교동향교의 기숙사는 ㄱ자형으로 건축했다. 동재와 서재는 대칭으로 같은 모양, 같은 크기로 짓는데 건물의 크기도 다르다. 동재를 더 크게 지었다. 부엌과 창고도 같은 공간에 있는데, 다른 곳에서는 볼 수 없는 구조다.

교육공간 명륜당

명륜당(明倫堂)은 교실이다. 가운데 마루가 있고 좌우에는 방이 있다. 마루가 교실 역할을 하며, 좌우의 방은 향교 선생님이 사용하였다. '明倫'이란 '인륜을 밝힌다'는 뜻이다. 성현의 가르침을 배우고 익혀서 사람이 살아가는 바른 도리를 알도록 한다는 것이다. 공부라는 것이 취업을 위함도 아니요, 관직을 위함도 아니다. 사람된 도리를 밝히는 것이다. 사람된 도리가 바르게 된다면, 그가 하는 행위는 훌륭해질 것이다. 지식은 인륜을 더 단단하게 하는데 사용되어야 한다. '명륜(明倫)'이라는 이름에는 깊은 뜻이 담겨 있는 것이다. 취업률을 대학의 자랑으로 삼는 요즘, 한번쯤 되짚어 봐야 할 교훈이 아닐까.

외삼문과 명륜당이 바짝 붙어 있다. 외삼문의 그림자가 명륜당 섬돌까지 닿는다. 그래서 외삼문을 들어서서 명륜당을 바라보면 조금 답답한 느낌이다. 명륜당 앞으로 마당을 조금 더 여유롭게 만들었으면 편안한 모양이 되었을 것이다.

제사공간 대성전

명륜당 뒤로 돌아가면 내삼문(內三門)이 나온다. 내삼문은 제사공간으로 출입하는 문이다. 향교가 경사지에 건축되었기 때문에 내삼문을 들어가려면 층계를 올라야 한다. 들어갈 때는 반드시 동문(東門: 오른쪽)으로 하며 나올 때는 서문을 이용한다. 가운데 문은 신(神)이 드나든다. 내삼문을 들어서면 대성전(大成殿), 동무(東廡), 서무(西廡) 등 세 개의 건물이 만들어내는 마당이 있다. 정면에 대성전(大成殿)이 있고 좌우에 동무와 서무가 있다. 대성전은 '大成至聖文宣王(크게 이루고, 성인에 이른 문선왕)'의 사당이다. 대성전을 문묘(文廟)라 불리는 것도 문선왕묘(文宣王廟)를 줄인 것이다. 건물 이름에 '전(殿)'자가 붙었다. 왕의 집인 궁궐, 부처의 집인 절에 붙일 수 있는 글자다. '공자(孔子)'는 문선왕일 뿐 아니라 세상이 우르러 받드는 성인(聖人)이었다.

_자로 된 동무와 서무는 정면 3칸으로 건축되었다. 가운데 칸에는 작은 창을 두었고 양쪽 칸에는 문을 달았다. 사당 건물이라기보다는 창고처럼 보인다.

문묘에 모셔진 성현의 숫자는 후대로 갈수록 조금씩 추가되어 최종 133명에 이르렀다. 심지어 공자와 사성(안자, 증자, 자사자, 맹자)의 부모를 모시는 사당까지 건립하기도 하였다. 133명 중 대부분은 중국 학자였고 우리나라 학자는 18명이었다. 133명을 나누어 봉안하기 위해 대성전 외에도 동무와 서무를 추가로 건축한 것이다. 해방 후 향교에 봉안한 위패 수는 달라졌다. 향교마다 다르지만 기본적으로 공자와 四聖(사성), 송나라의 6현(賢), 우리나라 18현(賢)을 모셨다. 교동향교에는 현재 공자와 사성, 송나라 2현, 우리나라 18현이 배향되어 있다.

대성전에서 지내는 제사를 석전대제(釋奠大祭)라 하는데 봄, 가을(음력 2월, 8월)에 진행되었다. 제사를 지내기 위해 대성전에 오를 때에도 동쪽 층계로 올라가서 대성전 동쪽 문으로 들어가고, 제사가 끝나면 서쪽 문으로 나와서 서쪽 층계를 내려온다. 교동향교에서는 석전대제 외에도 기로연(경로장치), 분향례(매달 음력 1일, 15일)가 추가로 있었다.

향교의 석전대제와 분향례는 교육기능이 사라진 뒤에도 조선시대 내내 계속 유지되어왔다. 향교는 제례를 중심으로 지방 유림의 거점으로 자리 잡았고 그것이 오늘날까지도 존속하게 한 원동력이 되었다.

3 곰솔이 지키는 화개사

교동도의 진산은 화개산(269m)이다. 화개산 남쪽, 그 중턱에 자리한 작은 절 화개사는 강화본도와 석모도, 미법도를 마당으로 끌어당기는 멋진 풍광을 지니고 있다. 고려시대 창건되었다 하니 역사가 깊은 곳이라 하겠는데, 그것을 증명해 줄 흔적이 남아 있지 않다. 고려의 대학자 목은 이색이 이곳을 좋아하여 시를 남기도 했으니 그 전에 창건된 것이 틀림없다. 화개사 마당에는 곰솔이 한 그루 있어 묵은 절집의 향기를 내뿜고 있다. 수백 년 연륜을 자랑하는 곰솔은 화개사 대웅전보다 오래 되었다.

4 삼도수군통어영 사령부 교동읍성

조선 초까지 교동현의 관아가 있던 곳은 교동면 고구리 고읍마을이었다. 교동대교를 건너오면 큰 저수지를 만나게 되는데 그 주변이 고구리다. 마을 이름도 '고읍'인데 '오래된 읍'이란 뜻을 지니고 있다. 고구리는 교동의 진산인 화개산(259m)의 북쪽에 있다. 대개 우리나라의 마을은 산의 남쪽에 터를 마련하는데 특이하게도 산의 북쪽에 자리잡았다. 이는 북쪽의 개경을 바라보기 위함이라 짐작된다.

교동읍의 중심이 화개산의 남쪽으로 이동한 시기는 조선 인조 때였다. 이때 교동읍성이 축조되었다. 읍의 중심을 옮기면서 읍성도 축조된 것이다. 청(淸)나라의 압박이 심해지던 때에 인조는 강화도 전체를 요새화하고, 만일의 사태에 대비하였다. 교동도 역시 이때 군사적으로 중요한 역할을 감당하는 곳으로 예비 되었다. 대몽항쟁 시기 고려 때에도 그랬던 것처럼 조선시대에도 교동은 강화본도와 함께 최후의 보루 역할을 감당하고 있었다. 경기도 남양에 있던 경기수영(경기해군본부)을 교동으로 이전하였다. 그리고 곧 경기, 충청, 황해도 등 삼도(三道)의 수군을 지휘하는 삼도수군통어영을 겸하게 하였다. 삼도수군을 지휘하는 본부가 이곳에 설치되자, 고위관료와 많은 수의 군사들이 주둔하게 되었다. 고려시대 이후 교동도의 번성이 다시 찾아온

것이다. 이때 교동현은 교동부로 승격되었다.

교동읍성은 둘레 430m, 높이 5~6m의 타원형의 작은 성이다. 성벽의 지형은 북쪽이 높고 남쪽이 낮다. 비스듬히 기울어진 지형에 타원형의 읍성을 건축했다. 출입문은 세 곳에 설치했는데, 남문 · 동문 · 북문이 있었다. 동문은 통삼루(統三樓), 남문은 유량루(庾亮樓), 북문은 공북루(拱北樓)라 하였다. 문 앞에는 옹성을 설치하여 방어력을 높였다. 현재 동문, 북문은 흔적만 남았고, 남문은 1921년 태풍으로 무너져 홍예만 남아 있던 것이 2017년에 복원되었다.

영조 29년(1752)에 성벽과 여장을 보수했으며, 고종 21년(1884)에는 남문을 고쳤다는 기록이 있다. 성벽과 문루에 오르면 바다가 조망되어 삼도의 바다를 다스리는 곳으로 적합한 곳이었음을 알 수 있다.

교동읍성은 관아를 비롯한 교동의 행정시설을 둘러싼 성이라 할 수 있다. 읍성 내에는 관아를 비롯한 건물이 30여 채가 있었고, 2채의 정자와 문루가 있었다. 교동읍성은 주민들이 살 수 있을 정도로 넓지 않았다. 주민들은 밖에서 살다가 적의 침략이 있을 때면 성안으로 들어와 방어하였다.

읍성을 사용하지 않게 되면서 주민들이 거주하는 마을이 되었다. 이곳을 답사하다 보면 주택과 경작지 사이에 옛 흔적을 발견할 수 있다. 관아 입구로 추정되는 곳에는 안해루의 긴 주춧돌 2개가 관아 자리에 남아 있다. 안해루 주춧돌 2개는 교동초등학교 교문을 만드는 데 사용되었다. 안해루를 통과하면 관아로 올라가는 층계가 있고, 우물 2기도 잘 남아 있다.

성벽에는 오래된 느티나무가 자라고 있다. 삼도수군통어영이 폐지된 후에도 나무는 계속 자랐기에 나무가 성벽을 움켜쥐고 있다. 북벽에 올라서 남쪽을 보면 앞으로 바다가 펼쳐진다. 오른쪽으로 함선을 정박하고 훈련하던 남산포가 보인다. 읍성의 북쪽에는 화개산이 병풍이 되어 북풍 찬바람을 막아 준다.

TIP

교동읍성 남문 앞에 주차장이 있다. 관광버스는 마을 입구 공터에 세워야 한다. 남문을 관람하고 '강화나들길'을 따라 걸어가면 관아터, 우물 2개, 북쪽 성벽에 이르게 된다. 북쪽 성벽에는 거대한 느티나무가 자라고 있는데 환상적인 풍경을 보여준다. 남쪽으로 조망되는 바다, 동쪽으로 보이는 교동대교, 북쪽의 화개산이 시야에 잡힌다. 북쪽 성벽을 따라 서쪽으로 조금 가면 부근당이 나온다. 북벽에 서서 화개산을 바라보면 향교, 화개사가 보인다.

연산군을 모시는 부근당

교동면 읍내리에는 연산군 부부를 신(神)으로 모시는 부근당(付根堂)이 있다. 교동읍성 안 북문 근처에 있다. 신당 곁에는 오동나무 한 그루가 있어 신당의 영험을 더한다. 연산군은 자신이 죽인 원혼의 환상에 시달리다 죽었지만, 교동 사람들은 연산군의 환상을 두려워했다 한다. 비록 폐주가 되어 유배객의 신분으로 죽었지만 알 수 없는 두려움에 그를 신으로 모시게 된 것이다. 내부에는 연산군 부부를 그려 모셔놓은 민화풍의 그림이 걸려 있다. 그림뿐만 아니라 나무로 깎은 남근을 굴비 엮듯이 새끼줄에 매달아 두었다. 마을 주민들은 연산군과 부인 신씨의 원혼을 달래기 위해 그가 죽은 11월에 당굿을 지냈으며 섬 처녀를 바치는 제사를 지냈다. 이를 등명(燈明) 올린다고 한다. 당신(堂神)에게 올린 처녀는 연산각시라 하여 혼인하려 하지 않았다. 그래서 이 처녀들은 육지로 나가 무당이 되곤 했다. 언제부터 이곳에 부근당이 만들어졌는지 알 수 없으나, 바쳐진 처녀의 수(數)도 만만치 않았을 것이라 생각된다. 왜 하필 패륜의 군주 연산군이었을까?

언젠가 이 섬에 원인을 알 수 없는 재앙이 있었을 것이다. 온갖 처방으로도 해결되지 않는 재앙의 원인을 찾던 중에 이곳에서 죽은, 한때는 임금이었던 연산군의 원한으로 해석되었던 것이다. 연산군의 원한을 달래려면 처녀를 바쳐야 한다는 처방이 내려졌던 것이다.

부근당에 설치된 안내문을 소개하면 아래와 같다.

부근당이란 도하(都下) 각 관부에 부군(附君) 또는 부근(付根)이라 하여 작은 사우(祠宇)를 두고 여기에 지전(紙錢) 등을 걸어 놓고 제를 지냈다고 전해지고 있으나 이곳 부근당은 특이하게도 부근당(扶-도울 부, 芹-미나리 근)이라 하고 있다. 햇 미나리가 나면 제일 먼저 임금에게 바친다는 뜻으로 헌근지성(獻芹之誠)이라 했으며, 헌근이라 하여 윗사람에게 물건을 헌물 할 때나 의견을 적어 마음을 표현할 때 겸손하게 이르는 말로서 근(芹)이란 자를 쓰고 있다. 우리의 선조들은 미풍양속의 덕을 기리며 교동으로 유배되어 생을 마감한 연산군을 신으로 모시고 폐주가 죽은 섣달에 예를 갖추어 제를 지내며 원혼을 위로하고 겸손의 표현으로 유일하게 부근당(扶芹堂)이라 하였던 것이다.

원래 부근당 또는 부군당은 관아에 설치된 신당(神堂)이었다. 국가 중요시설인 관아에는 작은 신당이 있다. 이 신당의 제사는 서리와 아전들이 주도하였다. 교동에 있는 부근당 역시 교동읍성 관아 뒤에 있던 신당에 해당한다.

인조는 경기도 남양에 있던 경기수영을 교동으로 옮기고 강화도를 방어할 준비를 갖추었다. 이때 교동도가 도호부로 승격되었다. 이와 더불어 경기도, 충청도, 황해도 수군의 통솔을 교동도호부사에게 맡기게 되니 이곳이 곧 삼도수군통어영이 된 것이다. 요즘으로 치면 3도

해군사령부가 교동에 들어선 것이다. 따라서 이곳에 성곽을 쌓고 도호부 관아를 설치하게 되니, 관아 안에 부근당도 생기게 된 것이다. 이 부근당 제사는 서리와 아전들이 주도하다가 서서히 민간도 참여하는 제사로 변한 것이다(연산군 유배편 참고).

중국 사신이 왕래하던 남산포와 사신당

교동읍성에서 멀지 않은 곳, 진망산(남산) 아래에 남산포가 있다. 지금도 배를 대는 곳으로 이용하는데 고려시대에도 포구로 사용되었다. 교동향교에서 언급했던 안향이 중국에서 공자의 초상을 가져와 도착했던 항구도 역시 남산포였다.

조선시대에는 삼도수군통어영의 중심포구로 활용하였다. 통어영 소속의 전함을 정박시켰고, 앞바다에서 훈련도 했다. '해동지도', '1872년 지방지도'를 보면 이곳에 어변정이라는 정자가 있었고, 무기저장고(군기고), 식량저장고(육물고), 선박수리소 등이 있었다. 즉 통어영의 주요 시설들이 밀집해 있었다.

남산포 뒤 언덕을 올라가면 사신당(使臣堂)이라는 당집이 있다. 내부에는 임경업 장군으로 추정되는 인물이 신으로 모셔져 있다. 괴기스러운 모습이라 임경업장군이 맞는지 알 수 없다. 임경업은 조선 인조 때 인물이나 이 사신당은 고려시대에도 있었다. 임경업장군이 언제부터 신으로 모셔진 것인지 알 수 없다. 병자호란 당시의 장군으로서 숭명의리(崇明義理)의 상징인 임경업장군을 모시는 것은 조선의 군부대에서 자연스러운 현상이 아닐까? 우리나라 해군이 이순신 장군을 숭상하는 것과 같은 의미다.

원래 이 당집은 고려시대 송나라 사신이 항해의 안녕을 기원하던 곳이었다고 한다. 그래서 당집 이름도 사신당(使臣堂)이라 한 것이다. 사신당 옆에는 사신관(使臣館)도 있었다. 긴 항해에 지친 사신이 상륙하여 사신관에 잠시 머물기도 했고, 항해를 떠나기에 앞서 사신당에서 안녕을 기원하는 제사를 지냈다.

5 훈맹정음의 창시자 박두성

능숙한 목수는 상한 나무도 버리지 않는다. 눈먼 사람들을 위하여 점자가 있으니 이것을 통해 무엇이든 읽을 수 있다.

교동도 상룡리에는 한글점자를 창안한 송암 박두성 선생의 생가터가 있다. 1888년에 태어난 선생은 강화도에 보창학교를 설립한 이동휘의 주선으로 한성사범학교에 입학하여 교육자가 되기 위한 공부를 하였다. 졸업 후 교사가 되어 교육자의 길로 들어섰다. 선생은 1913년 제생원 맹아부(서울맹학교 전신) 교사로 취임하였는데 이때 시각장애인과 인연을 맺었다. 당시에는 일본어 점자로 학생을 가르쳐야 했는데, 이것을 안타까워한 선생은 한글점자를 연구하기 시작했다. 1920년에 시작한 한글점자 연구는 각고의 노력 끝에 1926년 11월 4일에 마무리되고 반포되었다. 이를 '훈맹정음'이라 할 정도로 우리말과 우리글에 기반한 점자 연구였다. 일제가 우리말과 우리글을 쓰지 못하게 하는 민족말살정책이 시행되고 있던 1930년대에도 더 완벽한 점자 연구를 멈추지 않았다. 민족이 노예가 되더라도 그 언어를 잘 보존하고 있는 한 그 감옥의 열쇠를 쥐고 있는 것이나 마찬가지라는 신념이 있었다. '비록 눈을 잃었으나 우리말 우리글까지 잃어서는 안된다'며

점자 연구에 매진했던 것이다.

선생은 해방 후에도 시각장애인을 위한 교육에 일생을 바쳤다. 200여 종의 점자책 점역, 시각장애인을 위한 통신교육 등에 힘쓰다가 1963년 76세로 세상을 떠났다. 그의 마지막 유언도 "점차책은 쌓지 말고 꽂아서 보관하라"고 할 정도로 열정이 식지 않았다 한다.

송암 선생은 '교육자는 학생의 육안(肉眼)을 밝히려 하기 전에 자신부터 개안(開眼)하여 학생들의 심안(心眼)을 밝혀야 한다' 하며 교육자로서의 철학도 깊은 분이었다.

인천광역시 미추홀구에는 '송암박두성기념관'이 있다. 기념관에는 국가등록문화재로 지정된 송암 박두성 선생의 한글점자 유품 8건 48점이 보관 전시되어 있다. 또 '한글점자 훈맹정음 점자표 및 해설 원고'(국가등록문화재 제800-2호)는 현재 국립한글박물관에서 소장 중이다.

TIP

송암선생의 생가는 최근에 복원되었다. 승용차는 생가까지 들어갈 수 있으나 관광버스는 출입 불가. 버스는 큰 길에 세우고 700m 정도 걸어가야 한다. 생가로 들어가는 길이 좁으니 조심해야 한다. 생가에는 송암 선생의 일대기와 어록, 흉상, 점자 등이 있어서 차분하게 읽어보며 답사하면 좋다. 점자의 원리를 알 수 있는 좋은 장소다.

참고문헌

강화도의 역사와 문화, 이형구, 새녘

700년간 강화는 제 2의 수도였다, 이재광,김태윤, JERRC

강화도의 기억을 걷다, 최보길, 살림터

답사여행의 길잡이7, 돌베개

강화도 역사산책, 김경준, 신대종

나무야나무야, 신영복, 돌베개

나무에 새겨진 팔만대경의 비밀, 박상진, 김영사

산성으로 보는 5000년 한국사, 이덕일, 김병기, 예스위캔

한국의 유교건축, 김지민, 발언

한국사 이야기, 이이화, 한길사

한권으로 읽는 조선왕조실록, 박영규, 들녘

한권으로 읽는 고려왕조실록, 박영규, 들녘

한국사찰총서, 사찰문화연구원

한국의 묘지기행, 고제희, 자작나무

역사산책, 이규태, 신태양사

한국지명의 신비, 김기빈, 지식산업사

갯벌탐사지침서 갯벌, 백용해, 창조문화

조선왕조실록 홈페이지

강화군청 홈페이지

화문석문화관 홈페이지